书中精彩案例欣赏

书中精彩案例欣赏

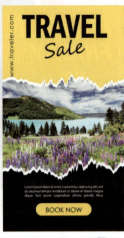

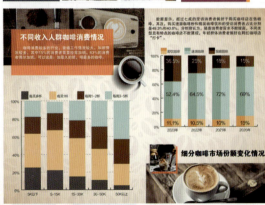

Illustrator平面设计标准教程(微课版)

白 莉 编著

清华大学出版社
北京

内 容 简 介

本书系统介绍了使用 Illustrator 2022 进行平面设计的方法和技巧。全书共分 10 章，主要内容包括 Adobe Illustrator 软件入门必备知识和操作方法，简单图形的绘制，图形对象填色与描边的操作，复杂图形的绘制，图形对象的变换操作，文本对象的输入与编辑操作，图形对象的管理，图形对象的高级编辑操作，创建图形效果及绘制图表操作等。

本书结构清晰，语言简洁，实例丰富，既可作为高等院校相关专业的教材，又可作为平面设计行业从业人员的参考书。

本书同步的实例操作教学视频可供读者随时扫码学习。书中对应的电子课件、习题答案和实例源文件可以到 http://www.tupwk.com.cn/downpage 网站下载，也可以扫描前言中的二维码推送配套资源到邮箱。

本书封面贴有清华大学出版社防伪标签，无标签者不得销售。

版权所有，侵权必究。举报：010-62782989，beiqinquan@tup.tsinghua.edu.cn。

图书在版编目(CIP)数据

Illustrator 平面设计标准教程：微课版 / 白莉编著. -- 北京：清华大学出版社, 2024. 7. -- (高等院校计算机应用系列教材). -- ISBN 978-7-302-66584-7

Ⅰ. TP391.412

中国国家版本馆 CIP 数据核字第 2024M457Q8 号

责任编辑：胡辰浩
封面设计：高娟妮
版式设计：妙思品位
责任校对：马遥遥
责任印制：刘　菲

出版发行：清华大学出版社
　　　　网　　址：https://www.tup.com.cn，https://www.wqxuetang.com
　　　　地　　址：北京清华大学学研大厦A座　　邮　　编：100084
　　　　社 总 机：010-83470000　　　　　　　　邮　　购：010-62786544
　　　　投稿与读者服务：010-62776969，c-service@tup.tsinghua.edu.cn
　　　　质 量 反 馈：010-62772015，zhiliang@tup.tsinghua.edu.cn
印 装 者：三河市铭诚印务有限公司
经　　销：全国新华书店
开　　本：185mm×260mm　　　印　张：20　　　插　页：1　　　字　数：499千字
版　　次：2024年7月第1版　　　印　次：2024年7月第1次印刷
定　　价：98.00元

产品编号：104295-01

前言 PREFACE

　　Illustrator 是 Adobe 公司推出的一款矢量图形制作软件,广泛应用于平面设计、印刷出版、图标设计、VI 设计、插图设计、包装设计、产品设计和网页设计等。作为设计行业应用较广的矢量图形制作软件,Illustrator 以其强大的功能和便捷的用户界面成为设计师的必备软件之一。

　　本书全面、翔实地介绍 Illustrator 2022 的功能及使用方法。通过本书的学习,读者可以把基本知识和实例操作结合起来,快速、全面地掌握 Illustrator 2022 软件的使用方法和平面设计技巧,从而达到融会贯通、灵活运用的目的。

　　全书共分为 10 章,各章内容介绍如下。

　　第 1 章介绍 Adobe Illustrator 软件入门必备知识,帮助用户快速掌握该软件的工作界面,以及文档编辑、查看、排列等操作。

　　第 2 章介绍使用线形工具和几何图形工具绘制各类简单图形的操作方法及技巧。

　　第 3 章介绍图形对象填充纯色、渐变和图案的操作方法,以及编辑描边属性的操作。

　　第 4 章介绍使用工具绘制、编辑复杂图形的操作方法及技巧,以及使用透视图工具组创建立体效果图形和使用符号工具组创建大量重复图形的操作方法及技巧。

　　第 5 章介绍使用相关工具和命令对图形对象进行选择、变换、扭曲等操作的方法及相关技巧。

　　第 6 章介绍使用文字工具创建点文字、段落文字、路径文字的操作方法,以及使用【字符】【段落】面板及【文字】命令编辑文本的操作方法与技巧。

　　第 7 章介绍图形对象排列、对齐与分布、隐藏与显示、编组与取消编组、锁定与解锁等操作方法,以及使用【图层】管理图形对象的操作。

　　第 8 章介绍使用工具对图形对象进行各种变形操作,使用混合工具创建混合效果,应用图形样式,建立剪切蒙版、不透明蒙版等高级编辑操作的方法及技巧。

　　第 9 章介绍使用【效果】命令创建各种图形效果的操作方法及技巧。

　　第 10 章介绍使用各种图表工具创建、编辑图表的操作方法及技巧。

　　本书同步的实例操作教学视频可扫下方右侧二维码学习。本书对应的电子课件、习题答案和实例源文件可以到 http://www.tupwk.com.cn/downpage 网站下载,也可以扫描下方左侧的二维码推送配套资源到邮箱。

配套资源

扫一扫　看视频

Illustrator 平面设计标准教程（微课版）

　　本书结构清晰，语言简洁，实例丰富，既可作为高等院校相关专业的教材，又可作为平面设计行业从业人员的参考书。

　　本书内容共 10 章，由鲁迅美术学院的白莉编写。由于作者水平所限，本书难免有不足之处，欢迎广大读者批评指正。我们的邮箱是 992116@qq.com，电话是 010-62796045。

作　者

2024 年 3 月

目 录

第 1 章　Illustrator 入门

1.1　熟悉 Illustrator 工作区 ……………… 2
- 1.1.1　菜单栏 ……………………………… 3
- 1.1.2　工具栏和控制栏 …………………… 3
- 1.1.3　【属性】面板 ……………………… 4
- 1.1.4　文档窗口 …………………………… 5
- 1.1.5　状态栏 ……………………………… 5
- 1.1.6　功能面板 …………………………… 6
- 1.1.7　选择合适的工作区 ………………… 6

1.2　文档操作 ……………………………… 7
- 1.2.1　新建文件 …………………………… 7
- 1.2.2　打开文件 …………………………… 9
- 1.2.3　置入文件——向文档中添加其他内容 ………………………………… 10
- 1.2.4　存储文件 ………………………… 14
- 1.2.5　关闭文件 ………………………… 16
- 1.2.6　导出文件 ………………………… 16

1.3　查看图稿 …………………………… 17
- 1.3.1　切换屏幕模式 …………………… 17
- 1.3.2　使用【缩放】工具和【抓手】工具 · 18
- 1.3.3　使用【导航器】面板 …………… 19
- 1.3.4　使用【视图】命令 ……………… 20
- 1.3.5　更改文件的显示状态 …………… 20

1.4　运用画板 …………………………… 20
- 1.4.1　【画板】工具 …………………… 20
- 1.4.2　【画板】面板 …………………… 22
- 1.4.3　重新排列画板 …………………… 23

1.5　排列多个文档 ……………………… 24

1.6　操作的还原与重做 ………………… 24

1.7　辅助工具 …………………………… 25
- 1.7.1　使用标尺 ………………………… 25
- 1.7.2　使用参考线 ……………………… 26
- 1.7.3　使用网格 ………………………… 27

1.8　实例演练 …………………………… 27

第 2 章　绘制简单的图形

2.1　使用绘图工具 ……………………… 30
- 2.1.1　认识两组绘图工具 ……………… 30
- 2.1.2　使用绘图工具绘制简单图形 …… 30
- 2.1.3　绘制精确尺寸的图形 …………… 30
- 2.1.4　选择图形 ………………………… 31
- 2.1.5　移动图形 ………………………… 32
- 2.1.6　删除多余的图形 ………………… 32
- 2.1.7　快速绘制大量图形 ……………… 32
- 2.1.8　复制、剪切、粘贴 ……………… 32

2.2　绘制直线段 ………………………… 33

2.3　绘制弧线 …………………………… 37

2.4　绘制螺旋线 ………………………… 38

2.5　绘制网格线 ………………………… 39

2.6　绘制极坐标网格线 ………………… 42

2.7　绘制矩形和正方形 ………………… 43

2.8　绘制圆角矩形 ……………………… 44

2.9　绘制椭圆形和圆形 ………………… 47

2.10　绘制多边形 ……………………… 48

2.11　绘制星形 ………………………… 48

2.12　实例演练 ………………………… 49

第3章 图形填充与描边

- 3.1 什么是填充与描边 ………… 54
- 3.2 快速设置填充与描边颜色 … 54
- 3.3 选择更多颜色 ………………… 54
  - 3.3.1 详解标准颜色控件 …………… 55
  - 3.3.2 使用【拾色器】对话框选择颜色 … 56
- 3.4 常用的颜色选择面板 ………… 57
  - 3.4.1 使用【色板】面板 …………… 57
  - 3.4.2 使用【颜色】面板 …………… 60
- 3.5 为填充与描边设置渐变 ……… 61
  - 3.5.1 使用【渐变】面板 …………… 62
  - 3.5.2 使用【渐变】工具 …………… 69
  - 3.5.3 使用【网格】工具 …………… 70
- 3.6 填充图案 ……………………… 71
  - 3.6.1 使用图案填充 ………………… 72
  - 3.6.2 创建图案色板 ………………… 72
  - 3.6.3 编辑图案单元 ………………… 73
- 3.7 编辑描边属性 ………………… 74
  - 3.7.1 设置虚线描边 ………………… 76
  - 3.7.2 设置描边的箭头 ……………… 76
- 3.8 实时上色 ……………………… 80
  - 3.8.1 创建实时上色组 ……………… 80
  - 3.8.2 在实时上色组中添加路径 …… 81
  - 3.8.3 间隙选项 ……………………… 82
- 3.9 使用【吸管】工具 …………… 83
- 3.10 实例演练 …………………… 83

第4章 绘制复杂的图形

- 4.1 使用钢笔工具组 ……………… 88
  - 4.1.1 认识路径与锚点 ……………… 88
  - 4.1.2 使用【钢笔】工具 …………… 89
  - 4.1.3 在路径上添加和删除锚点 …… 89
  - 4.1.4 选择和移动路径上的锚点 …… 90
  - 4.1.5 转换锚点类型 ………………… 91
- 4.2 使用【曲率】工具绘图 ……… 92
- 4.3 【画笔】工具 ………………… 93
  - 4.3.1 使用【画笔】工具 …………… 93
  - 4.3.2 【画笔】面板 ………………… 94
  - 4.3.3 应用画笔库 …………………… 95
  - 4.3.4 新建画笔 ……………………… 98
  - 4.3.5 修改画笔 …………………… 103
  - 4.3.6 删除画笔 …………………… 104
  - 4.3.7 移除画笔描边 ……………… 105
- 4.4 【斑点画笔】工具 ………… 105
- 4.5 铅笔工具组 ………………… 106
  - 4.5.1 使用【铅笔】工具 ………… 106
  - 4.5.2 使用【平滑】工具 ………… 108
  - 4.5.3 使用【路径橡皮擦】工具 … 108
  - 4.5.4 使用【连接】工具 ………… 109
  - 4.5.5 使用 Shaper 工具 …………… 109
- 4.6 【橡皮擦】工具组 ………… 110
  - 4.6.1 使用【橡皮擦】工具 ……… 110
  - 4.6.2 使用【剪刀】工具 ………… 112
  - 4.6.3 使用【美工刀】工具 ……… 113
- 4.7 透视图工具组 ……………… 115
  - 4.7.1 认识透视网格 ……………… 115
  - 4.7.2 切换透视方式 ……………… 116
  - 4.7.3 在透视网格中绘制对象 …… 116
  - 4.7.4 将对象添加到透视网格 …… 117
  - 4.7.5 释放透视对象 ……………… 120
- 4.8 【形状生成器】工具 ……… 120
- 4.9 【符号】面板与符号工具组 … 121
  - 4.9.1 创建符号 …………………… 121
  - 4.9.2 断开符号链接 ……………… 125
  - 4.9.3 设置符号工具 ……………… 126
- 4.10 实例演练 ………………… 126

第5章 变换图形对象

- 5.1 图形选择方式 ……………… 132
  - 5.1.1 【选择】工具 ……………… 132
  - 5.1.2 【魔棒】工具 ……………… 133
  - 5.1.3 【套索】工具 ……………… 133
  - 5.1.4 使用【选择】命令 ………… 134

5.2	使用工具变换对象	134
	5.2.1 使用【比例缩放】工具	134
	5.2.2 使用【旋转】工具	135
	5.2.3 使用【镜像】工具	137
	5.2.4 使用【倾斜】工具	140
	5.2.5 使用【自由变换】工具	143
5.3	变换对象	144
	5.3.1 使用【变换】面板	145
	5.3.2 再次变换	145
	5.3.3 分别变换	147
5.4	封套扭曲	149
	5.4.1 用变形建立封套扭曲	149
	5.4.2 用网格建立封套扭曲	150
	5.4.3 用顶层对象建立封套扭曲	151
	5.4.4 设置封套选项	153
	5.4.5 编辑封套中的内容	154
	5.4.6 扩展或释放封套	154
5.5	实例演练	155

第 6 章　文本操作

6.1	创建文字	160
	6.1.1 创建点文字和段落文字	160
	6.1.2 创建区域文字	162
	6.1.3 创建路径文字	165
	6.1.4 【修饰文字】工具	166
6.2	使用【字符】面板	169
6.3	使用【段落】面板	174
	6.3.1 设置文本对齐方式	174
	6.3.2 设置文本的缩进	175
	6.3.3 设置段落间距	176
	6.3.4 避头尾集设置	179
	6.3.5 标点挤压设置	179
6.4	应用串接文本	180
	6.4.1 建立串接	180
	6.4.2 释放与移去文本串接	181
6.5	创建文本绕排	182
	6.5.1 绕排文本	182
	6.5.2 设置绕排选项	182

6.6	将文字转换为图形	183
6.7	字符样式 / 段落样式	183
6.8	实例演练	184

第 7 章　管理图形对象

7.1	对象的排列	192
7.2	对齐与分布	193
	7.2.1 对齐对象	193
	7.2.2 分布对象	194
	7.2.3 按特定间距分布对象	195
7.3	隐藏与显示	198
7.4	编组与取消编组	199
	7.4.1 编组对象	199
	7.4.2 取消编组	199
7.5	锁定与解锁	202
	7.5.1 锁定对象	202
	7.5.2 解锁对象	203
7.6	图层的应用	203
	7.6.1 使用【图层】面板	203
	7.6.2 新建图层	204
	7.6.3 选取图层中的对象	206
	7.6.4 合并图层	207
7.7	图像描摹	207
	7.7.1 描摹图稿	207
	7.7.2 扩展描摹对象	208
	7.7.3 释放描摹对象	209
7.8	矢量图转换为位图	209
7.9	实例演练	210

第 8 章　对象的高级操作

8.1	对象变形工具	218
	8.1.1 使用【宽度】工具	218
	8.1.2 使用【变形】工具	218
	8.1.3 使用【旋转扭曲】工具	219
	8.1.4 使用【缩拢】工具	219

	8.1.5 使用【膨胀】工具 ········· 220	9.4 【变形】效果 ········· 269
	8.1.6 使用【扇贝】工具 ········· 220	9.5 【扭曲和变换】效果 ········· 270
	8.1.7 使用【晶格化】工具 ········· 221	9.5.1 变换 ········· 270
	8.1.8 使用【皱褶】工具 ········· 221	9.5.2 扭拧 ········· 274
8.2	使用【路径查找器】面板 ········· 224	9.5.3 扭转 ········· 275
8.3	编辑路径对象 ········· 228	9.5.4 收缩和膨胀 ········· 275
	8.3.1 轮廓化描边 ········· 228	9.5.5 波纹效果 ········· 276
	8.3.2 偏移路径 ········· 229	9.5.6 粗糙化 ········· 276
	8.3.3 简化 ········· 229	9.5.7 自由扭曲 ········· 277
	8.3.4 清理 ········· 230	9.6 【栅格化】效果 ········· 277
8.4	混合工具 ········· 230	9.7 【转换为形状】效果 ········· 278
	8.4.1 创建混合效果 ········· 230	9.8 【风格化】效果 ········· 278
	8.4.2 编辑混合对象 ········· 231	9.8.1 内发光 ········· 279
	8.4.3 扩展、释放混合对象 ········· 232	9.8.2 圆角 ········· 279
8.5	剪切蒙版 ········· 236	9.8.3 外发光 ········· 279
	8.5.1 创建剪切蒙版 ········· 236	9.8.4 投影 ········· 280
	8.5.2 释放剪切蒙版 ········· 242	9.8.5 涂抹 ········· 280
8.6	应用图形样式 ········· 242	9.8.6 羽化 ········· 281
8.7	设置不透明度 ········· 243	9.9 实例演练 ········· 281
8.8	混合模式 ········· 244	
	8.8.1 设置混合模式 ········· 244	**第 10 章 绘制图表**
	8.8.2 【混合模式】选项 ········· 244	
8.9	不透明蒙版 ········· 246	10.1 创建图表 ········· 286
	8.9.1 创建不透明蒙版 ········· 247	10.2 使用不同类型的图表工具 ········· 287
	8.9.2 取消链接不透明蒙版 ········· 248	10.2.1 使用【柱形图】工具 ········· 287
	8.9.3 停用不透明蒙版 ········· 249	10.2.2 使用【堆积柱形图】工具 ········· 288
	8.9.4 释放不透明蒙版 ········· 249	10.2.3 使用【条形图】工具 ········· 289
8.10	实例演练 ········· 252	10.2.4 使用【堆积条形图】工具 ········· 289
		10.2.5 使用【折线图】工具 ········· 289
第 9 章 Illustrator 效果		10.2.6 使用【面积图】工具 ········· 293
		10.2.7 使用【散点图】工具 ········· 293
9.1	应用效果 ········· 260	10.2.8 使用【饼图】工具 ········· 294
	9.1.1 为对象应用效果 ········· 260	10.2.9 使用【雷达图】工具 ········· 295
	9.1.2 使用【外观】面板管理效果 ········· 260	10.3 编辑图表 ········· 296
9.2	3D 效果 ········· 262	10.3.1 转换图表类型 ········· 296
	9.2.1 使用凸出操作创建 3D 对象 ········· 262	10.3.2 定义坐标轴 ········· 296
	9.2.2 通过绕转创建 3D 对象 ········· 267	10.3.3 组合图表类型 ········· 297
	9.2.3 在三维空间中旋转对象 ········· 268	10.3.4 自定义图表效果 ········· 298
9.3	【应用 SVG 滤镜】效果 ········· 269	10.3.5 使用图形对象表现图例 ········· 298
		10.4 实例演练 ········· 303

第 1 章
Illustrator 入门

　　Adobe Illustrator是一款应用于印刷、多媒体和在线图形设计的标准矢量绘图软件。无论是出版物制作人员、印刷图稿的设计师、插图绘制人员、设计多媒体图形的艺术家，还是网页或在线内容的创作者，都可以使用它方便地制作出各种形状复杂、色彩丰富的图形和文字效果，还可以实现复杂的图文混排设计。

1.1 熟悉Illustrator工作区

Adobe Illustrator是一款由Adobe Systems公司开发和发布的矢量绘图软件。目前，Illustrator存在多个版本，每个版本都会有性能上的提升和功能上的改进，但在日常工作中并不一定要使用最新版本。这是因为新版本虽然会在功能上有所提升，但对设备的要求也会更高，在软件运行的过程中会消耗更多的资源。因此，即使我们学习的是Illustrator 2022版本，也可以使用低版本进行本书中的操作，除去一些功能上的小差别，几乎不影响使用。

成功安装Illustrator后，在【开始】菜单中找到并单击Adobe Illustrator 2022选项，或双击桌面上的Adobe Illustrator 2022快捷方式，即可启动Illustrator。启动Illustrator后，在没有打开文档的情况下，系统将显示如图1-1所示的【开始】工作区。通过Illustrator的【开始】工作区，用户可以快速创建文档和访问最近打开的文件。

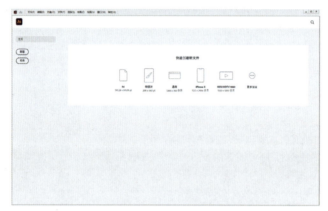

图1-1　【开始】工作区

> **提示**
> 如果需要自定义【开始】工作区中显示的最近打开的文档数，可以选择【编辑】|【首选项】|【文件处理】命令，打开【首选项】对话框。然后在【要显示的最近使用的文件数】数值框中指定所需的值(0~30)，默认数值为20。

在Illustrator中打开图像文件后，即可默认显示如图1-2所示的【基本功能】工作区。【基本功能】工作区是创建、编辑、处理图形和图像的操作平台，它由菜单栏、工具栏、【属性】面板、文档窗口、状态栏和功能面板等部分组成。

图1-2　Illustrator工作区

1.1.1 菜单栏

Illustrator 2022应用程序的菜单栏包括图1-3所示的【文件】【编辑】【对象】【文字】【选择】【效果】【视图】【窗口】和【帮助】9个选项。

图1-3 菜单栏中的选项

用户单击其中一个选项，随即便会出现相应的命令菜单，如图1-4所示。在命令菜单中，如果命令显示为浅灰色，则表示该命令目前状态为不可执行；命令右侧的字母组合代表该命令的键盘快捷键，按下该快捷键即可快速执行该命令；若该命令后带有省略号，则表示执行该命令后，工作区中会打开相应的设置对话框。

图1-4 命令菜单

> **提示**
> 有些命令只提供了快捷键字母，要通过快捷键方式执行命令，可以按下Alt+主菜单的字母键，再按下命令后的字母，执行该命令。

1.1.2 工具栏和控制栏

工具栏是Illustrator中非常重要的功能组件。它包含常用于图形绘制、编辑、处理操作的工具，如【钢笔】工具、【选择】工具、【旋转】工具及【网格】工具等。用户需要使用某个工具时，只需单击该工具即可。

> **提示**
> 工具栏可以折叠显示或展开显示。单击工具栏顶部的 图标，可以将其展开为双栏显示，如图1-5所示。再单击 图标，可以将其还原为单栏显示。将光标置于工具栏顶部，然后按住鼠标左键拖动，还可以将工具栏设置为浮动状态。

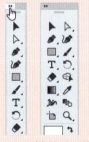

图1-5 双栏显示工具栏

由于工具栏大小的限制,许多工具并未直接显示在工具栏中,因此许多工具都隐藏在工具组中。在工具栏中,如果某一工具的右下角有黑色三角形,则表明该工具属于某一工具组,工具组中的其他工具处于隐藏状态。将鼠标移至工具图标上单击即可打开隐藏工具组;单击隐藏工具组后面的小三角按钮即可将隐藏工具组分离出来,如图1-6所示。

图1-6 展开工具组

> **提示**
> 如果用户觉得通过将工具组分离出来选取工具太过烦琐,那么只需按住Alt键,在工具栏中单击工具图标即可进行隐藏工具的切换。

控制栏显示一些常用的工具参数选项,如填色、描边等参数。在使用不同工具时,控制栏中的参数选项会发生变化,如图1-7所示。如果控制栏默认情况下没有显示,可以选择【窗口】|【控制】命令,显示控制栏。

(a) 【选择】工具控制栏

(b) 【钢笔】工具控制栏

图1-7 控制栏

1.1.3 【属性】面板

Illustrator中的【属性】面板用来辅助工具栏中工具或菜单命令的使用,对图形或图像的编辑起着重要作用。选择不同的工具或命令,【属性】面板显示的内容也不同,如图1-8所示。灵活掌握【属性】面板的基本使用方法有助于用户快速地进行图形编辑。

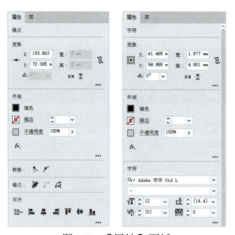

图1-8 【属性】面板

> **提示**
> 按键盘上的Tab键可以隐藏或显示工具栏、【属性】面板和其他功能面板。按Shift+Tab键仅可以隐藏或显示【属性】面板和其他功能面板。

1.1.4 文档窗口

文档窗口是图稿内容的所在位置，如图1-9所示。打开的图像文件默认情况下以选项卡模式显示在工作区中，其上方的标签会显示图像的相关信息，包括文件名、显示比例、颜色模式和预览方式等。

图1-9 文档窗口

1.1.5 状态栏

状态栏位于工作区中绘图窗口的底部，用于显示当前图像的缩放比例、文件大小，以及有关当前使用工具的简要说明等信息。在状态栏最左端的数值框中输入显示比例数值，然后按下Enter键，或单击数值框右侧的 按钮，从弹出的下拉列表中选择显示比例，即可改变绘图窗口的显示比例，如图1-10所示。在其右侧的【旋转角度】数值框中输入角度数值，可以旋转画布的角度。

图1-10 选择显示比例

> **提示**
> 在状态栏中，单击【显示】选项右侧的 按钮，从弹出的菜单中可以选择状态栏将显示的信息，如图1-11所示。
>
>
>
> 图1-11 选择状态栏要显示的信息

状态栏的中间一栏用于显示当前文档的画板数量，可以通过单击【上一项】按钮、【下一项】按钮、【首项】按钮、【末项】按钮来切换画板，或直接单击数值框右侧的 按钮，在弹出的下拉列表中直接选择画板，如图1-12所示。

图1-12 选择画板

1.1.6 功能面板

要完成图形制作，面板的应用是不可或缺的。Illustrator提供了大量的面板，其中常用的有图层、画笔、颜色、描边、渐变和透明度等面板，这些面板可以帮助用户控制和修改图形外观。

在应用面板的过程中，用户可以根据个人需要对面板进行移动、拆分、组合及折叠等操作。用户将鼠标移到面板名称标签上单击并按住向后拖动，即可将选中的面板放置到面板组的后方，如图1-13所示。

图1-13　调整面板的位置

将鼠标放置在需要拆分的面板名称标签上单击并按住拖动，在将面板拖出面板组后，释放鼠标即可拆分面板，如图1-14所示。

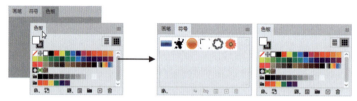

图1-14　拆分面板

如果要组合面板，将鼠标置于面板名称标签上单击并按住拖动至需要组合的面板组中释放即可。用户也可以将鼠标放置在需要组合的面板标签上单击并按住拖动，当将面板拖动至面板组边缘，出现蓝色突出显示的放置区域提示线时，释放鼠标即可将面板放置在此区域，如图1-15所示。

用户也可以根据需要改变面板的大小，还可以通过单击面板名称标签旁的 按钮，或双击面板标签，选择显示或隐藏面板选项。图1-16所示为隐藏面板选项。

图1-15　组合面板　　　　　　　　图1-16　隐藏面板选项

1.1.7 选择合适的工作区

Illustrator为不同制图需求的用户提供了多种工作区。在工作区顶部的菜单栏中单击【切换工作区】按钮，在弹出的下拉菜单中可选择系统预设的工作区；也可以通过【窗口】|【工作区】命令的子菜单来选择合适的工作区，如图1-17所示。

第 1 章 Illustrator 入门

图1-17　选择预设工作区

1.2　文档操作

用户在学习使用Illustrator绘制图形之前，应该先了解Illustrator文件的基本操作，如文件的新建、打开、存储、关闭、置入、导出，以及辅助工具的应用等。

1.2.1　新建文件

需要在Illustrator中创建一个新文档时，可以使用【新建】命令新建一个空白文档，也可以使用【从模板新建】命令新建一个包含基础对象的文档。

1. 使用【新建】命令

要新建图像文件，可以在【开始】工作区中单击【新建】按钮，或选择菜单栏中的【文件】|【新建】命令，或按Ctrl+N快捷键，在打开的如图1-18所示的【新建文档】对话框中进行参数设置。

01 在【新建文档】对话框顶部的选项中，可以选择最近使用过的文档设置、已保存的预设文档设置或应用程序预设的常用尺寸，包含【最近使用项】【已保存】【移动设备】【Web】【打印】【胶片和视频】【图稿和插图】选项卡，如图1-19所示。选择一个预设选项卡后，其下方会显示该类型中常用的设计尺寸。

图1-18　【新建文档】对话框

图1-19　预设常用尺寸

02 单击其中一个文档预设，即可在右侧【预设详细信息】选项组中查看相应的尺寸参数设置，然后单击【创建】按钮，完成新建操作，如图1-20所示。

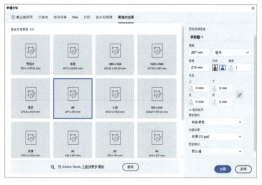
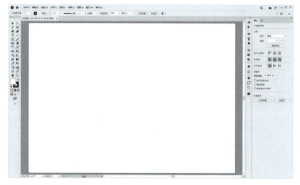

图1-20　使用预设创建文档

03 如果预设选项不能满足设计需求，还可以在【新建文档】对话框中自定义文档属性。在【新建文档】对话框的【预设详细信息】选项组中可以设置文件的名称、尺寸、颜色模式和分辨率等参数；单击【高级选项】左侧的>按钮可以在展开的选项中对文档的颜色模式、光栅效果和预览模式等进行设置，如图1-21所示。完成后单击【创建】按钮即可新建一个空白文档，如图1-22所示。

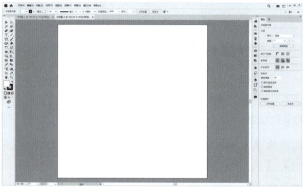

图1-21　创建自定义文档　　　　　　　　　　图1-22　新建文档

 提示

在【新建文档】对话框中，单击【更多设置】按钮，可以打开图1-23所示的【更多设置】对话框。【更多设置】对话框中的【画板数量】用于指定文档的画板数，以及画板的排列顺序。【间距】数值框用于指定画板之间的默认间距。此设置同时应用于水平间距和垂直间距。出血是指图稿落在印刷边框、打印定界框或位于裁切标记和裁切标记外的部分。在对话框的【出血】选项组中可以指定画板每侧的出血位置。

图1-23　【更多设置】对话框

2. 从模板新建

选择【文件】|【从模板新建】命令或使用Shift+Ctrl+N快捷键，打开【从模板新建】对话框。在该对话框中选中要使用的模板选项，单击【新建】按钮，即可创建一个模板文档，如图1-24所示。在该模板文档的基础上通过修改和添加新元素，最终可得到一个新文档。

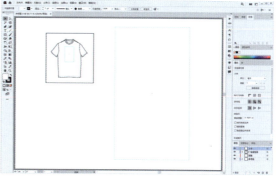

图1-24　从模板新建文档

 提示

用户也可以通过单击【更多设置】对话框中的【模板】按钮，打开【从模板新建】对话框，从中选择预置的模板样式新建文档。

1.2.2　打开文件

要对已有的文件进行处理，则需要将其在Illustrator中打开。在【开始】工作区中单击【打开】按钮，或选择【文件】|【打开】命令，或按Ctrl+O快捷键，在打开的【打开】对话框中选中需要打开的文件，然后单击【打开】按钮，或双击选择需要打开的文件名称，即可将文件打开，如图1-25所示。

图1-25　打开文件

1. 打开多个文件

在【打开】对话框中，可以一次性选择多个文件进行打开。按住Ctrl键并逐个单击文件，然后单击【打开】按钮，被选中的多个文件即可在文档窗口中打开，如图1-26所示。

图1-26　打开多个文件

2. 打开最近使用过的文件

打开Illustrator后,【开始】工作区中会显示最近打开过的文件的缩览图,单击某个缩览图即可打开相应的文件,如图1-27所示。

图1-27　通过缩览图打开最近使用过的文件

选择【文件】|【最近打开的文件】命令,在子菜单中单击文件名也可将其在Illustrator中打开,如图1-28所示。

 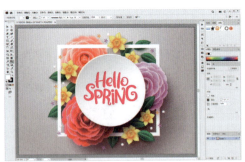

图1-28　通过菜单命令打开最近使用过的文件

1.2.3　置入文件——向文档中添加其他内容

Illustrator 2022具有良好的兼容性,利用Illustrator的【置入】命令,可以置入多种格式的图形图像文件,以供Illustrator使用。置入的文件可以嵌入Illustrator绘图文档中,成为当前文档的构成部分;也可以与Illustrator绘图文档建立链接,减小文档大小。

1. 置入文件

在Illustrator中，选择【文件】|【置入】命令，或按Shift+Ctrl+P组合键，打开图1-29所示的【置入】对话框。在该对话框中选择所需的文档，然后单击【置入】按钮，或双击所需要的文档，即可把选择的文件置入Illustrator文件中。

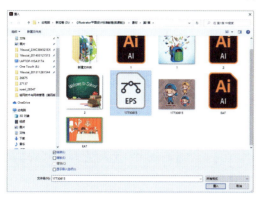 

图1-29 【置入】对话框

- 选中【链接】复选框，被置入的图形或图像文件与Illustrator文件保持独立，最终形成的文件不会太大，当链接的原文件被修改或编辑时，置入的链接文件也会自动修改更新。若不选中此复选框，置入的文件会嵌入Illustrator文档中，该文件的信息将完全包含在Illustrator文档中，形成一个较大的文件，并且当链接的文件被编辑或修改时，置入的文件不会自动更新。默认状态下，此复选框处于被选中状态。
- 选中【模板】复选框，将置入的图形或图像创建为一个新的模板图层，并用图形或图像的文件名称为该模板命名。
- 选中【替换】复选框，若界面中有被选取的图形或图像，可以用新置入的图形或图像进行替换。若界面中没有被选取的对象，则此选项不可用。

【例1-1】 制作礼品卡模板。

01 选择【文件】|【新建】命令，打开【新建文档】对话框。在【预设详细信息】选项组中输入文档名称，设置【宽度】为5.5in，【高度】为4in，【颜色模式】为CMYK颜色，【光栅效果】为【高(300ppi)】，然后单击【创建】按钮新建文档，如图1-30所示。

图1-30 新建文档

02 选择【矩形】工具，在画板中按住鼠标左键拖曳，绘制一个与画板等大的矩形。在【颜色】面板中，设置描边颜色为C:3 M:15 Y:10 K:0；在【描边】面板中，设置【粗细】为4pt，并单击【使描边内侧对齐】按钮，如图1-31所示。

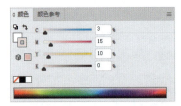

图1-31　绘制矩形

03 选择【文件】|【置入】命令，打开【置入】对话框。在该对话框中，选择要置入的logo，单击【置入】按钮关闭【置入】对话框，如图1-32所示。

04 在画板中单击，即可将选取的图像文件置入其中。在【属性】面板中，更改置入图像的【宽】为2in，然后调整置入图像的位置，如图1-33所示。

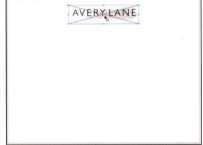

图1-32　置入图像　　　　　　　　　　　　图1-33　调整置入图像

05 使用步骤03的操作方法，在画板中置入其他图像文件，如图1-34所示。选择【选择】工具，将光标移至图像角点位置，当光标变为双向箭头时，按住Shift键，再按住鼠标左键拖曳，调整置入图像的大小及位置，如图1-35所示。

图1-34　置入其他图像　　　　　　　　　　图1-35　调整置入图像

06 选择【矩形】工具，在画板中按住鼠标左键拖曳，绘制一个矩形。然后在【色板】面板中，单击所需的颜色色板；在【描边】面板中，设置【粗细】为1pt，如图1-36所示。

第 1 章 Illustrator 入门

图1-36　绘制矩形并进行设置

07 选择【文字】工具并在画板中单击，在【色板】面板中，单击所需的颜色色板设置字体颜色；在【字符】面板中，设置字体大小为12pt，【插入空格(左)】为【1/8全角空格】；然后使用【文字】工具输入文字内容。输入完成后，按Esc键结束操作，并调整文字位置，如图1-37所示。

图1-37　完成后的效果

2. 管理置入的文件

使用【链接】面板可以查看和管理所有的链接或嵌入的对象。【链接】面板中显示了当前文档中置入的所有对象，从中可以对这些对象进行定位、重新链接、编辑原稿等操作。选择【窗口】|【链接】命令，可打开图1-38所示的【链接】面板。单击该面板左下方的▶图标会显示链接的名称、格式、缩放、大小、路径等信息。选择一个对象，单击该按钮，就会显示该对象的相关信息，如图1-39所示。

图1-38　【链接】面板　　　图1-39　显示链接信息

以下是对【链接】面板底部各个按钮作用的说明。

- 【从CC库重新链接】：单击该按钮，可以在打开的【库】面板中重新进行链接。
- 【重新链接】：在【链接】面板中选中一个对象，单击该按钮，可以在弹出的窗口中选择素材，以替换当前链接的内容。

- 【转至链接】：在【链接】面板中选中一个对象，单击该按钮，可以快速在画板中定位该对象。
- 【更新链接】：当链接文档发生变动时，单击此按钮，可以在当前文档中同步所发生的变动。
- 【编辑原稿】：对于链接的对象，单击此按钮，可以在图像编辑器中打开该对象，并进行编辑。

1.2.4 存储文件

要存储图形文档，可以选择菜单栏中的【文件】|【存储】【文件】|【存储为】【文件】|【存储副本】或【文件】|【存储为模板】等命令。

- 【存储】命令用于保存操作结束前未保存过的文档。选择【文件】|【存储】命令或使用Ctrl+S快捷键，可打开图1-40所示的【存储为】对话框。
- 【存储为】命令用于对编辑修改后不想覆盖原文档保存的文档进行另存。选择【文件】|【存储为】命令或使用Shift+Ctrl+S组合键，可打开【存储为】对话框。
- 【存储副本】命令用于将当前编辑效果快速保存并且不会改动原文档。选择【文件】|【存储副本】命令或使用Ctrl+Alt+S组合键，可打开【存储副本】对话框。
- 【存储为模板】命令用于将当前编辑效果存储为模板，以便其他用户创建、编辑文档。选择【文件】|【存储为模板】命令，可打开【存储为模板】对话框。

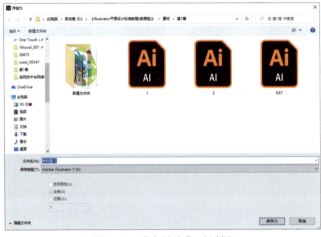

图1-40 【存储为】对话框

1. 打包：收集字体和链接素材

【打包】命令可以收集当前文档中使用过的以链接形式置入的素材图像和字体。这些图像文件及字体文件将被收集在一个文件夹中，便于用户存储和传输。当文档中包含链接的素材图像和使用的特殊字体时，选择【文件】|【打包】命令，可将分布在计算机各个位置的素材整理出来。

【例1-2】打包文件素材。

01 先将文档进行存储，然后选择【文件】|【打包】命令，在弹出的【打包】对话框中单击【选择包文件夹位置】按钮，打开【选择文件夹位置】对话框。从【选择文件夹位置】对话框中选择一个合适的位置，然后单击【选择文件夹】按钮，如图1-41所示。

图1-41　选择文件夹的位置

02 打包的文件需要整理在一个文件夹中，因此在【文件夹名称】文本框中设置该文件夹的名称，在【选项】选项组中，选中需要打包的选项。单击【打包】按钮，在弹出的提示对话框中，单击【确定】按钮，如图1-42所示。

图1-42　打包文件

03 系统开始进行打包操作，打包完成后会弹出提示对话框，提示文件包已创建成功。如果需要查看文件包，单击【显示文件包】按钮，即可打开相应的文件夹进行查看，如图1-43所示。如果不需要查看文件包，单击【确定】按钮即可关闭该提示对话框。

图1-43　显示文件包

2. 恢复：将文件还原到上次存储的版本

对一个文件进行一系列操作后，选择【文件】|【恢复】命令，或按F12键，可以直接将文件恢复到最后一次保存时的状态。如果一直没有进行过存储操作，则可以返回到文件刚打开时的状态。

1.2.5 关闭文件

要关闭文档，可以选择菜单栏中的【文件】|【关闭】命令，或按Ctrl+W快捷键，或直接单击文件窗口右上角的【关闭】按钮 关闭文件。

1.2.6 导出文件

【存储】命令可以将文档存储为Illustrator特有的矢量文件格式，而【导出】命令可以将文档存储为其他应用程序可以方便预览、传输的文件格式，如PNG、JPEG等。在Illustrator中导出文件有三种方式，分别是使用【导出为多种屏幕所用格式】命令、【导出为】命令和【存储为Web所用格式(旧版)】命令。最为常用的方式是使用【导出为】命令。

01 准备一个文档，将其导出为JPEG格式。选择【文件】|【导出】|【导出为】命令，打开【导出】对话框。在该对话框中设置文件导出后的存放位置和名称，在【保存类型】下拉列表中选择JPEG(*.JPG)格式，如图1-44所示。

02 单击【导出】按钮，弹出【JPEG选项】对话框。在该对话框中，可以设置【颜色模型】【品质】等选项。设置【品质】数值为6，在【消除锯齿】下拉列表中选择【优化图稿(超像素取样)】选项，然后单击【确定】按钮，即可完成图形文件的导出操作，如图1-45所示。

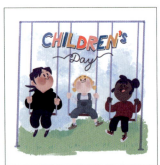

图1-44　设置【导出】对话框　　　　　　图1-45　设置【JPEG选项】对话框

> **提示**
>
> 如果在【导出】对话框中选中【使用画板】复选框，则只导出画板内的图形对象。当选中【使用画板】复选框后，【全部】与【范围】单选按钮就会被激活。选中【全部】单选按钮，画板中的所有内容都将被导出，并按照-01、-02的序号进行命名；当选中【范围】单选按钮时，可以在下方数值框中设置导出画板中内容的范围。

1.3 查看图稿

在使用Illustrator进行制图的过程中，经常需要观看画面整体或放大显示画面的局部，这时就可以使用工具箱中的【缩放】工具及【抓手】工具，除此之外，使用【导航器】面板中的相关工具也可以定位到画面的某个部分。

1.3.1 切换屏幕模式

单击工具栏底部的【更改屏幕模式】按钮 ，在弹出的下拉菜单中可以选择屏幕显示模式，如图1-46所示。也可以按F键，在下列屏幕模式中轮流切换。

- 演示文稿模式：将图稿显示为演示文稿，其中应用程序的菜单、面板、参考线会处于隐藏状态。
- 正常屏幕模式：在标准窗口中显示图稿，菜单栏位于窗口顶部，工具栏和面板堆栈位于两侧，如图1-47所示。按键盘上的Tab键可隐藏工具栏和面板堆栈，再次按Tab键可将其显示。

图1-46　可供选择的屏幕模式

图1-47　正常屏幕模式

- 带有菜单栏的全屏模式：在全屏窗口中显示图稿，菜单栏显示在顶部，工具栏和面板堆栈位于两侧，系统任务栏和文档窗口标签会隐藏，如图1-48所示。
- 全屏模式：在全屏窗口中只显示图稿，如图1-49所示。

图1-48　带有菜单栏的全屏模式

图1-49　全屏模式

在【全屏模式】下，按键盘上的Tab键可显示隐藏的菜单栏、【属性】面板、工具栏和面板堆栈；再次按Tab键可将其隐藏。按键盘上的Shift+Tab键仅显示【属性】面板和面板堆栈，如图1-50所示。

图1-50　显示面板

在【演示文稿模式】【带有菜单栏的全屏模式】【全屏模式】下，按键盘上的Esc键可以返回至【正常屏幕模式】。

> **提示**
> 在【全屏模式】状态下，还可以通过将鼠标移至工作区的边缘处稍作停留的方式来显示隐藏的工具栏、【属性】面板或面板堆栈。

1.3.2　使用【缩放】工具和【抓手】工具

Illustrator提供了两个用于浏览图稿的工具：一个是用于图稿缩放的【缩放】工具，另一个是用于移动图稿显示区域的【抓手】工具。

选择工具栏中的【缩放】工具 并在工作区中单击，即可放大图稿，如图1-51所示；也可以直接按Ctrl++键放大显示图稿。

图1-51　使用【缩放】工具

【缩放】工具既可以放大显示比例，又可以缩小显示比例。按住Alt键，光标会变为中心带有减号的放大镜形状，单击要缩小区域的中心，每单击一次，视图便缩小到上一个预设百分比；也可以按Ctrl+ - 键缩小显示图稿。

> **提示**
> 用户也可以在选择【缩放】工具后，在需要放大的区域单击并按住鼠标左键向外拖动，然后释放鼠标即可放大图稿；或在需要缩小的区域单击并按住鼠标左键向内拖动，然后释放鼠标即可缩小图稿。

在放大显示的工作区中查看图形时，经常需要查看文档窗口以外的视图区域。因此，需要通过移动视图显示区域来进行查看。如果需要实现该操作，用户可以选择工具栏中的【抓手】工具 ，然后在工作区中按下并拖动鼠标即可移动视图显示画面，如图1-52所示。在使用其

第 1 章 Illustrator 入门

他工具时，按住键盘上的空格键可快速切换到【抓手】工具。此时在图稿中按住鼠标左键并拖动即可平移图稿；松开空格键，会自动切换回之前使用的工具。

图 1-52　使用【抓手】工具

1.3.3　使用【导航器】面板

【导航器】面板用于调整图稿的显示比例，以及查看图稿的特定区域。打开一幅图稿，选择【窗口】|【导航器】命令，打开【导航器】面板。在【导航器】面板中可以看到整幅图稿，红框内侧是在文档窗口中显示的内容，如图 1-53 所示。将光标移至【导航器】面板缩览图上方，当其变为抓手形状 时，按住鼠标左键并拖曳即可移动图稿在文档窗口中的显示区域，如图 1-54 所示。

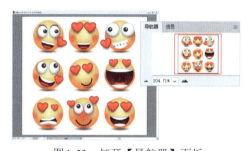

图 1-53　打开【导航器】面板　　　　　　　图 1-54　调整显示区域

- 缩放数值输入框：在该输入框中可以输入缩放数值，然后按 Enter 键确认操作，如图 1-55 所示。
- 【缩小】按钮 /【放大】按钮：单击【缩小】按钮可以缩小图像的显示比例，单击【放大】按钮可以放大图像的显示比例，如图 1-56 所示。

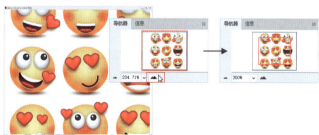

图 1-55　改变显示比例　　　　　　　　　图 1-56　使用缩放按钮

1.3.4 使用【视图】命令

Illustrator的【视图】菜单提供了以下几种浏览图像的方式。

- 选择【视图】|【放大】命令，可以放大图像显示比例到下一个预设百分比。
- 选择【视图】|【缩小】命令，可以缩小图像显示比例到下一个预设百分比。
- 选择【视图】|【画板适合窗口大小】命令，可以将当前画板按照屏幕尺寸比例进行缩放。
- 选择【视图】|【全部适合窗口大小】命令，可以查看窗口中的所有内容。
- 选择【视图】|【实际大小】命令，将以100%比例显示文件。

1.3.5 更改文件的显示状态

在Illustrator中，常用的文件显示状态有两种：一种是预览显示，另一种是轮廓显示。在预览显示状态下，图形会显示全部的色彩、描边、文本和置入图形等构成信息。而选择菜单栏中的【视图】|【轮廓】命令，或按Ctrl+Y快捷键可将当前所显示的图形以无填充、无颜色、无画笔效果的原线条状态显示，如图1-57所示。利用轮廓显示模式，可以加快显示速度。如果要返回预览显示状态，选择【视图】|【在CPU上预览】命令，或按Ctrl+E快捷键即可。

图1-57　更改文件的显示状态

1.4 运用画板

在Illustrator中，画板表示可打印图稿的区域，可以将画板作为裁剪区域以满足打印或置入的需要。每个文档可以有1~1000个画板。用户可以在新建文档时指定文档的画板数量，也可以在处理文档的过程中随时添加和删除画板。

1.4.1 【画板】工具

在Illustrator中，可以创建大小不同的画板，并且可以使用【画板】工具调整画板大小，还可以将画板放在屏幕上的任何位置，甚至可以使它们彼此重叠。

1. 【画板】工具基本操作

单击工具箱中的【画板】工具按钮，或按Shift+O键，会在画板边缘显示定界框，如图1-58所示。拖曳定界框上的控制点可以自由调整画板的大小，如图1-59所示。

图1-58　显示画板定界框

图1-59　调整画板大小

若要改变画板的位置，可以将光标移至画板的内部，按住鼠标左键并拖曳即可移动画板，如图1-60所示。在文档窗口内按住鼠标左键并拖动，即可绘制一个新的画板，如图1-61所示。如果要删除不需要的画板，可以单击控制栏中的【删除画板】按钮 ，也可在选中画板后，直接按Delete键进行删除。

图1-60　移动画板

图1-61　绘制画板

2. 【画板】工具控制栏

单击工具箱中的【画板】工具，在如图1-62所示的控制栏中可以精确地设置画板的【宽度】/【高度】数值，还可以设置画板的方向，以及进行删除画板或新建画板等操作。

图1-62　【画板】工具控制栏

- 【预设】：选择需要修改的画板，在如图1-63所示的【预设】下拉列表中可以选择一种常见的预设尺寸。
- 【纵向】/【横向】：选择画板，单击【纵向】按钮或【横向】按钮，可以调整画板的方向。
- 【新建画板】：使用该功能可以新建一个与当前所选画板等大的画板。选择一个已有画板，然后单击【新建画板】按钮，即可得到相同大小的画板。
- 【删除画板】：用来删除选中的画板。
- 【名称】：用来重新命名画板。

- 【移动/复制带画板的图稿】：在移动并复制画板时，若激活该功能，则画板中的内容同时被复制并移动。
- 【画板选项】：单击  按钮，在弹出的如图1-64所示的【画板选项】对话框中可以对画板的相关参数选项进行设置。其中各项与控制栏中相应参数选项的功能相似。

图1-63　【预设】选项　　　　图1-64　【画板选项】对话框

- X/Y：用来设置画板在工作区的位置。
- 【宽度】/【高度】：用来设置画板的大小，当需要精确设置画板的大小时可以通过这两项进行设置。

1.4.2　【画板】面板

在【画板】面板中可以对画板进行添加、删除、重新排序、编号等操作。选择【窗口】|【画板】命令，即可打开【画板】面板。

1. 新建画板

单击【画板】面板底部的【新建画板】按钮，或从【画板】面板菜单中选择【新建画板】命令，即可新建画板，如图1-65所示。

图1-65　新建画板

2. 复制画板

选择要复制的一个或多个画板，将其拖动到【画板】面板的【新建画板】按钮上，或选择【画板】面板菜单中的【复制画板】命令，即可快速复制一个或多个画板，如图1-66所示。

图1-66　复制画板

3. 删除画板

如果要删除画板，在选中画板后，单击【画板】面板底部的【删除画板】按钮 🗑，或选择【画板】面板菜单中的【删除画板】命令即可。若要删除多个连续的画板，则先选择一个要删除的画板，然后按住Shift键后选择面板中的最后一个画板，再单击【删除面板】按钮。若要删除多个不连续的画板，可以按住Ctrl键并在【画板】面板上单击选择需要删除的画板，然后单击【删除画板】按钮，如图1-67所示。

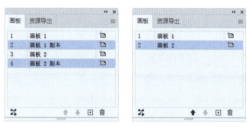

图1-67　删除画板

1.4.3　重新排列画板

若要重新排列【画板】面板中的画板，可以单击【画板】面板中的【重新排列所有画板】按钮 ⚃，或选择面板菜单中的【重新排列所有画板】命令，在打开的如图1-68所示的【重新排列所有画板】对话框中进行相应的设置。

- 【按行设置网格】按钮 ⚃：按指定的行数排列多个画板。
- 【按列设置网格】按钮 ⚃：按指定的列数排列多个画板。
- 【按行排列】按钮 →：将所有画板排列为一行。
- 【按列排列】按钮 ↓：将所有画板排列为一列。
- 【更改为从右至左的版面】按钮 ← /【更改为从左至右的版面】按钮 →：将画板从右至左或从左至右排列。默认情况下，画板从左至右排列。
- 【列数】数值框：指定多个画板排列的列数。
- 【间距】数值框：指定画板的间距。该设置同时应用于水平间距和垂直间距。

图1-68　【重新排列所有画板】对话框

1.5 排列多个文档

当在Illustrator中打开多个文档时，文档将以选项卡的形式在文档窗口顶部打开。用户可以通过其他方式排列已打开的文档，这样便于比较不同文档或将对象从一个文档拖动到另一个文档。此外，还可以使用【窗口】|【排列】命令中的子菜单以各种预设显示方式快速地显示所打开的文档，如图1-69所示。用户也可以单击菜单栏中的【排列文档】按钮，在弹出的如图1-70所示的下拉面板中选择一种预设显示方式。

图1-69　【排列】命令　　　　　　　　　图1-70　【排列文档】下拉面板

- 【层叠】：选择该命令，可将打开的全部文档层叠堆放在文档窗口中，如图1-71所示。
- 【平铺】：选择该命令，文档窗口的可用空间将按照文档数量进行划分，如图1-72所示。
- 【在窗口中浮动】：选择该命令，可使当前选中的文档在文档窗口中浮动。
- 【全部在窗口中浮动】：选择该命令，可使打开的全部文档在文档窗口中浮动。
- 【合并所有窗口】：选择该命令，可将打开的文档合并到同一组选项卡中。

图1-71　使用【层叠】命令　　　　　　　图1-72　使用【平铺】命令

1.6 操作的还原与重做

在图稿的绘制过程中，当出现错误需要更正时，可以使用【还原】和【重做】命令对图稿进行还原或重做。在出现操作失误的情况下，选择【编辑】|【还原】命令，或按Ctrl+Z快捷键能够修正错误；还原之后，还可以选择【编辑】|【重做】命令，或按Shift+Ctrl+Z组合键撤销还原，恢复到还原操作之前的状态。

1.7 辅助工具

在Illustrator中，通过使用标尺、参考线、网格，用户可以更精确地放置对象，也可以通过自定义标尺、参考线和网格为绘图提供便利。

1.7.1 使用标尺

在工作区中，标尺由水平标尺和垂直标尺两部分组成。

通过使用标尺，用户不仅可以很方便地测量出对象的大小与位置，还可以结合从标尺中拖曳出的参考线准确地创建和编辑对象。

1. 显示标尺

在默认情况下，工作区中的标尺处于隐藏状态。选择【视图】|【标尺】|【显示标尺】命令，或按Ctrl+R快捷键，可以在工作区中显示标尺，如图1-73所示。如果要隐藏标尺，可以选择【视图】|【标尺】|【隐藏标尺】命令，或按Ctrl+R快捷键。

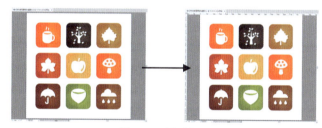

图1-73　显示标尺

Illustrator包含全局标尺和画板标尺两种标尺。全局标尺显示在绘图窗口的顶部和左侧，默认标尺原点位于绘图窗口的左上角。画板标尺的原点则位于画板的左上角，并且在选中不同的画板时，画板标尺也会发生变化。若要在画板标尺和全局标尺之间进行切换，选择【视图】|【标尺】|【更改为全局标尺】命令或【视图】|【标尺】|【更改为画板标尺】命令即可。默认情况下显示画板标尺。

2. 更改标尺原点

每个标尺上显示0的位置称为标尺原点。要更改标尺原点，将鼠标指针移至标尺左上角标尺相交处，然后按住鼠标左键，将鼠标指针拖到所需的新标尺原点处，释放左键即可，如图1-74所示。当进行拖动时，窗口和标尺中的十字线会指示不断变化的标尺原点。若要恢复默认的标尺原点，双击左上角的标尺相交处即可。

图1-74　更改标尺原点

3. 更改标尺单位

标尺中只显示数值，不显示数值单位。如果要调整标尺单位，可以在标尺上的任意位置右击，在弹出的快捷菜单中选择要使用的单位选项，标尺的数值会随之发生变化，如图1-75所示。

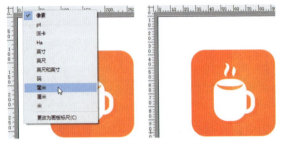

图1-75　更改标尺单位

1.7.2　使用参考线

参考线可以帮助用户对齐文本和图形对象。在Illustrator中，用户可以创建自定义的垂直或水平参考线，也可以将矢量对象转换为参考线对象。

1. 创建参考线

要创建参考线，只需将光标放置在水平或垂直标尺上，按住鼠标左键，从标尺上拖动出参考线到画板中，如图1-76所示。

图1-76　创建参考线

要将矢量对象转换为参考线对象，可以在选中矢量对象后，选择【视图】|【参考线】|【建立参考线】命令；或右击矢量对象，在弹出的快捷菜单中选择【建立参考线】命令；或按快捷键Ctrl+5。

2. 释放参考线

释放参考线是指将转换为参考线的路径恢复到原来的路径状态，或者将参考线转换为路径。为此，只需选择菜单栏中的【视图】|【参考线】|【释放参考线】命令。

需要注意的是，在释放参考线前需确定参考线未被锁定。释放参考线后，参考线会变成边线色为无色的路径，用户可以任意改变它的描边填色。

3. 解锁参考线

在默认状态下，文件中的所有参考线都处于锁定状态，锁定的参考线不能被移动。选择【视图】|【参考线】|【锁定参考线】命令，取消命令前的✔，即可解除参考线的锁定。重新选择此命令可将参考线重新锁定。

4. 智能参考线

智能参考线是创建或操作对象、画板时显示的临时对齐参考线。智能参考线可通过显示对齐、X位置、Y位置和偏移值，帮助用户参照其他对象或画板来对齐、编辑和变换对象或画板，如图1-77所示。选择【视图】|【智能参考线】命令，或按快捷键Ctrl+U，即可启用智能参考线功能。

图1-77　使用智能参考线

1.7.3　使用网格

网格在输出或印刷时是不可见的，但对于图像的放置和排版来说非常重要。在创建和编辑对象时，用户可以通过选择【视图】|【显示网格】命令，或按快捷键Ctrl+"在文档中显示网格，如图1-78所示。如果要隐藏网格，选择【视图】|【隐藏网格】命令即可。网格的颜色和间距可通过【首选项】对话框进行设置。

图1-78　显示网格

> **提示**
> 在【首选项】对话框中，选中【网格置后】复选框，可以将网格显示在图稿下方。默认状态为选中该复选框。在显示网格后，选择菜单栏中的【视图】|【对齐网格】命令，即可在创建和编辑对象时自动对齐网格，以实现操作的准确性。想要取消对齐网格的效果，只需再次选择【视图】|【对齐网格】命令。

1.8　实例演练

本章的实例演练通过制作饮品广告的综合实例，帮助用户更好地掌握本章所介绍的文档的新建、置入、存储命令的基本操作方法和技巧。

【例1-3】制作饮品广告。　　视频

01 选择【文件】|【新建】命令，或按Ctrl+N快捷键，打开【新建文档】对话框。在该对话框中，选择【打印】选项卡，在【空白文档预设】的列表中选择A4选项，然后单击【横向】按钮，再单击【创建】按钮新建文档，如图1-79所示。

02 选择【文件】|【置入】命令,在打开的【置入】对话框中选择素材1.jpg,单击【置入】按钮,如图1-80所示。

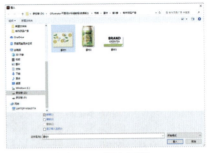

图1-79　新建文档　　　　　　　　　图1-80　置入图像

03 在画板中,单击置入素材,将光标移至素材图像右下角的控制点上,当其变幻形状时按住鼠标左键拖动至画板右下角调整其大小。释放鼠标,然后在控制栏中单击【嵌入】按钮,将素材图片嵌入画板中,如图1-81所示。

04 使用上述方法继续添加素材2.png、素材3.png,将各素材嵌入画板中,如图1-82所示。

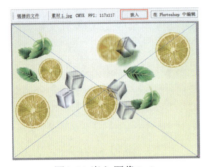

图1-81　嵌入图像(一)　　　　　　　图1-82　嵌入图像(二)

05 选择【文件】|【存储】命令,在打开的【存储为】对话框选择一个合适的存储位置,设置合适的文件名,将【文件类型】设置为Adobe Illustrator(*.AI),然后单击【保存】按钮,如图1-83所示。

06 在打开的【Illustrator选项】对话框的【版本】下拉列表中选择【Illustrator CC(旧版)】,单击【确定】按钮,如图1-84所示。在弹出的【进度】对话框中,待进度条加载完毕后消失,保存操作就完成了。

图1-83　存储文档　　　　　　　　　图1-84　设置【Illustrator选项】

第 2 章
绘制简单的图形

绘制图形是Illustrator中重要的功能之一。Illustrator为用户提供了多种图形绘制工具,使用这些工具可以方便地绘制直线段、弧形线段、矩形、椭圆形等各种规则或不规则的矢量图形。熟练掌握这些工具的应用方法,对后面章节中的图形绘制及编辑操作会有很大帮助。

2.1 使用绘图工具

Illustrator具有非常强大的矢量绘图功能，这些绘图功能完全可以满足设计工作的需求。设计工作中较为规则的矩形、直线段、圆形及其他一些看起来比较规则的图形可以通过Illustrator内置的工具轻松绘制，这些绘图工具位于工具箱的两个工具组中。

2.1.1 认识两组绘图工具

右击工具箱中的【直线段】工具按钮，在弹出的工具组中可以选择【直线段】工具、【弧形】工具、【螺旋线】工具、【矩形网格】工具或【极坐标网格】工具，如图2-1所示。右击【矩形】工具按钮，在弹出的工具组中可以选择【矩形】工具、【圆角矩形】工具、【椭圆】工具、【多边形】工具、【星形】工具、【光晕】工具，如图2-2所示。

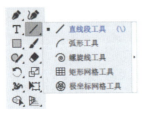
图2-1 线条工具组

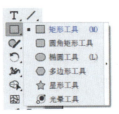
图2-2 形状工具组

2.1.2 使用绘图工具绘制简单图形

这两组绘图工具的使用方法相似，但能够绘制出不同类型的图形。

01 以【圆角矩形】工具为例，选择【圆角矩形】工具后，在画板中按住鼠标左键拖动，可以绘制一个圆角矩形，如图2-3所示。

02 如果在绘制完成后的图形四角处看到 ◉，可以按住它并拖动，如图2-4所示，此时可以看到当前图形的圆角大小发生了变化。

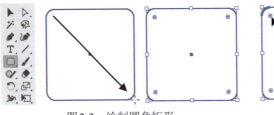
图2-3 绘制圆角矩形

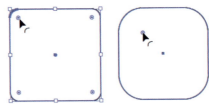
图2-4 调整圆角大小

2.1.3 绘制精确尺寸的图形

手动绘制的图形比较随意，不够精确。如果想要得到精确尺寸的图形，可以使用工具设置对话框进行参数设置。

01 以【圆角矩形】工具为例，使用该工具在画板中单击，弹出【圆角矩形】对话框。
02 在【圆角矩形】对话框中，对参数进行详细设置，然后单击【确定】按钮，即可得到一个精确尺寸的图形，如图2-5所示。

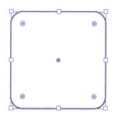

图2-5 精确绘制图形

2.1.4 选择图形

【选择】工具可以用来选择整个对象。使用该工具可以选择矢量图形、位图、文字等对象。只有被选中的对象可以执行移动、复制、缩放、旋转、镜像、倾斜等操作。

01 对一个对象的整体进行选取时，单击工具箱中的【选择】工具▶，或按快捷键V，在要选择的对象上单击，即可选中相应的对象，如图2-6所示。
02 要加选多个对象，可以在选中一个对象后，按住Shift键的同时单击其他的对象，这样可以将两个对象同时选中，如图2-7所示。

图2-6 选择对象　　　　　　　　　图2-7 加选对象

03 继续按住Shift键再次单击其他对象，仍然可以进行同时选取，如图2-8所示。在被选中的对象上按住Shift键再次单击，可以取消选中，如图2-9所示。

图2-8 加选对象　　　　　　　　　图2-9 取消选中

2.1.5 移动图形

绘制好一个图形后，想要改变该图形的位置，可以选择工具栏中的【选择】工具，在图形上单击即可选中该图形，然后按住鼠标左键拖动，可以移动图形，如图2-10所示。有关【选择】工具的具体操作将在后面章节详细讲解。

图2-10　移动图形

2.1.6 删除多余的图形

想要删除多余的图形，可以使用【选择】工具单击选中的图形，然后按Delete键，如图2-11所示。

图2-11　删除多余的图形

2.1.7 快速绘制大量图形

在使用线条工具组和形状工具组中的绘图工具时，在绘制的过程中按住键盘左上角的~键，同时按住鼠标左键拖动，可以快速得到大量依次渐变大小的相同形状，如图2-12所示。

图2-12　快速绘制大量图形

2.1.8 复制、剪切、粘贴

【复制】命令与【粘贴】命令通常配合使用。选择一个对象后进行【复制】操作，此时画面不会发生变化，因为复制的对象被存放在计算机的剪贴板中；在进行【粘贴】操作后，才能看到被复制的对象。这两个命令常用于制作具有相同对象的作品。

01 通过【复制】命令可以快捷地制作出多个相同的对象。选择【编辑】|【复制】命令，或按Ctrl+C快捷键进行复制。选择【编辑】|【粘贴】命令，或按Ctrl+V快捷键，可以将刚刚复制的对象粘贴到当前文档中，如图2-13所示。

02 使用【选择】工具选中某一对象后按住Alt键，当光标变为双箭头时，按住鼠标左键拖动。松开鼠标后即可将图形移动复制到当前位置，如图2-14所示。

　　图2-13　复制、粘贴对象　　　　　　　　　　图2-14　移动复制对象

03【剪切】命令可以把选中的对象从当前位置清除，并移入剪贴板中；然后可以通过【粘贴】命令调用剪贴板中的该对象，使之重新出现在画面中。【剪切】命令与【粘贴】命令也经常配合使用，可以在同一文件中或者不同文件间进行剪切和粘贴。选择【编辑】|【剪切】命令，或按Ctrl+X快捷键将所选对象剪切到剪贴板中，被剪切的对象将从画面中消失，如图2-15所示。

04 选择【编辑】|【粘贴】命令，或按Ctrl+V快捷键，可以将剪切的对象重新粘贴到文档中，如图2-16所示。

　　图2-15　剪切对象　　　　　　　　　　　　　图2-16　粘贴对象

除了【粘贴】命令，Illustrator中还包含其他粘贴命令，具体如下。

▶ 选中对象并复制或剪切之后，选择【编辑】|【贴在前面】命令，或按Ctrl+F快捷键，剪贴板中的内容将被粘贴到文档中原始对象所在的位置，并将其置于当前图层上对象堆叠的顶层。

▶ 选择【编辑】|【贴在后面】命令，或按Ctrl+B快捷键，剪贴板中内容将被粘贴到对象堆叠的底层或在选定对象之后。

▶ 选择【编辑】|【就地粘贴】命令，或按Ctrl+Shift+V组合键，可以将所选的内容粘贴到当前所用的画板中。

▶ 选择【编辑】|【在所有画板上粘贴】命令，或按Alt+Ctrl+Shift+V组合键，会将所选的内容粘贴到所有画板上。

2.2　绘制直线段

使用【直线段】工具 可以直接绘制各种方向的直线。

01 【直线段】工具的使用方法非常简单,选择工具箱中的【直线段】工具,在画板上单击并按照所需的方向拖动鼠标即可生成所需的直线,如图2-17所示。

02 用户也可以通过【直线段工具选项】对话框来精确绘制直线。选择【直线段】工具,在希望线段开始的位置单击,打开【直线段工具选项】对话框,如图2-18所示。在该对话框中,【长度】选项用于设定直线的长度,【角度】选项用于设定直线和水平轴的夹角。当选中【线段填色】复选框时,将以当前填充色对生成的线段进行填色。

图2-17 绘制直线　　　　　　　　图2-18 【直线段工具选项】对话框

 提示

选择【直线段】工具后,在画板中按住鼠标左键的同时,按住Shift键,在画板中拖曳鼠标,可以绘制出水平、垂直以及角度按45°倍增(即45°、90°、135°等角度)的斜线。在绘制直线的过程中,按住键盘上的空格键,可以随鼠标的移动改变绘制直线的位置。

【例2-1】 制作产品吊牌。

01 选择【文件】|【新建】命令,新建一个【宽度】数值为340mm,【高度】数值为210mm的文档,如图2-19所示。

02 选择【矩形】工具并在画板中单击,打开【矩形】对话框。在该对话框中,设置【宽度】数值为115mm,【高度】数值为55mm,然后单击【确定】按钮创建矩形,如图2-20所示。

　　　图2-19 新建文档　　　　　　　　　　图2-20 绘制矩形

03 在【变换】面板中,取消选中【链接圆角半径值】按钮,设置左侧圆角半径数值为1mm,右侧圆角半径数值为26.5mm,如图2-21所示。

04 选择【椭圆】工具,按住Alt键的同时在画板中单击,打开【椭圆】对话框。在对话框中设置【宽度】和【高度】数值为8mm,然后单击【确定】按钮创建椭圆形,如图2-22所示。

第 2 章 绘制简单的图形

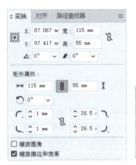

　　图 2-21　设置图形对象　　　　　　　　图 2-22　绘制图形对象

05 使用【选择】工具选中步骤**03**调整的图形和圆形，选择【窗口】|【路径查找器】命令，打开【路径查找器】面板，并单击【减去顶层】按钮，如图 2-23 所示。

06 保持选中图形，在控制栏中设置图形描边颜色为白色，【描边粗细】为9pt。在【渐变】面板中单击【径向渐变】按钮，设置渐变填色为C:53 M:0 Y:82 K:0 至C:69 M:4 Y:100 K:0 至C:79 M:32 Y:97 K:0，【角度】数值为-176°，如图 2-24 所示。

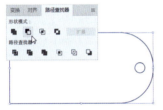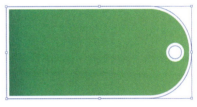

　　图 2-23　编辑图形对象　　　　　　　　图 2-24　设置渐变填充

07 然后选择【效果】|【风格化】|【投影】命令，打开【投影】对话框。在该对话框中，设置【不透明度】数值为50%，【X位移】数值为0.7mm，【Y位移】数值为1mm，【模糊】数值为1mm，然后单击【确定】按钮，如图 2-25 所示。

08 使用【直线段】工具在画板中绘制直线，并在控制栏中设置【描边粗细】为0.25pt，如图 2-26 所示。

　　图 2-25　添加投影　　　　　　　　　　图 2-26　绘制直线段

09 选择【效果】|【扭曲和变换】|【变换】命令，打开【变换效果】对话框。在该对话框中，设置【角度】数值为5°，【副本】数值为36，然后单击【确定】按钮，如图 2-27 所示。

10 使用【选择】工具选中步骤**04**创建的对象，按Ctrl+C快捷键复制对象，按Ctrl+F快捷键粘贴对象，并按Shift+Ctrl+]组合键将复制的对象置于顶层。继续使用【选择】工具选中刚复制的图形和步骤**09**创建的变换对象，右击，在弹出的快捷菜单中选择【建立剪切蒙版】命令，如图 2-28 所示。

图2-27　变换对象

图2-28　建立剪切蒙版

11 选择【文件】|【置入】命令，打开【置入】对话框。在该对话框中，选择所需的素材文档，单击【置入】按钮，然后在画板中单击，置入图形，如图2-29所示。

12 选择【效果】|【风格化】|【投影】命令，打开【投影】对话框。在该对话框中，设置【不透明度】数值为30%，【X位移】为0.4mm，【Y位移】为0.4mm，【模糊】为0.6mm，然后单击【确定】按钮，完成后的效果如图2-30所示。

图2-29　置入图形　　　　　　　　　　图2-30　添加投影

13 选择【钢笔】工具绘制路径，然后在控制栏中设置描边粗细为1pt，在【颜色】面板中设置描边色为C:95 M:75 Y:60 K:30，在【画笔】面板中单击【3点椭圆形】画笔样式，如图2-31所示。

图2-31　绘制路径

14 按Ctrl+A快捷键全选对象，按Ctrl+G快捷键进行编组，并在【变换】面板中设置【旋转】角度为45°，如图2-32所示。使用【选择】工具移动、复制编组对象，并按Ctrl+D快捷键重复此操作，如图2-33所示。

第 2 章 绘制简单的图形

图2-32　旋转编组对象　　　　　　　　图2-33　移动、复制编组对象

15 使用【直接选择】工具选中复制的渐变填充对象,在【渐变】面板中分别设置渐变填色为C:39 M:86 Y:100 K:4 至C:15 M:69 Y:100 K:0 至C:4 M:41 Y:91 K:0 至C:3 M:17 Y:42 K:0 和C:73 M:47 Y:8 K:0 至C:68 M:29 Y:4 K:0 至C:38 M:6 Y:0 K:0,完成后的效果如图2-34所示。

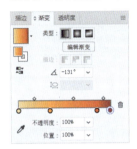

图2-34　完成后的效果

2.3　绘制弧线

【弧形】工具 用于绘制任意曲率和长短的弧线,也可以绘制特定尺寸与弧度的弧线。

01 选择【弧形】工具,在控制栏中设置描边颜色与描边宽度,然后在画板中线段的开始位置按下鼠标左键,确定路径的起点;接着按住鼠标左键拖曳到另一个端点位置处,释放鼠标即可完成路径的绘制,如图2-35所示。

02 如果在绘制过程中不释放鼠标,可以通过按键盘上的上、下方向键调整弧线的弧度,达到要求后再释放鼠标,如图2-36所示。

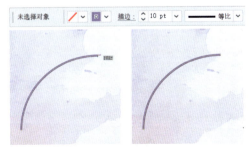

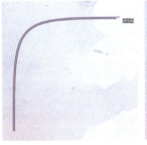

图2-35　绘制弧线　　　　　　　　　图2-36　调整弧线弧度

03 想要绘制精确斜率的弧线,可以选择【弧形】工具后在需要绘制图形的地方单击,在弹出的【弧线段工具选项】对话框中对弧线X/Y轴的长度及斜率等进行相应的设置,完成设置后单击【确定】按钮,即可得到精确尺寸的弧线,如图2-37所示。

- 【X轴长度】：在数值框中输入数值，定义另一个端点在X轴方向的距离。
- 【Y轴长度】：在数值框中输入数值，定义另一个端点在Y轴方向的距离。
- 【类型】：用来定义绘制的弧线的类型是开放弧线还是闭合弧线，默认为开放。
- 【基线轴】：用于设定弧线对象基线轴为X轴还是Y轴。
- 【斜率】：通过拖动滑块或在右侧数值框中输入数值，定义绘制的弧线对象的弧度，绝对值越大弧度越大，正值凸起、负值凹陷，如图2-38所示。
- 【弧线填色】：选中该复选框，将使用当前的填充色填充绘制的弧形。

 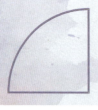 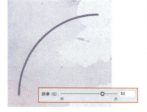 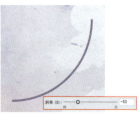

图2-37　绘制精确斜率的弧线　　　　　　　图2-38　设置斜率

 提示

使用【弧形】工具的过程中，在按住Shift键的同时按住鼠标左键并拖动可以得到X轴、Y轴长度相等的弧线；按键盘上的C键可以改变弧线的类型，也就是在开放路径和闭合路径之间进行切换；按键盘上的F键可以改变弧线的方向；按键盘上的X键可使弧线在凹、凸曲线之间切换；在按住键盘上的空格键的同时按住鼠标左键并拖动，则弧线随鼠标的移动改变位置；在按住键盘上的↑键的同时按住鼠标左键并拖动，则可增大弧线的曲率半径，如果按键盘上的↓键则减小弧线的曲率半径。

2.4　绘制螺旋线

【螺旋线】工具可用来绘制半径不同、段数不同、样式不同的螺旋线。

01 选择【螺旋线】工具后，在螺旋线的中心按住鼠标左键向外拖动，松开鼠标后即可得到螺旋线，如图2-39所示。

02 选中绘制完成后的螺旋线，然后可以在控制栏中更改填充色或描边色，如图2-40所示。

图2-39　绘制螺旋线　　　　　　　图2-40　设置螺旋线

03 想要绘制特定参数的螺旋线，可以选择【螺旋线】工具后在需要绘制螺旋线的位置单击，在弹出的【螺旋线】对话框中进行设置，单击【确定】按钮，即可得到精确尺寸的图形，如图2-41所示。

- ▶ 【半径】：在数值框中输入数值，可以定义螺旋线的半径尺寸。
- ▶ 【衰减】：用来控制螺旋线之间相差的比例，百分比越小，螺旋线之间的差距越小。
- ▶ 【段数】：用来定义螺旋线对象的段数，数值越大，螺旋线越长；数值越小，螺旋线越短。
- ▶ 【样式】：可以选择顺时针或逆时针定义螺旋线的方向，如图2-42所示。

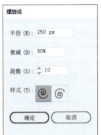   

图2-41　精确绘制螺旋线　　　　　　　　　图2-42　设置螺旋线的样式

提示

在使用【螺旋线】工具时，按住鼠标左键并拖动可旋转螺旋线；在按住鼠标左键并拖动的过程中按住Shift键，可控制旋转的角度为45°的倍数。在按住鼠标左键并拖动的过程中按住Ctrl键可保持螺旋线的衰减比例；在按住鼠标左键并拖动的过程中按住键盘上的R键，可改变螺旋线的旋转方向；在按住鼠标左键并拖动的过程中按住键盘上的空格键，可随鼠标拖动移动螺旋线的位置。在按住鼠标左键并拖动的过程中，按键盘上的↑键可增加螺旋线的路径片段的数量，每按一次，增加一个路径片段；反之，按键盘上的↓键可减少路径片段的数量。

2.5　绘制网格线

【矩形网格】工具用于制作表格或网格状的背景。

01　选择【矩形网格】工具后，在画板中按住鼠标左键并拖动，松开鼠标后即可得到一个矩形网格对象，如图2-43所示。

02　使用【选择】工具选中绘制的网格对象，将光标移动到对象一角处，按住鼠标左键拖动，即可更改对象大小，如图2-44所示。

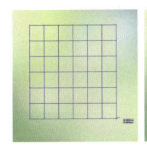 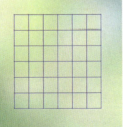  

图2-43　绘制网格对象　　　　　　　　　图2-44　调整网格对象大小

03　将光标定位到对象四角以外位置，当光标变为带有弧线的双箭头形状时，按住鼠标左键并拖动，即可改变对象的角度，如图2-45所示。

04 想要绘制特定参数的矩形网格，可以选择【矩形网格】工具后在要绘制网格的位置单击，在弹出的【矩形网格工具选项】对话框中进行相应的参数设置，然后单击【确定】按钮即可得到精确尺寸的图形，如图2-46所示。

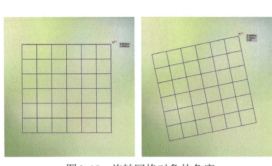

图2-45　旋转网格对象的角度　　　　　　　　图2-46　精确绘制网格对象

▶ 【宽度】/【高度】用于指定矩形网格的宽度和高度，通过 可以用鼠标选择基准点的位置。
▶ 【数量】指矩形网格内横线(竖线)的数量，也就是行(列)的数量。
▶ 【倾斜】表示行(列)的位置。当数值为0%时，线和线之间的距离均等；当数值大于0%时，就会变成向上(右)的行间距逐渐变窄的网格；当数值小于0%时，就会变成向下(左)的行间距逐渐变窄的网格。
▶ 【使用外部矩形作为框架】该复选框为选中状态时，得到的矩形网格外框为矩形，否则，得到的矩形网格外框为不连续的线段。
▶ 【填色网格】该复选框为选中状态时，会以当前填充色对生成的线段进行填色。

> **提示**
> 在拖动的过程中按住键盘上的C键，竖向的网格间距会逐渐向右变窄；按住V键，横向的网格间距会逐渐向上变窄；在拖动的过程中按住键盘上的↑和→键，可以增加竖向和横向的网格线；按↓和←键可以减少竖向和横向的网格线。在拖动的过程中按住键盘上的X键，竖向的网格间距会逐渐向左变窄；按住F键，横向的网格间距会逐渐向下变窄。

【例2-2】制作课程表。　视频

01 选择【文件】|【打开】命令，打开背景素材文件，如图2-47所示。
02 选择【网格】工具并在画板中单击，在打开的【矩形网格工具选项】对话框中设置【宽度】数值为22cm，【高度】数值为12cm，设置【水平分隔线】的【数量】为6，【垂直分隔线】的【数量】为4，选中【填色网格】复选框，单击【确定】按钮，如图2-48所示。
03 选中矩形网格，在【路径查找器】面板中单击【分割】按钮，然后右击对象，在弹出的快捷菜单中选择【取消编组】命令，如图2-49所示。
04 在【颜色】面板中设置描边色为无，填充色为R:244 G:249 B:246。使用【选择】工具选中第一行以外的网格，选择【效果】|【转换为形状】|【圆角矩形】命令，打开【形状选项】对话框。在该对话框中设置【额外宽度】和【额外高度】数值都为−0.1cm，【圆角半径】数值为0.3cm，然后单击【确定】按钮，如图2-50所示。

图2-47 打开文件　　　　　　　　　　图2-48 创建网格

图2-49 编辑网格(一)　　　　　　　　图2-50 编辑网格(二)

05 使用【选择】工具选中第一行网格,选择【效果】|【扭曲和变换】|【变换】命令,打开【变换效果】对话框。在该对话框中,设置【缩放】的【水平】和【垂直】数值均为95%,设置变换参考点为中上,然后单击【确定】按钮应用设置,如图2-51所示。

06 使用【选择】工具选中第一行的第一格,在【颜色】面板中设置填充色为R:75 G:141 B:198,如图2-52所示。

图2-51 编辑网格(三)　　　　　　　　图2-52 填充网格(一)

07 使用【选择】工具分别选中第一行中的网格,设置填充色为R:255 G:206 B:4、R:233 G:69 B:123、R:177 G:197 B:123、R:242 G:149 B:142,效果如图2-53所示。

08 选择【文字】工具在网格中创建文本框,在控制栏中设置字体系列为Segoe UI Symbol,字体样式为Regular,字体大小为18pt,单击【居中对齐】按钮,然后输入文字,如图2-54所示。

09 使用【选择】工具,按住Ctrl+Alt快捷键移动并复制上一步创建的文本,然后使用【文字】工具更改文字内容,完成后效果如图2-55所示。

图2-53 填充网格(二) 　　　　图2-54 输入文字

图2-55 复制并更改文字内容

2.6 绘制极坐标网格线

使用【极坐标网格】工具可以快速绘制由多个同心圆和直线组成的极坐标网格，该工具适合制作同心圆、射击靶等对象。

01 【极坐标网格】工具的使用方法和【矩形网格】工具的使用方法类似，可以在直接选择该工具后，在画板中按住鼠标左键并拖动，松开鼠标即可得到极坐标网格，如图2-56所示。

02 想要绘制特定参数的极坐标网格，可以在选择【极坐标网格】工具后，在想要绘制图形的位置单击，在弹出的【极坐标网格工具选项】对话框中进行相应设置，之后单击【确定】按钮，即可得到精确尺寸的图形，如图2-57所示。

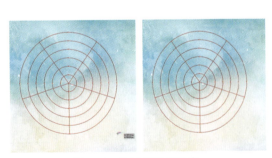

图2-56 绘制极坐标网格　　　图2-57 【极坐标网格工具选项】对话框

▶ 【宽度】/【高度】数值框可以指定极坐标网格的水平直径和垂直直径，通过 可以用鼠标选择基准点的位置。

▶ 【同心圆分隔线】选项组中的【数量】数值框可以指定极坐标网格内圆的数量，【倾斜】数值可以指定圆形之间的径向距离。当【倾斜】数值为0%时，线和线之间的距离均等；

当【倾斜】数值大于0%时，就会变成向外的间距逐渐变窄的网格；当【倾斜】数值小于0%时，就会变成向内的间距逐渐变窄的网格。

▶ 【径向分割线】选项组中的【数量】数值框可以指定极坐标网格内放射线的数量，【倾斜】数值框可以指定放射线的分布。当【倾斜】数值为0%时，线和线之间均等分布；当【倾斜】数值大于0%时，会变成顺时针方向逐渐变窄的网格；当【倾斜】数值小于0%时，会变成逆时针方向逐渐变窄的网格。

▶ 选中【从椭圆形创建复合路径】复选框，可以将同心圆转换为独立的复合路径并每隔一个圆进行填色。

▶ 选中【填色网格】复选框，将会以当前填充色对生成的线段进行填色。

使用【极坐标网格】工具在拖动过程中按住键盘上的C键，圆形之间的间隔向外逐渐变窄。在拖动的过程中按住键盘上的X键，圆形之间的间隔向内逐渐变窄，如图2-58所示。在拖动的过程中按住键盘上的F键，放射线的间隔会按逆时针方向逐渐变窄，如图2-59所示。

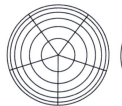 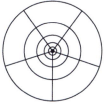  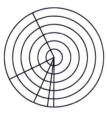

图2-58　改变圆形的间隔　　　　　　图2-59　改变放射线的间隔

在绘制极坐标网格线的过程中，按键盘上的↑键可增加圆形的数量，每按一次，增加一个圆形；按键盘上的↓键可减少圆形的数量，如图2-60所示。按键盘上的→键可增加放射线的数量，每按一次，增加一条放射线；按键盘上的←键可减少放射线的数量，如图2-61所示。

  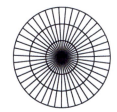 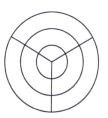

图2-60　增加或减少圆形的数量　　　图2-61　增加或减少放射线的数量

2.7　绘制矩形和正方形

矩形是几何图形中最基本的图形。矩形元素在设计作品中的应用非常广泛。【矩形】工具主要用于绘制长方形和正方形对象。

01 选择【矩形】工具▭，或按M键，在要绘制图形的位置按住鼠标左键并以对角线方式向外拖动，然后释放鼠标即可绘制矩形，如图2-62所示。

02 在绘制矩形的过程中，按住Shift键的同时拖曳鼠标，可以绘制正方形，如图2-63所示。按住Alt键拖曳鼠标，可以绘制以鼠标单击点为中心向四周延伸的矩形。同时按住Alt+Shift快捷键，可以绘制以鼠标单击点为中心的正方形。

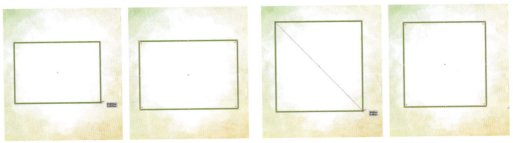

图2-62　绘制矩形　　　　　　　　　　图2-63　绘制正方形

> **提示**
> 绘制正方形的方法，对于形状工具组中的【椭圆】工具、【圆角矩形】工具同样适用。想要绘制正圆、正圆角矩形，都可以配合Shift键来绘制。

03 想要绘制特定参数的矩形，可以选择【矩形】工具后，在要绘制矩形的位置单击，在弹出的【矩形】对话框中进行相应的设置，然后单击【确定】按钮，即可创建精确尺寸的矩形对象，如图2-64所示。在使用【矩形】对话框绘制正方形时，只需输入相等的长、宽值即可。

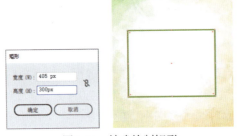

图2-64　精确绘制矩形

> **提示**
> 如果在单击画板的同时按住Alt键，但不移动鼠标，可以打开【矩形】对话框。在该对话框中输入长、宽值后，将以单击面板处为中心向外绘制矩形。

2.8　绘制圆角矩形

圆角矩形给人一种圆润、柔和的感觉，更具亲和力，在设计中的应用非常广泛。圆角矩形的绘制方法与矩形的绘制方法基本相同。想要绘制特定参数的圆角矩形，可以在选择【圆角矩形】工具后，在要绘制圆角矩形对象的位置单击，在弹出的【圆角矩形】对话框中进行相应的设置，然后单击【确定】按钮，即可创建精确的圆角矩形对象，如图2-65所示。打开的【圆角矩形】对话框相较【矩形】对话框增加了一个【圆角半径】选项。输入的半径数值越大，得到的圆角矩形的圆角弧度就越大；输入的半径数值越小，得到的圆角矩形的圆角弧度就越小，如图2-66所示。当输入的数值为0时，得到的是矩形。

第 2 章 绘制简单的图形

图2-65　精确绘制圆角矩形

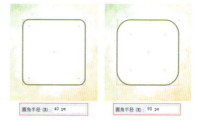

图2-66　设置【圆角半径】

【例2-3】制作极简风格的登录界面。

01 选择菜单栏中的【文件】|【新建】命令，或按Ctrl+N快捷键，打开【新建文档】对话框。在该对话框中，选中【移动设备】选项卡中的iPad选项。在【名称】文本框中输入"登录界面"，在【方向】选项组中单击【横向】按钮，设置【光栅效果】为【高(300ppi)】，然后单击【创建】按钮，如图2-67所示。

02 选择【文件】|【置入】命令，在画板中置入所需的素材图像，并按Ctrl+2快捷键锁定置入的图像，如图2-68所示。

图2-67　新建文档

图2-68　置入素材图像

03 选择【圆角矩形】工具，在画板中单击，打开【圆角矩形】对话框。在该对话框中，设置【宽度】数值为428px，【高度】数值为528px，【圆角半径】数值为8px，然后单击【确定】按钮，如图2-69所示。

04 在控制栏中设置【描边】为无，选中【对齐画板】选项，单击【垂直居中对齐】按钮。在【渐变】面板中，单击【径向渐变】按钮，设置渐变填充色为R:68 G:89 B:146至R:5 G:6 B:36；在【透明度】面板中，设置混合模式为【正片叠底】，【不透明度】数值为75%，如图2-70所示。

图2-69　绘制图形　　　　　　　　　　图2-70　填充图形

05 使用【文字】工具在画板中单击，输入文本内容，按Ctrl+Enter快捷键。然后在控制栏中设置字体颜色为白色，设置字体系列为Myriad Variable Concept，字体样式为Regular，字体大小为60pt，完成后的效果如图2-71所示。

45

06 选择【效果】|【风格化】|【投影】命令，打开【投影】对话框。在该对话框的【模式】下拉列表中选择【正片叠底】选项，设置【X位移】和【Y位移】数值均为2px，【模糊】为1px，然后单击【确定】按钮，如图2-72所示。

图2-71　输入并设置文本　　　　　　　　　　　　　图2-72　添加投影

07 选择【圆角矩形】工具，在画板中单击，打开【圆角矩形】对话框。在该对话框中，设置【宽度】数值为316px，【高度】数值为52px，【圆角半径】数值为4px，然后单击【确定】按钮，如图2-73所示。

08 选择【效果】|【风格化】|【投影】命令，打开【投影】对话框。在该对话框的【模式】下拉列表中选择【正片叠底】选项，设置【不透明度】数值为75%，【X位移】数值和【Y位移】数值都为2px，【模糊】数值为6px，然后单击【确定】按钮，如图2-74所示。

图2-73　设置【圆角矩形】对话框中的参数　　　　　图2-74　添加投影

09 选择【文字】工具，在画板中单击，输入文本内容，按Ctrl+Enter快捷键。然后在控制栏中设置字体颜色为R:153 G:153 B:153，设置字体系列为Arial，设置字体大小为24pt，如图2-75所示。

10 使用【选择】工具选中步骤07至步骤09创建的对象，然后右击对象，在弹出的快捷菜单中选择【变换】|【移动】命令，打开【移动】对话框。在该对话框中，设置【水平】数值为0px，【垂直】数值为90px，然后单击【复制】按钮复制对象，并使用【文字】工具修改文字内容，如图2-76所示。

图2-75　输入文本　　　　　　　　　　　　　　　　图2-76　移动并复制对象

第 2 章 绘制简单的图形

11 使用【选择】工具选中步骤**10**创建的圆角矩形，右击，在弹出的快捷菜单中选择【变换】|【再次变换】命令，然后在【颜色】面板中，更改形状填充色为R:0 G:175 B:255，如图2-77所示。

12 使用【文字】工具在画板中单击，输入文本内容，按Ctrl+Enter快捷键。然后在控制栏中设置字体颜色为白色，设置字体系列为Arial，字体样式为Bold，字体大小为28pt，如图2-78所示。

图2-77 变换并设置对象　　　　　　图2-78 输入并设置文本

13 使用【文字】工具在画板中单击，输入文本内容，按Ctrl+Enter快捷键。然后设置字体颜色为白色，在【字符】面板中设置字体系列为Arial，字体样式为Narrow，字体大小为15pt，单击【下画线】按钮，完成后的效果如图2-79所示。

图2-79 完成后的效果

2.9 绘制椭圆形和圆形

　　【椭圆】工具可用于绘制椭圆形和正圆形。椭圆形和圆形的绘制方法与矩形的绘制方法基本相同。

01 选择【椭圆】工具，或按L键，在画板中按住鼠标左键并拖曳，释放鼠标后即可绘制一个椭圆形，如图2-80所示。

02 若要绘制特定参数的椭圆，可以选择【椭圆】工具后，在要绘制椭圆对象的位置单击，在弹出的【椭圆】对话框中进行相应的设置，然后单击【确定】按钮即可创建精确的椭圆形对象，如图2-81所示。该对话框中的【宽度】和【高度】数值指的是椭圆的两个不同直径的值。

47

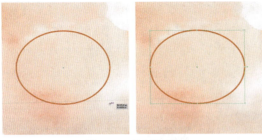

图2-80　绘制椭圆形　　　　　　图2-81　精确绘制圆形

2.10　绘制多边形

使用【多边形】工具 拖动鼠标可以在文档中绘制多边形，系统默认的边数为6，如图2-82所示。

想要绘制特定参数的多边形，可以在选择【多边形】工具后，在要绘制多边形对象的位置单击，在弹出的【多边形】对话框中进行相应的设置，然后单击【确定】按钮，即可完成多边形的绘制，如图2-83所示。在该对话框中，可以设置【半径】和【边数】，半径指多边形的中心点到角点的距离，鼠标的单击位置为多边形的中心点。多边形的边数最少为3，最多为1000；半径数值的设定范围为0~2889.779mm。

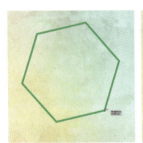

图2-82　绘制多边形　　　　　　图2-83　精确绘制多边形

> **提示**
> 在按住鼠标拖动【多边形】工具绘制的过程中，按键盘上的↑键可增加多边形的边数；按↓键可以减少多边形的边数。系统默认的边数为6。

2.11　绘制星形

星形是常见的图形之一。使用【星形】工具 可以绘制不同形状的星形图形。

01 选择【星形】工具，在要绘制星形对象的位置按住鼠标左键拖曳，释放鼠标即可创建星形，如图2-84所示。

02 想要绘制特定参数的星形，可以选择【星形】工具，在要绘制星形对象的位置单击，在弹出的【星形】对话框中进行相应设置，然后单击【确定】按钮，即可绘制精确的星形对象，如图2-85所示。在该对话框中可以设置星形的【角点数】和【半径】。此处有两个半径值,【半径1】代表凹处控制点的半径值,【半径2】代表顶端控制点的半径值。

图2-84 绘制星形　　　　　　　　　　图2-85 设置【星形】对话框中的参数绘制精确的星形

 提示

当使用拖动光标的方法绘制星形图形时,如果同时按住Ctrl键,可以在保持星形的内切圆半径不变的情况下,改变星形图形的外切圆半径大小;如果同时按住Alt键,可以在保持星形内切圆和外切圆的半径数值不变的情况下,通过按↑或↓键调整星形的尖角数。

2.12 实例演练

本章的实例演练通过制作CD封套的综合实例,帮助用户更好地掌握本章所介绍的变换文件对象的操作方法。

【例2-4】 制作CD封套。

01 选择【文件】|【新建】命令,新建一个A4大小、横向的空白文档。使用【矩形】工具在画板中单击,打开【矩形】对话框。在该对话框中,设置【宽度】和【高度】均为120mm,然后单击【确定】按钮,如图2-86所示。

02 将描边色设置为无,在【渐变】面板中单击【径向渐变】按钮,设置渐变填充色为白色至C:0 M:0 Y:0 K:40;在【透明度】面板中,设置混合模式为【正片叠底】;然后使用【渐变】工具调整渐变效果,如图2-87所示。

图2-86 绘制矩形　　　　　　　　　　图2-87 设置渐变填充色

03 使用【椭圆】工具在画板中单击,在弹出的【椭圆】对话框中,设置【宽度】和【高度】数值均为120mm,然后单击【确定】按钮,并在标准颜色控件中单击【默认填色和描边】图标。在【描边】面板中,设置【粗细】为4pt。在【颜色】面板中,设置描边色为C:58 M:50 Y:45 K:0,如图2-88所示。

图2-88　绘制圆形

04 选择【对象】|【路径】|【轮廓化描边】命令，再右击对象，在弹出的快捷菜单中选择【取消编组】命令。使用【选择】工具选中取消编组后的圆形，右击，在弹出的快捷菜单中选择【变换】|【缩放】命令，打开【比例缩放】对话框。在该对话框中选中【等比】单选按钮，设置数值为30%，然后单击【复制】按钮。在【颜色】面板中，设置渐变填充色为C:65 M:56 Y:54 K:0，如图2-89所示。

图2-89　缩放并复制对象(一)

05 右击上一步复制的圆形，在弹出的快捷菜单中选择【变换】|【缩放】命令，打开【比例缩放】对话框。在该对话框中选中【等比】单选按钮，设置数值为88%，然后单击【复制】按钮。在【渐变】面板中，设置渐变填充色为C:0 M:0 Y:0 K:0至C:0 M:0 Y:0 K:45至C:0 M:0 Y:0 K:0至C:0 M:0 Y:0 K:13，【角度】为-60°，如图2-90所示。

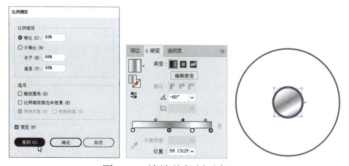

图2-90　缩放并复制对象(二)

06 右击上一步复制的圆形，在弹出的快捷菜单中选择【变换】|【缩放】命令，打开【比例缩放】对话框。在该对话框中选中【等比】单选按钮，设置数值为55%，然后单击【复制】按钮。在【颜色】面板中，设置填充色为C:71 M:64 Y:60 K:14，如图2-91所示。

07 右击上一步复制的圆形，在弹出的快捷菜单中选择【变换】|【缩放】命令，打开【比例缩放】对话框。在该对话框中选中【等比】单选按钮，设置数值为88%，然后单击【复制】按钮。在【颜色】面板中，设置填充色为C:63 M:54 Y:50 K:0，如图2-92所示。

图2-91　缩放并复制对象(三)　　　　　图2-92　缩放并复制对象(四)

08 选择【文件】|【置入】命令，在弹出的【置入】对话框中选择所需的图像文件，单击【置入】按钮。在画板中单击，置入图像，并连续按Ctrl+[快捷键，将其放置在步骤**04**创建的对象下方，如图2-93所示。

09 使用【选择】工具选中步骤**04**中取消编组后的圆形和置入的图像，右击，在弹出的快捷菜单中选择【建立剪切蒙版】命令，建立剪切蒙版，效果如图2-94所示。

图2-93　置入图像　　　　　　　　　图2-94　建立剪切蒙版后的效果

10 使用【选择】工具选中步骤**03**至步骤**09**创建的圆形，按Ctrl+G快捷键进行编组。使用【椭圆】工具在光盘图形下方拖动绘制椭圆形，按Shift+Ctrl+[快捷键，将其置于底层。在【渐变】面板中单击【径向渐变】按钮，设置填充色为C:0 M:0 Y:0 K:85至C:0 M:0 Y:0 K:0。在【透明度】面板中，设置混合模式为【正片叠底】。然后选择【渐变】工具，调整渐变填充色的长宽比，如图2-95所示。

图2-95　绘制图形

11 选中步骤**10**创建的编组对象，选择【效果】|【风格化】|【投影】命令，打开【投影】对话框。在该对话框中，设置【不透明度】数值为50%，【X位移】数值为0mm，【Y位移】数值为1mm，【模糊】数值为1mm，然后单击【确定】按钮，如图2-96所示。

12 选中步骤**02**绘制的矩形，按Ctrl+C快捷键复制该矩形，再按Ctrl+B快捷键将其贴在后面。选择【文件】|【置入】命令，置入所需的素材图像，然后按Shift+Ctrl+[组合键，将置入的图像置于底层，并调整其大小，如图2-97所示。

　　　　图2-96　添加投影　　　　　　　　　　图2-97　置入图像

13 在【图层】面板中，选中置入的图像和上一步中复制的矩形，右击，在弹出的快捷菜单中选择【建立剪切蒙版】命令，创建剪切蒙版，如图2-98所示。

14 使用【选择】工具选中步骤 **10** 创建的椭圆形，移动并复制其至矩形下方，然后调整其大小，如图2-99所示。

　　　图2-98　创建剪切蒙版　　　　　　　　图2-99　复制、编辑图形（一）

15 继续使用【选择】工具选中上一步创建的椭圆形，移动并复制其至矩形侧边，在【变换】面板中设置【旋转】数值为90°，然后调整其大小，如图2-100所示。

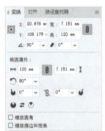   

　　　　　　　　　　图2-100　复制、编辑图形（二）

16 继续使用【选择】工具选中左侧的所有图形，按Ctrl+G快捷键进行编组。然后使用【矩形】工具绘制一个与页面同等大小的矩形，按Shift+Ctrl+[组合键，将其置于底层。在【渐变】面板中，设置填充色为C:0 M:0 Y:0 K:16至C:0 M:0 Y:0 K:75，【长宽比】数值为90%，完成后的效果如图2-101所示。

　　　　　　　　　　图2-101　完成后的效果

第 3 章
图形填充与描边

对图形对象进行填充及描边处理是运用Illustrator进行设计工作的常见操作。Illustrator不仅为用户提供了纯色、渐变、图案等多种填充方式,还提供了描边设置选项。本章将详细讲解填充及描边设置的操作方法。

3.1　什么是填充与描边

　　Illustrator是一款经典的矢量绘图软件，矢量图形是由路径以及附着在路径上和路径内的颜色构成的。路径本身是无法输出的实体对象，因此路径必须被赋予填充和描边才能显现。

　　【填充】指的是路径内部的颜色，不仅可以是单一的颜色，还可以是渐变色或图案，如图3-1所示。【描边】针对的是路径的边缘，在Illustrator中可以为路径边缘设置一定的宽度，并赋予单一颜色、渐变色或图案等，还可以通过参数的设置得到虚线描边，如图3-2所示。

图3-1　填充　　　　　　　　　　　　图3-2　描边

3.2　快速设置填充与描边颜色

　　用户可以在控制栏中快速设置填充及描边的颜色，这也是最常用的填充、描边设置方式。用户可以在绘制图形前进行设置，也可以在选中已有的图形后在控制栏中进行设置。控制栏中包括【填充】和【描边】两个选项。单击【填充】或【描边】选项，在弹出的下拉面板中单击某个色块，即可快速将其设置为当前填充色或描边色，如图3-3所示。

图3-3　填充图形

3.3　选择更多颜色

　　在控制栏中设置填充和描边颜色主要是通过色板来完成的，但是色板中的颜色有限，有时无法满足用户需求。当需要更多的颜色时，用户可以在工具栏的标准颜色控件中进行设置。使用标准颜色控件可以快捷地为图形设置填充或描边颜色。

01 选中图形，双击工具栏底部如图3-4所示的标准颜色控件组中的【填充】或【描边】控件，在弹出的【拾色器】对话框中可以设置具体的填充或描边颜色。

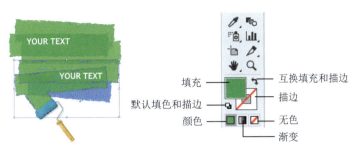

图3-4 标准颜色控件

> **提示**
>
> 单击【默认填色和描边】图标可恢复软件默认的填充色和边线色,如图3-5所示。软件默认的填充色为白色,边线色为黑色。单击【互换填充和描边】图标,可以在填充和描边之间互换颜色,如图3-6所示。

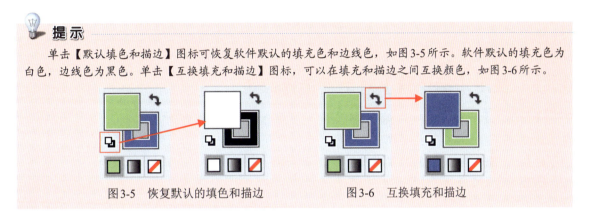

图3-5 恢复默认的填色和描边　　　　图3-6 互换填充和描边

02 以设置填充颜色为例,双击【填充】控件,在弹出的【拾色器】(前景色)对话框中拖动颜色滑块得到相应的色相范围,然后将光标放在左侧的色域中,单击即可选择颜色,设置完毕后单击【确定】按钮,如图3-7所示。

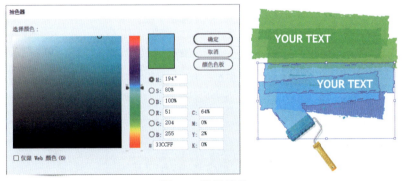

图3-7 设置填充

3.3.1 详解标准颜色控件

标准颜色控件组中左上角的方框代表填充色,右下角的双线框代表边线色。所有绘制的路径都可以用各种颜色、图案或渐变的方式填充。填充色和边线色的下方有3个按钮,分别代表颜色、渐变和无色。

- 单击【颜色】按钮可以填充印刷色、专色和RGB色等,如图3-8所示。颜色可以通过【颜色】面板进行设定,也可以直接在【色板】面板中选取。

- 单击【渐变】按钮，可以填充双色或更多色的渐变，如图3-9所示。用户还可以在【渐变】面板中设置渐变色。设置好的渐变色可以用鼠标拖到【色板】面板中存放，以方便选取。
- 单击【无色】按钮可以将路径填充设置为透明色，如图3-10所示。在图形的绘制过程中，为了避免填充色的干扰，可将填充色设置为无色。

图3-8　颜色　　　　　　　图3-9　渐变　　　　　　　图3-10　无色

3.3.2　使用【拾色器】对话框选择颜色

【拾色器】不仅在标准颜色控件中会用到，在很多需要进行颜色设置的区域也会用到。双击工具栏下方的【填色】或【描边】图标都可以打开【拾色器】对话框。在【拾色器】对话框中可以基于HSB、RGB、CMYK等颜色模型设置填充或描边颜色，如图3-11所示。

在【拾色器】对话框左侧的主颜色框中单击可选取颜色。该颜色会显示在右侧上方的颜色方框内，同时右侧文本框的数值会随之改变。用户也可以在右侧的颜色文本框中输入数值，或拖动主颜色框右侧颜色滑杆的滑块来改变主颜色框中的主色调。

单击【拾色器】对话框中的【颜色色板】按钮，可以显示颜色色板选项，如图3-12所示，可以在其中直接单击选择色板设置填充或描边颜色。单击该界面中的【颜色模型】按钮可返回之前的选择，设置颜色界面。

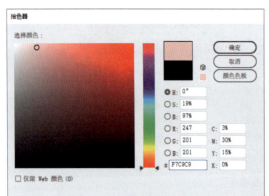 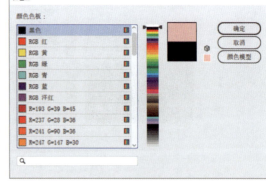

图3-11　【拾色器】对话框　　　　　　　　　图3-12　颜色色板选项

当备选颜色右侧出现【超出色域警告(单击以校正)】标记⚠时，表示选中的颜色超出了颜色模式的色域，无法应用到印刷中。此时，可以单击该标记下面的颜色框，选择和该颜色最相近的颜色，如图3-13所示。

选中【仅限Web颜色】复选框时，则【拾色器】对话框中只显示Web安全颜色，其他颜色将被隐藏，如图3-14所示。

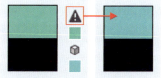
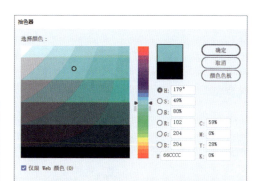

图3-13　校正颜色　　　　图3-14　选中【仅限Web颜色】复选框

当备选颜色右侧出现【超出Web颜色警告(单击以校正)】标记 时，表示选中的颜色超出了Web颜色模式的色域，不能使用Web颜色进行表示，并且无法应用到HTML语言中。此时，可以通过单击标记下面的颜色框，选择和该颜色最相近的Web颜色，如图3-15所示。

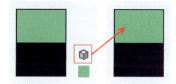

图3-15　选择最相近的颜色

3.4　常用的颜色选择面板

单一颜色是绘制图形时最常见的填充方式，Illustrator中有多种方式可以对图形进行单一颜色的填充和描边。

3.4.1　使用【色板】面板

使用【色板】面板中存储的颜色、渐变色、图案，可以快速对图形对象进行填充或描边。存储在【色板】面板中的颜色、渐变色、图案均以正方形色板形式显示。

01 选择【窗口】|【色板】命令，可打开图3-16所示的【色板】面板。在设置颜色之前，需要先在【色板】面板中选择需要设置的是填充色还是描边色。单击左上角的【填色】图标，使其处于前方，此时设置的就是填充色。单击【描边】图标，使其处于前方，此时设置的就是描边色。【色板】面板的使用方法非常简单，下面以填充为例进行说明。

02 选中一个图形，单击【色板】面板左上角的【填色】图标，使其处于前方，然后在下方单击所需的色板，即可设置填充色，如图3-17所示。

图3-16　【色板】面板　　　　图3-17　设置填充色

1. 创建自定义色板

在Illustrator中，用户可以将自定义的颜色、渐变色或图案创建为色样，存储到【色板】面板中。

01 如果要创建单个色板，则在图稿中选中所需的颜色。在【色板】面板中，单击【新建色板】按钮 ，或者单击面板菜单按钮 ，在弹出的菜单中选择【新建色板】命令，如图3-18所示。

 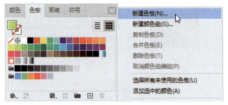 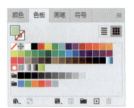

图3-18 选择【新建色板】命令

02 在弹出的【新建色板】对话框的【色板名称】文本框中直接输入自定义色板的名称，然后单击【确定】按钮，即可将选定颜色定义为色板，如图3-19所示。

03 如果要将自定义的颜色创建为色板，可以先设置所需颜色，然后在【色板】面板中，单击【新建色板】按钮 ，如图3-20所示。

图3-19 新建色板　　　　　　图3-20 设置所需的颜色

04 在弹出的【新建色板】对话框中，可以设置色板的名称、颜色类型，还可以重新定义颜色，如图3-21所示。设置完成后单击【确定】按钮，完成新建色板的操作。

05 如果要将一组颜色创建为色板组，可以打开一个图形文档，按Ctrl+A快捷键选中画板中的图形，如图3-22所示。

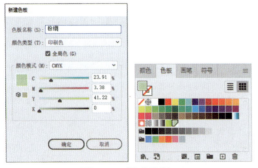 

图3-21 新建色板　　　　　　图3-22 选中图形

06 在【色板】面板中，单击【新建颜色组】按钮 ，或在面板菜单中选择【新建颜色组】命令，在打开的【新建颜色组】对话框的【名称】文本框中输入自定义色板组的名称，在【创建自】选项组中选中【选定的图稿】单选按钮，然后单击【确定】按钮，即可创建新颜色组，如图3-23所示。

第3章 图形填充与描边

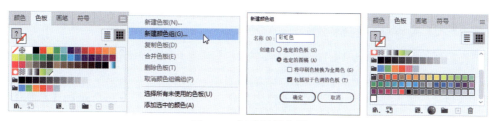

图3-23　创建新颜色组

2. 使用色板库选择颜色

Illustrator提供了几十种固定的色板库，每个色板库中均含有大量的颜色组合以供用户使用。

01 要使用色板库中的颜色，用户可以选择【窗口】|【色板库】命令子菜单中的相应色板库，或从【色板】面板菜单中选择【打开色板库】命令子菜单中的相应色板库，即可打开所选择的色板库面板。例如，选择【打开色板库】|【自然】|【风景】命令，就可以打开相应的色板库，如图3-24所示。

图3-24　打开色板库

02 使用【选择】工具选中要填充的对象，然后单击色板库面板中的色板，即可改变所选图形对象的填充色或描边色，如图3-25所示。

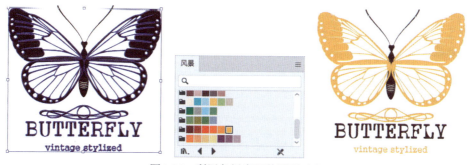

图3-25　利用色板库调整图形对象

3.4.2 使用【颜色】面板

【颜色】面板是Illustrator中的常用面板，使用【颜色】面板可以将颜色应用于对象的填充和描边，也可以编辑和混合颜色。

01 在选择填充对象后，选择【窗口】|【颜色】命令，即可打开图3-26所示的【颜色】面板。

02 想要以不同的颜色模式设置颜色，可以在【颜色】面板的右上角单击面板菜单按钮，打开图3-27所示的【颜色】面板菜单。在菜单中可以选择【灰度】、RGB、HSB、CMYK或【Web安全RGB】命令，定义不同的颜色模式。不同的颜色模式显示的颜色滑块也不相同，在图3-27中所选择的RGB模式仅影响【颜色】面板的显示，并不会更改文档的颜色模式。

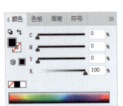

图3-26　【颜色】面板　　　　　图3-27　选择颜色模式

03 【颜色】面板左上角的【填充】和【描边】图标的颜色用于显示当前填充色和描边色。单击填色色块或描边框，可以切换当前编辑颜色。若选中【填充】图标后，将鼠标移至色谱条上，光标将变为吸管形状，这时按住鼠标并在色谱条上移动，滑块和数值框内的数字会随之变化，如图3-28所示，同时填充色也会不断发生变化。释放鼠标后，即可将当前的颜色设置为当前填充色或描边色。

04 要精确设置填充色，可以拖动颜色滑块或在颜色数值框内输入数值，填充色会随之发生变化，如图3-29所示。

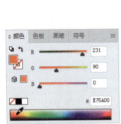

图3-28　使用吸管设置填充色　　　　　图3-29　精确设置填充色

05 要快速设置反相颜色，可以选择一个图形对象，单击【颜色】面板菜单按钮，在弹出的菜单中选择【反相】命令，即可得到反相的颜色，如图3-30所示。

06 要快速设置补色，可以选择一个图形对象，单击【颜色】面板菜单按钮，在弹出的菜单中选择【补色】命令，即可得到当前颜色的补色，如图3-31所示。

图3-30　设置反相颜色

图3-31　设置补色

> **提示**
> 要快速将选中对象的填充色或描边色设置为无色、白色或黑色，可以使用鼠标单击图3-32中所示的无色框，这样可将当前填充色或描边色改为无色。若单击图3-33中光标处的颜色框，可将当前填充色或描边色恢复为最后一次设置的颜色。

图3-32　设置为无色　　　　　　　　　　图3-33　使用最后设置的颜色

3.5　为填充与描边设置渐变

渐变色是指由一种颜色过渡到另一种颜色的效果。填充渐变是平面设计作品中一种重要的颜色表现方式，可增强对象的可视效果。Illustrator中提供了线性渐变、径向渐变和任意形状渐变3种形式。在Illustrator中，用户还可以将渐变存储为色板，从而便于将渐变应用于多个对象。

3.5.1 使用【渐变】面板

选择【窗口】|【渐变】命令,或按Ctrl+F9快捷键,会打开图3-34所示的【渐变】面板。在【渐变】面板中可以创建线性、径向和任意形状渐变3种类型的渐变,并且可以对渐变色、角度、不透明度等参数进行设置。

01 选择一个图形,单击【渐变】面板中的【预设渐变】按钮,可以显示预设的渐变列表,如图3-35所示。单击渐变列表底部的【添加到色板】按钮,可以将当前的渐变设置存储为色板。

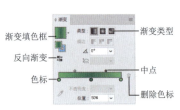

图3-34　【渐变】面板　　　　　　　　　图3-35　显示预设渐变

02 在【渐变】面板中,包括【线性】【径向】和【任意形状渐变】三种类型。当单击【线性】按钮时,渐变色将按照从一端到另一端的方式进行变化,如图3-36所示。当单击【径向】按钮时,渐变色将按照从中心到边缘的方式进行变化,如图3-37所示。

图3-36　线性渐变　　　　　　　　　图3-37　径向渐变

03 默认的渐变色是从黑色渐变到白色,要想更改色标颜色,双击色标即可设置颜色,如图3-38所示。如果当前可设置的颜色只有黑、白、灰,可以单击按钮,在弹出的菜单中选择RGB或其他颜色模式,即可进行彩色设置。

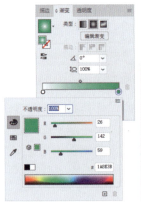

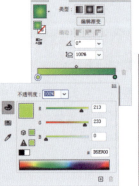

图3-38　设置色标颜色(一)

第3章 图形填充与描边

在设置【渐变】面板中的颜色时,还可以采用另一种实现方式,即直接将【色板】面板中的色块拖动到【渐变】面板中的颜色滑块上并释放,如图3-39所示。

图3-39　设置色标颜色(二)

04 若要在【线性】或【径向】模式下设置多种颜色的渐变效果,则需要添加色标。将光标移至渐变颜色条的下方,当光标变为形状时,单击即可添加色标。然后,即可更改色标的颜色,如图3-40所示。

图3-40　添加并更改色标

提示

删除色标有两种方法。一种方法是先单击选中需要删除的色标,然后单击【删除色标】按钮,即可删除色标。另一种方法是在要删除的色标上方,按住鼠标左键将其向渐变颜色条外侧拖曳,即可删除色标。

05 拖曳滑块可以更改渐变颜色,单击颜色中点将其选中,然后拖曳或者在【位置】文本框中输入0~100的值,即可更改两种颜色的过渡效果,如图3-41所示。

图3-41　更改渐变颜色

06 当渐变类型为【线性】或【径向】时，调整【角度】数值可以使渐变进行旋转，如图3-42所示。

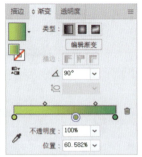

图3-42　调整角度使渐变进行旋转

07 当渐变类型为【径向】时，还可以通过【长宽比】选项更改椭圆渐变的角度并使其倾斜，如图3-43所示。

图3-43　调整椭圆的渐变效果

08 若要更改渐变颜色的不透明度，可单击【渐变】面板中的色标，然后在【不透明度】数值框中指定一个数值，如图3-44所示。

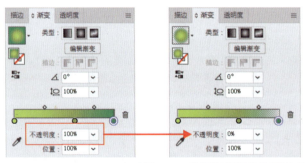

图3-44　设置渐变颜色的不透明度

> **提示**
> 当渐变类型为【线性】或【径向】时，单击【反向渐变】按钮，可以使当前渐变颜色反向翻转，如图3-45所示。

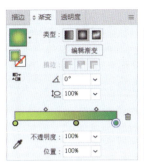

图3-45 反向渐变的效果

09 单击【任意形状渐变】按钮，可以使渐变转换为多点的任意形状渐变效果。此时图形的边角会出现可调整颜色和位置的色标。双击该色标即可更改颜色，按住并拖动色标即可调整色标的位置，如图3-46所示。

图3-46 调整任意形状渐变的效果

10 若要在图像中添加色标，当光标变为形状时，单击即可添加色标，如图3-47所示。若要删除色标，可选中色标，单击【渐变】面板中的按钮。

11 如果在【渐变】面板中选中【任意形状渐变】按钮，选中【线】单选按钮，可通过多次单击创建一条带有多个色标点的曲线，双击这些色标点可进行颜色设置，如图3-48所示。在绘制过程中，按Esc键可结束绘制。

图3-47 添加色标　　　　　　　　　图3-48 创建多色标曲线渐变

提示

如果要为描边添加渐变色，可以在选择图形后，在标准颜色控件中单击【描边】图标，将其置于前方，然后单击【渐变】按钮，在弹出的【渐变】面板中编辑渐变色。调整描边的渐变效果，其方法与调整填充渐变的效果基本相同，唯一的区别在于，可以设置描边的渐变样式，如图3-49所示。

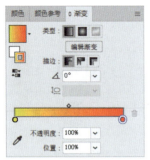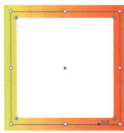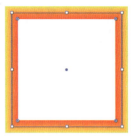

图3-49　设置描边的渐变样式

- ▶ 在描边中应用渐变▉：类似于使用渐变将描边扩展到填充的对象。
- ▶ 沿描边应用渐变▉：沿着描边的长度水平应用渐变。
- ▶ 跨描边应用渐变▉：沿着描边的宽度垂直应用渐变。

【例3-1】 制作App图标。

01 选择【文件】|【新建】命令，打开【新建文档】对话框。在该对话框的【名称】文本框中输入"App图标"，设置【宽度】和【高度】数值均为100mm，【颜色模式】为【RGB颜色】，【光栅效果】为【高(300ppi)】，然后单击【创建】按钮，如图3-50所示。

02 选择【圆角矩形】工具，按住Alt键的同时在画板中心单击，打开【矩形】对话框。在该对话框中，设置【宽度】和【高度】数值均为75mm，【圆角半径】数值为12mm，如图3-51所示。

图3-50　创建新文档　　　　　　　图3-51　绘制矩形

03 右击刚创建的圆角矩形，在弹出的快捷菜单中选择【变换】|【缩放】命令，打开【比例缩放】对话框。在该对话框中选中【等比】单选按钮，设置数值为98%，然后单击【复制】按钮，如图3-52所示。

04 在标准颜色控件中，将刚复制的圆角矩形的描边设置为无，再选中【填色】选项。在【渐变】面板中，设置渐变填充色为R:255 G:255 B:255至R:202 G:206 B:206至R:127 G:137 B:138至R:240 G:242 B:242至R:176 G:193 B:193，设置【角度】数值为－90°，如图3-53所示。

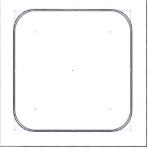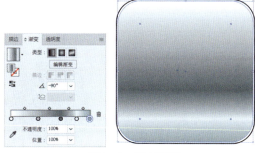

图3-52　复制并缩放图形(一)　　　　　　图3-53　填充图形

05 右击刚创建的圆角矩形，在弹出的快捷菜单中选择【变换】|【缩放】命令，打开【比例缩放】对话框。在该对话框中，选中【等比】单选按钮，设置数值为86%，单击【复制】按钮。然后将复制的圆角矩形填充为白色，并在【变换】面板中将圆角半径设置为7mm，如图3-54所示。

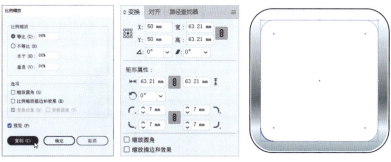

图3-54　复制并缩放图形(二)

06 右击上一步创建的圆角矩形，在弹出的快捷菜单中选择【变换】|【缩放】命令，打开【比例缩放】对话框。在该对话框中，选中【等比】单选按钮，设置数值为98%，然后单击【复制】按钮。在【变换】面板中将圆角半径设置为6mm，如图3-55所示。

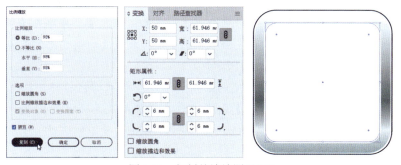

图3-55　复制并缩放图形(三)

07 在标准颜色控件中，单击【渐变】按钮，在【渐变】面板中，单击【任意形状渐变】按钮，选中【点】单选按钮，然后分别选中色标点，进行颜色设置，如图3-56所示。

08 右击上一步创建的圆角矩形，在弹出的快捷菜单中选择【变换】|【缩放】命令，打开【比例缩放】对话框。在该对话框中，选中【等比】单选按钮，设置数值为95%，然后单击【复制】按钮。在控制栏中，将刚复制的圆角矩形的填充色设置为无，描边色设置为白色，【圆角半径】数值设置为5mm，如图3-57所示。

图3-56　填充图形　　　　图3-57　复制、缩放图形并设置填充色和描边色

09 保持上一步复制的圆角矩形的选中状态，在【透明度】面板中，设置混合模式为【叠加】，【不透明度】数值为80%，如图3-58所示。

10 选择【文件】|【置入】命令，打开【置入】对话框。在该对话框中，选中所需的素材文件，单击【置入】按钮，如图3-59所示。

图3-58　设置混合模式和不透明度　　　　图3-59　【置入】对话框

11 在画板中单击置入的图像，在控制栏中选中【对齐画板】选项，再单击【水平居中对齐】和【垂直居中对齐】按钮，然后在【变换】面板中选中【约束宽度和高度比例】按钮，设置【宽】的数值为50mm，操作后的效果如图3-60所示。

12 使用【选择】工具选中步骤 **02** 创建的圆角矩形，在标准颜色控件中，选中【描边】选项，单击【渐变】按钮，然后在【渐变】面板中设置描边渐变为K:80至K:40，【角度】数值为90°，操作后的效果如图3-61所示。

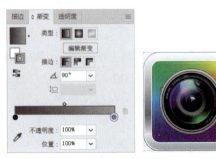

图3-60　调整图像　　　　图3-61　填充图形

13 选择【效果】|【风格化】|【投影】命令，打开【投影】对话框。在该对话框中，设置【不透明度】数值为60%，【X位移】数值为0mm，【Y位移】数值为1.2mm，【模糊】数值为0.8mm，然后单击【确定】按钮，完成后的效果如图3-62所示。

图3-62　完成后的效果

3.5.2　使用【渐变】工具

使用【渐变】工具同样可以为图形对象添加渐变填充，并能够调整已被赋予的渐变的位置、比例颜色等效果。

01 选中要定义渐变色的对象，在【渐变】面板中定义要使用的渐变色，单击工具栏中的【渐变】工具■，或按G键，在要应用渐变的开始位置单击，然后拖动【渐变】工具到渐变结束位置后释放鼠标。如果要应用的是径向渐变色，则需要在应用渐变的中心位置单击，然后拖动【渐变】工具到渐变的外围位置后释放鼠标，如图3-63所示。

图3-63　使用【渐变】工具

02 选择渐变填充对象并使用【渐变】工具后，该对象中将出现与【渐变】面板中相似的渐变控制器。用户可在渐变控制器上修改渐变的颜色，线性渐变的角度、位置和范围，或者修改径向渐变的焦点、原点和范围。在渐变控制器上可以添加或删除渐变色标，双击各个渐变色标或将渐变色标拖动到新位置可指定新的颜色和不透明度设置，如图3-64所示。

图3-64　添加并调整渐变色标

03 将光标移到渐变控制器的一侧并且光标变为状态时，可以通过拖动来重新定位渐变的角度，如图3-65所示。拖动滑块的起始端将重新定位渐变的原点，而拖动滑块的结束端则会扩大或缩小渐变的范围，如图3-66所示。

图3-65　调整渐变角度　　　　　　　　图3-66　调整渐变范围

04 拖曳虚线上的黑色圆形控制点，能够调整径向渐变的长宽比，如图3-67所示。拖曳渐变控制器上的白色控制点，可以调整渐变的过渡效果，如图3-68所示。

图3-67　调整长宽比　　　　　　　　图3-68　调整渐变的过渡效果

3.5.3　使用【网格】工具

　　无论单色填充、图案填充还是渐变填充，都是比较规则的填充方式。当要填充复杂对象时，使用前面所学的填充方式无法完成。这时，就需要用到【网格】工具。

　　【网格】工具是一种可以基于矢量对象创建网格填充对象，在对象上进行多点填色的工具。在对象上添加一系列的网格，设置网格点上的颜色，网格点的颜色与周围的颜色会产生一定的过渡和融合，从而生成更加丰富的颜色变换，并且随着网格点位置的移动，图形上的颜色也会产生移动。此外，还可以移动图形对象边缘处的网格线，从而改变对象的形态。

1. 使用【网格】工具改变对象填色

　　使用【网格】工具进行渐变填充时，先要在图形对象上创建网格。使用手动创建的方法创建渐变网格可以更加灵活地调整对象的渐变效果。

01 选中要添加颜色的图形，然后选择【网格】工具，或按快捷键U，接着将光标移到图形中要创建网格点的位置并单击，当其变为形状时，单击即可添加网格点及相连的网格线，如图3-69所示。

02 添加网格点后，网格点处于选中的状态，此时可通过【颜色】面板、【色板】面板或拾色器填充颜色，如图3-70所示。

图3-69 手动创建渐变网格

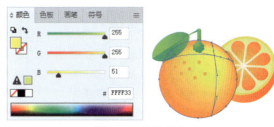
图3-70 设置颜色

2.使用【网格】工具调整渐变网格

创建渐变网格后，可以使用多种方法来修改网格对象，如添加、删除和移动网格点，更改网格颜色，以及将网格对象恢复为常规对象等。

01 选中添加渐变网格的对象，使用【网格】工具选中网格上的网格点，并按住Shift键沿网格线拖动以调整网格点的位置，从而颜色也会发生变化，如图3-71所示。

图3-71 调整网格点的位置

02 拖动网格锚点上的控制柄，调整颜色过渡效果，如图3-72所示。

03 使用【网格】工具在网格线上双击，即可添加网格点，然后调整网格点的颜色，如图3-73所示。

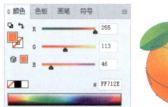

图3-72 拖动控制柄调整颜色过渡效果　　　　图3-73 添加网格点并调整其颜色

> **提示**
> 在网格对象中，使用【网格】工具的同时按住Shift键单击，可添加网格点，但不会改变其填充色；按住Alt键单击网格点，可将其删除。

3.6 填充图案

在Illustrator中可以将填充或描边设置为图案。【色板】面板和色板库中内置了很多种类的图案可供选择。此外，用户还可以创建自定义的图案。

3.6.1 使用图案填充

在Illustrator中，图案可用于轮廓和填充，也可用于文本。但要使用图案填充文本，要先将文本转换为路径。

01 使用【选择】工具，选中需要填充图案的图形。选择【窗口】|【色板库】|【图案】命令，在子菜单中可以看到3组图案库。在子菜单中选择一个命令，即可打开一个图案面板。如选择【基本图形】|【基本图形_纹理】命令，可打开图案色板库，如图3-74所示。

02 从打开的【基本图形_纹理】面板中单击一种图案色板，即可使用该图案填充选中的对象，如图3-75所示。

图3-74　打开图案色板库　　　　　　　　图3-75　填充图案

3.6.2 创建图案色板

在Illustrator中，除了系统提供的图案，还可以创建自定义的图案，以满足我们更多的设计需求。利用工具栏中的绘图工具绘制好图案后，使用【选择】工具选中图案，将其拖动到【色板】面板中，这个图案就能应用到其他对象的填充或轮廓上。

01 使用【选择】工具选中要定义的图案对象，如图3-76所示。

02 选择【对象】|【图案】|【建立】命令，打开【图案选项】面板和信息提示对话框，如图3-77所示。在信息提示对话框中单击【确定】按钮。

图3-76　选择图形对象　　　　图3-77　【图案选项】面板和信息提示对话框

03 在弹出的【图案选项】面板中可以对图案的大小、位置、拼贴类型、重叠等选项进行设置。例如，在【图案选项】面板的【名称】文本框中输入"花朵"，在【拼贴类型】下拉列表中选择【砖形(按行)】选项，在【砖形位移】下拉列表中选择【1/2】选项，单击【保持宽度和高度比例】按钮，设置【宽度】为77px，在【份数】下拉列表中选择【7×7】选项，如图3-78所示。此时可以看到选定图案的拼贴效果。

04 图案上方有【存储副本】【完成】和【取消】3个按钮。单击【存储副本】按钮可以将图案存储为副本；单击【完成】按钮完成图案创建操作；单击【取消】按钮可以取消图案创建操作。如单击【完成】按钮，新建的图案就会出现在【色板】面板中，如图3-79所示。

 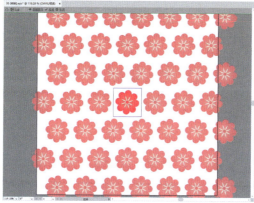 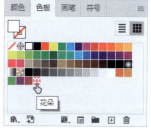

图3-78 设置图案　　　　　　　　　　　　图3-79 新建的图案

> **提示**
>
> 【拼贴类型】下拉列表提供了【网格】【砖形(按行)】【砖形(按列)】【十六进制(按列)】【十六进制(按行)】5种不同的拼贴类型，效果如图3-80所示。

网格　　　砖形(按行)　　　砖形(按列)　　十六进制(按列)　　十六进制(按行)

图3-80 拼贴类型

3.6.3 编辑图案单元

除了创建自定义的图案，用户还可以对已有的图案色板进行编辑、修改、替换等操作。

01 确保图稿中未选择任何对象，然后在【色板】面板中选择要修改的图案色板，并单击【编辑图案】按钮，在工作区中会显示图案和【图案选项】面板，如图3-81所示。

图3-81　显示图案和【图案选项】面板

02 使用【直接选择】工具选中一个图形,然后在【渐变】面板中更改填充色,如图3-82所示。

图3-82　更改图案的填充色

03 还可以在【图案选项】面板中重新设置图案拼贴效果。例如,在【拼贴类型】下拉列表中选择【网格】选项,如图3-83所示,修改图案拼贴后,单击绘图窗口顶部的【完成】按钮再次进行保存。

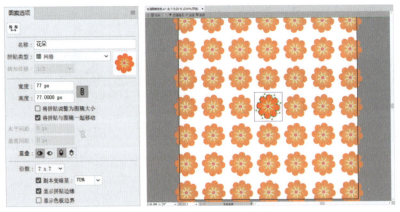

图3-83　重新设置拼贴类型

3.7　编辑描边属性

在Illustrator中,用户不仅可以对选定对象的轮廓应用颜色和图案填充,还可以设置其他属性,如描边的宽度、描边线头部的形状,使用虚线描边等。

01 在绘制图形前可以在控制栏中设置描边的属性，也可以在选中某个图形后，在控制栏中设置描边的属性。例如，在控制栏中可以设置描边颜色、描边粗细、变量宽度配置文件及画笔定义等，如图3-84所示。

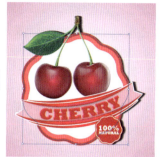

图3-84　使用控制栏设置描边

02 也可以选择【窗口】|【描边】命令，或按Ctrl+F10快捷键，打开如图3-85所示的【描边】面板。【描边】面板提供了对描边属性的控制，其中包括描边线的粗细、端点、边角、对齐描边及虚线等设置。

▶ 【粗细】数值框用于设置描边的宽度。在该数值框中输入数值，或者用微调按钮调整数值，每单击一次微调按钮，数值以1为单位递增或递减；也可以单击后面的向下箭头，从弹出的下拉列表中直接选择所需的宽度值。

▶ 【端点】右边有3个不同的按钮，表示3种不同的端点，分别是平头端点、圆头端点和方头端点，效果如图3-86所示。

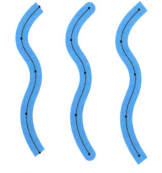

图3-85　使用【描边】面板　　　　图3-86　设置描边的端点

▶ 【边角】右侧也有3个按钮，用于表示不同的拐角连接状态，分别为斜接连接、圆角连接和斜角连接，效果如图3-87所示。使用不同的连接方式可得到不同的连接效果。当拐角连接状态设置为【斜接连接】时，【限制】数值框中的数值是可以调整的，用来设置斜接的角度。当拐角连接状态设置为【圆角连接】或【斜角连接】时，【限制】数值框呈现灰色，为不可设定项。

▶ 【对齐描边】右侧有3个按钮，用户可以使用【使描边居中对齐】【使描边内侧对齐】或【使描边外侧对齐】按钮来设置路径上描边的位置，效果如图3-88所示。

图3-87　设置描边的边角样式　　　　　图3-88　设置描边的对齐方式

3.7.1　设置虚线描边

要在Illustrator中制作虚线效果，用户可以通过设置描边属性来实现。

01　选择绘制的路径，在【描边】面板中选中【虚线】复选框，即可将线条变为虚线，如图3-89所示。

图3-89　使用虚线描边

> **提示**
> 【描边】面板中的【保留虚线和间隙的精确长度】按钮和【使虚线与边角和路径终端对齐，并调整到合适长度】按钮可以使创建的虚线看起来更有规律。

02　在【虚线】复选框下方的【虚线】文本框中输入数值，可以定义虚线线段的长度；在【间隙】文本框中输入数值，可以控制虚线的间隙效果。【虚线】和【间隙】文本框每两个为一组，最多可以输入3组，如图3-90所示。虚线中将依次循环出现【虚线】和【间隙】的设置。

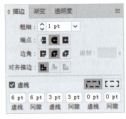

图3-90　设置虚线描边效果

3.7.2　设置描边的箭头

在【描边】面板中，【箭头】选项组用来在路径的起点或终点位置添加箭头。选择路径，单击【起点箭头】或【终点箭头】右侧的按钮，在弹出的下拉列表中可以选择箭头形状，如图3-91所示。

第 3 章 图形填充与描边

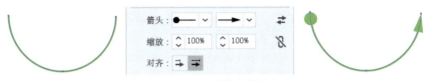

图3-91 设置描边的箭头

- 单击【互换箭头起点处和终点处】按钮，能够互换起点处和终点处的箭头样式。
- 【缩放】选项组用于设置路径两端箭头的百分比大小，如图3-92所示。

图3-92 缩放箭头

- 【对齐】选项组用于设置箭头位于路径终点的位置，包括【将箭头提示扩展到路径终点外】和【将箭头提示放置于路径终点处】两种，如图3-93所示。

图3-93 设置箭头位置

【例3-2】 制作时尚名片。

01 选择【文件】|【新建】命令，打开【新建文档】对话框。在该对话框的【名称】文本框中输入"名片"，单击【单位】按钮，从弹出的下拉列表中选择【毫米】选项，设置【宽度】数值为90mm，【高度】数值为55mm，然后单击【创建】按钮新建空白文档，如图3-94所示。

02 选择【极坐标网格】工具，按住Alt键的同时在画板中单击，打开【极坐标网格工具】选项对话框。在该对话框中设置【宽度】和【高度】数值均为45mm，【同心圆分隔线】的【数量】为18，【径向分隔线】的【数量】为0，选中【填色网格】复选框，然后单击【确定】按钮，如图3-95所示。

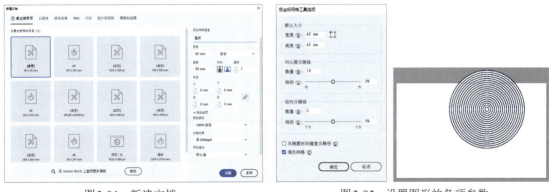

图3-94 新建文档　　　　　　　　图3-95 设置图形的各项参数

03 在【颜色】面板中，设置刚绘制的图形的描边色为C:0 M:56 Y:7 K:0；在【描边】面板中，设置【粗细】数值为2pt，如图3-96所示。

77

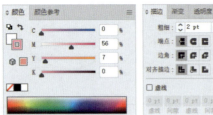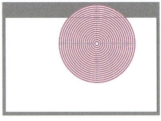

图3-96　设置图形外观

04 保持图形为选中状态，选择【效果】|【扭曲和变换】|【变换】命令，打开【变换效果】对话框。在该对话框中，选中【镜像X(X)】和【镜像Y(Y)】复选框，设置【移动】选项组中的【水平】数值为25mm，【垂直】数值为20mm，设置【角度】数值为45°，【副本】数值为3，然后单击【确定】按钮，如图3-97所示。

05 选择【矩形】工具绘制一个与画板同等大小的矩形，使用【选择】工具选中所有图形对象，右击，在弹出的快捷菜单中选择【建立剪切蒙版】命令建立剪切蒙版，如图3-98所示。

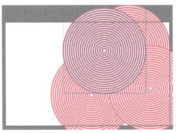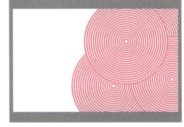

图3-97　变换图形　　　　　　　　　图3-98　建立剪切蒙版

06 选择【钢笔】工具，在画板中绘制如图3-99所示的图形，并在【透明度】面板中设置混合模式为【叠加】。

07 选择【文件】|【置入】命令，选择所需的素材1图像，将其置入画板中，并调整其位置，如图3-100所示。

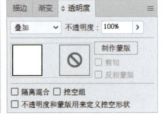

图3-99　绘制图形　　　　　　　　　图3-100　置入素材(一)

08 ▶ 选择【画板】工具，在控制栏中选中【移动/复制带画板的图稿】按钮，然后按Ctrl+Alt+Shift快捷键移动并复制画板1，如图3-101所示。

09 ▶ 选中【画板1副本】，按Esc键，退出画板编辑状态。选择【矩形】工具并在画板左侧边缘单击，打开【矩形】对话框。在【矩形】对话框中，设置【宽度】数值为90mm，【高度】数值为6mm，然后单击【确定】按钮创建矩形。在控制栏中选择【对齐画板】，单击【垂直底对齐】按钮，并在【颜色】面板中设置填色为K:95，如图3-102所示。

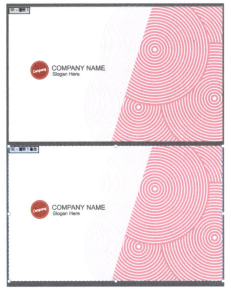
图3-101 移动并复制画板

图3-102 绘制矩形

10 ▶ 选择【文件】|【置入】命令，选择所需的素材2图像，将其置入画板中，并调整其与素材1图像的位置，如图3-103所示。

11 ▶ 选择【文字】工具，在【画板1副本】中单击并输入文字内容。然后在【颜色】面板中设置填色为K:80；在【字符】面板中，设置字体系列为【方正黑体简体】，设置字体大小为12pt，如图3-104所示。

图3-103 置入素材(二)

图3-104 输入并设置文字(一)

12 ▶ 使用【文字】工具在【画板1副本】中拖动创建文本框，并输入文字内容，在【字符】面板中，设置字体系列为【方正黑体简体】，设置字体大小为6pt，如图3-105所示。

13 ▶ 选择【文件】|【存储为模板】命令，打开【存储为】对话框。在该对话框中选择存储模板的位置，并单击【保存】按钮，如图3-106所示。

图3-105 输入并设置文字(二)

图3-106 存储为模板

3.8 实时上色

【实时上色】是一种非常智能的填充方式,传统的填充只能针对一个单独的图形进行,而【实时上色】则能对多个对象的交叉区域进行填充。

3.8.1 创建实时上色组

要使用【实时上色】工具 为表面和边缘上色,首先需要创建一个实时上色组。

01 在Illustrator中绘制图形并选中该图形后,选择工具栏中的【实时上色】工具,在图形上单击,或选择【对象】|【实时上色】|【建立】命令,即可创建实时上色组,如图3-107所示。实时上色组中可以上色的部分称为边缘和表面。边缘是一条路径与其他路径交叉后,处于交点之间的路径部分。表面是由一条边缘或多条边缘所围成的区域。

02 双击工具栏中的【实时上色】工具,打开【实时上色工具选项】对话框,如图3-108所示。该对话框用于指定实时上色工具的工作方式,即选择只对填充进行上色或只对描边进行上色,以及当工具移到表面和边缘上时如何对其进行突出显示。在【实时上色工具选项】对话框中选中【描边上色】复选框后,将光标靠近图形对象的边缘,当路径加粗显示且光标变为 状态时单击,即可为边缘路径上色。

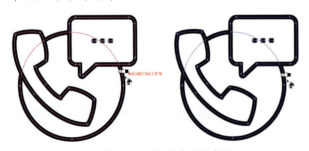
图3-107 创建实时上色组

图3-108 【实时上色工具选项】对话框

03 在【色板】面板或【颜色】面板中选择颜色后,可以使用【实时上色】工具随心所欲地填色,还可以选择【实时上色选择】工具,挑选实时上色组中的填色和描边进行上色,并可以通过【描边】面板或【属性】面板修改描边外观。例如,在【颜色】面板中设置填充色为R:163 G:212 B:255,

然后将光标移至需要填充的对象表面，此时光标将变为油漆桶形状，并且会突出显示填充内侧周围的线条。单击需要填充的对象，就可以对其进行填充，如图3-109所示。

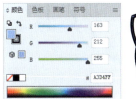

图3-109　填充颜色(一)

 提示

在使用【实时上色】工具时，工具指针上方会显示颜色方块，它们表示选定的填充或描边色。如果使用色板库中的颜色，则表示库中所选颜色及两边相邻颜色，如图3-110所示。通过按向左或向右箭头键，可以访问相邻的颜色及这些颜色旁边的颜色。

图3-110　填充颜色(二)

04　使用与步骤**03**相同的操作方法，在【颜色】面板中选择描边色，在【描边】面板中设置描边属性，然后将光标移至描边处，此时光标变为画笔形状，并突出显示描边路径。单击描边，即可对其进行填充，如图3-111所示。

图3-111　填充描边

3.8.2　在实时上色组中添加路径

修改实时上色组中的路径，会同时修改现有的边缘和表面，还可能创建新的边缘和表面。用户也可以向实时上色组中添加更多的路径。

01　选中实时上色组和要添加的路径，单击控制栏中的【合并实时上色】按钮或选择【对象】|【实时上色】|【合并】命令，在弹出的提示对话框中单击【确定】按钮将路径添加到实时上色组中，即可将路径添加到实时上色组内，如图3-112所示。

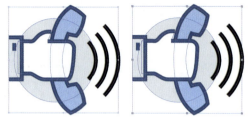

> **提示**
> 对实时上色组执行【对象】|【实时上色】|【扩展】命令，可将其拆分成相应的边缘和表面。当不需要实时填色时，可以将其释放。释放后的图形将还原为黑色描边的路径，具体操作为：选择实时上色组，选择【对象】|【实时上色】|【释放】命令。

图3-112 添加路径

02 若要选择单个边缘或表面，使用【实时上色选择】工具单击该边缘或表面即可。被选中部分的表面会呈现出覆盖有半透明的斑点图案的效果。使用【实时上色选择】工具选中某个区域后，直接在【色板】面板或【颜色】面板中选中颜色，即可为当前区域进行实时上色，如图3-113所示。

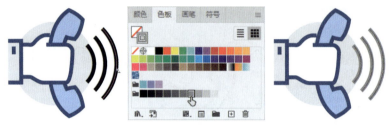

图3-113 使用【实时上色选择】工具

3.8.3 间隙选项

间隙是由于路径和路径之间未对齐而产生的。用户可以手动编辑路径来封闭间隙，也可以选择【对象】|【实时上色】|【间隙选项】命令，打开如图3-114所示的【间隙选项】对话框，在其中预览并控制实时上色组中可能出现的间隙。

图3-114 【间隙选项】对话框

在【间隙选项】对话框中选中【间隙检测】复选框，在选项组中的【上色停止在】下拉列表中选择间隙的大小或者通过【自定】选项自定间隙的大小；在【间隙预览颜色】下拉列表中选择一种与图稿有差异的颜色以便预览。选中【预览】复选框，可以看到图稿中的间隙是否已被自动连接起来。对预览效果满意后，单击【用路径封闭间隙】按钮，再单击【确定】按钮，即可用【实时上色】工具为实时上色组进行上色。

3.9 使用【吸管】工具

在Illustrator中，使用【吸管】工具 可以吸取矢量对象的属性或颜色，并快速赋予到其他矢量对象上。对于一些优秀的配色方案，可以使用【吸管】工具吸取颜色，再添加到色板中以供自己使用。

01 准备一幅色彩艳丽的图片，打开【色板】面板，单击【新建颜色组】按钮 ，在弹出的【新建颜色组】对话框中输入色板组名称，单击【确定】按钮新建一个颜色组，如图3-115所示。

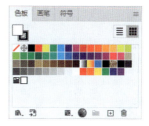

图3-115　新建颜色组

02 选择【吸管】工具，在画板中单击拾取颜色，选择新建的颜色组，然后单击【新建色板】按钮 ，在打开的【新建色板】对话框中单击【确定】按钮，吸取的颜色即被存储在【色板】面板中，如图3-116所示。

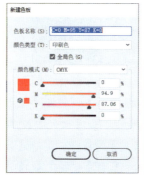

图3-116　使用【吸管】工具

3.10 实例演练

本章的实例演练通过制作汽车展示海报的综合实例，帮助用户更好地掌握本章所介绍的图形对象的填充与描边设置的基本操作方法和技巧。

【例3-3】制作汽车展示海报。 视频

01 选择【文件】|【新建】命令，新建一个A4横向空白文档。选择【矩形】工具，绘制与画板同等大小的矩形，并将描边色设置为无，在【渐变】面板中，单击【径向渐变】按钮，设置渐变填充色为C:90 M:90 Y:44 K:0至C:100 M:100 Y:81 K:0，如图3-117所示。

02 按Ctrl+2快捷键锁定绘制的矩形,继续使用【矩形】工具在画板左侧边缘单击,打开【矩形】对话框。在该对话框中,设置【宽度】数值为297mm,【高度】数值为17mm,然后单击【确定】按钮,如图3-118所示。

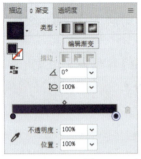

图3-117　新建文档　　　　　　　　　图3-118　在【矩形】对话框中设置矩形

03 在【渐变】面板中,单击【线性渐变】按钮,设置渐变填充色为C:0 M:0 Y:100 K:0至C:0 M:0 Y:100 K:0,【不透明度】数值为0%,如图3-119所示。

04 继续使用【矩形】工具在画板中拖动绘制矩形,如图3-120所示。

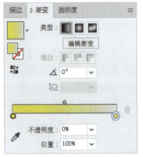

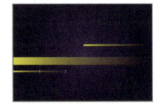

图3-119　设置渐变填充　　　　　　　　图3-120　绘制矩形(一)

05 继续使用【矩形】工具在画板中单击,打开【矩形】对话框。在该对话框中,设置【宽度】为250mm,【高度】为17mm,然后单击【确定】按钮,并在控制栏中选择【对齐画板】选项,单击【水平右对齐】按钮。在【渐变】面板中,单击【线性渐变】按钮,设置渐变填充色为C:100 M:0 Y:0 K:0至C:100 M:0 Y:0 K:0,【不透明度】数值为0%,如图3-121所示。

06 继续使用【矩形】工具在画板中拖动绘制矩形,如图3-122所示。

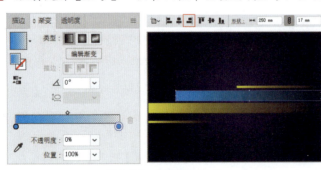
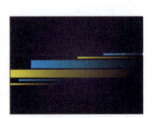

图3-121　绘制矩形(二)　　　　　　　　图3-122　绘制矩形(三)

07 使用【文字】工具在画板中单击,在【字符】面板中,设置字体系列为Acumin Variable Concept,字体样式为Bold,字体大小为50pt,再将字体颜色设置为白色,然后输入文字内容,如图3-123所示。

08 继续使用【文字】工具在画板中单击,输入并设置文字内容,如图3-124所示。

图3-123　输入并设置文字(一)

图3-124　输入并设置文字(二)

09 继续使用【文字】工具在画板中单击,在【字符】面板中,设置字体系列为Acumin Variable Concept,字体样式为SemiCondensed ExtraLight,字体大小为28pt,然后输入文字内容,如图3-125所示。

10 继续使用【文字】工具在画板中单击,输入并设置文字内容,然后在控制栏中单击【右对齐】按钮,效果如图3-126所示。

图3-125　输入并设置文字(三)

图3-126　输入并设置文字(四)

11 按Ctrl+A快捷键选中步骤**02**至步骤**10**创建的对象,选择【自由变换】工具,向上拖动鼠标,倾斜变换对象,如图3-127所示。

12 选择【文件】|【置入】命令,在打开的【置入】对话框中选择所需的图像文件,单击【置入】按钮置入图像,完成操作后的效果如图3-128所示。

13 按Ctrl+C快捷键复制刚置入的图像,按Ctrl+V快捷键粘贴两次,然后连续按Ctrl+[快捷键将复制的图像放置在步骤**02**创建的对象下方,调整复制图像的大小及位置,再选中上一步置入的图像,按Ctrl+2快捷键锁定该对象,效果如图3-129所示。

图3-127　自由变换对象　　　　图3-128　置入图像　　　　图3-129　复制图像

14 使用【选择】工具选中步骤 **05** 创建的对象,按Ctrl+C快捷键复制,按Ctrl+F快捷键两次应用【贴在前面】命令,并在【透明度】面板中设置混合模式为【正片叠底】,按Ctrl+2快捷键锁定对象。然后选中其下方的置入图像和步骤 **05** 创建的对象,右击,在弹出的快捷菜单中选择【建立剪切蒙版】命令,效果如图3-130所示。

图3-130 建立剪切蒙版

15 使用与步骤 **14** 相同的操作方法,选中步骤 **02** 创建的对象,按Ctrl+C快捷键复制,按Ctrl+F快捷键两次应用【贴在前面】命令,并在【透明度】面板中设置混合模式为【正片叠底】,按Ctrl+2快捷键锁定对象。然后选中其下方的置入图像和步骤 **05** 创建的对象,右击,在弹出的快捷菜单中选择【建立剪切蒙版】命令,完成后的效果如图3-131所示。

图3-131 完成后的效果

第 4 章
绘制复杂的图形

通过本章的学习,读者可以掌握多种绘图工具的使用方法。使用这些绘图工具及前面章节所介绍的基本形状和线条绘制工具,读者能够完成作品中绝大多数内容的绘制。本章主要介绍【钢笔】工具、【画笔】工具、透视图工具组,以及符号工具组的使用方法。

4.1 使用钢笔工具组

【钢笔】工具是Illustrator的核心工具之一。使用它可以随心所欲地绘制各种形状，可以最大程度上控制图形的精细程度。

在Illustrator中，钢笔工具组中共包含4个工具：【钢笔】工具、【添加锚点】工具、【删除锚点】工具和【锚点】工具。

4.1.1 认识路径与锚点

Illustrator中所有的图形都是由路径构成的，绘制矢量图形就是创建和编辑路径的过程。因此，了解路径的概念，以及熟练掌握路径的绘制和编辑技巧对快速、准确地绘制矢量图形至关重要。

路径是使用绘图工具创建的任意形状的曲线，使用它可勾勒出物体的轮廓，所以也称之为轮廓线。为了满足绘图的需要，路径分为开放路径和闭合路径两种。开放路径的起点与终点不重合；封闭路径是一条连续的、起点和终点重合的路径，如图4-1所示。

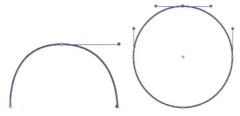

图4-1 开放路径和闭合路径

一条路径是由锚点、线段、控制柄和控制点组成的，如图4-2所示。路径中可以包含若干直线或曲线线段。为了更好地控制路径形状，可以通过移动线段两端的锚点以变换线段的位置或改变路径的形状。

- 锚点：是指各线段两端的方块控制点，它可以改变路径的方向。锚点可分为角点和平滑点两种，如图4-3所示。

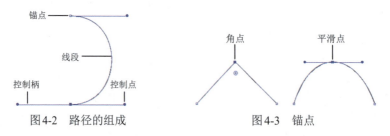

图4-2 路径的组成　　　　图4-3 锚点

- 线段：线段是指两个锚点之间的路径部分，分为直线线段和曲线线段两种，所有的路径都以锚点起始和结束。
- 控制柄：在绘制曲线路径的过程中，锚点的两端会出现带有锚点控制点的直线，也就是控制柄。使用【直接选取】工具在已绘制好的曲线路径上单击选取锚点，则锚点的两端会出现控制柄。通过移动控制柄上的控制点可以调整曲线的弯曲程度。

4.1.2 使用【钢笔】工具

【钢笔】工具是一款常用的绘图工具，使用该工具可以绘制各种精准的直线或曲线路径。

01 选择【钢笔】工具在画板中单击，即可绘制出路径上的第一个锚点，继续使用【钢笔】工具在下一个位置单击，在两个锚点之间可以看到一条直线路径，如图4-4所示。同时控制栏中会显示出【钢笔】工具的设置选项。控制栏中的选项主要用于对已绘制好的路径上的锚点进行转换、删除，或对路径进行断开或连接等操作。

02 继续以单击的方式进行绘制，可以绘制出折线，如图4-5所示。

图4-4　绘制直线　　　　　　　　　　图4-5　绘制折线

03 将光标放在路径的起点，当其变为形状时，单击即可闭合路径，如图4-6所示。如果要结束一段开放式路径的绘制，按住Ctrl键的同时在画板的空白处单击，或选择其他工具按钮，或按Enter键即可，如图4-7所示。

图4-6　闭合路径

图4-7　开放路径

04 曲线路径需要由平滑点组成。使用【钢笔】工具直接在画板中单击，创建出的是尖角锚点。想要直接绘制出平滑点，需要按下鼠标左键不放，然后拖动光标，此时可以看到在按下鼠标左键的位置生成了一个锚点，而拖曳的位置显示了方向线，如图4-8所示。可以尝试按住鼠标左键，同时上、下、左、右拖曳方向线，调整方向线的角度，曲线的弧度也随之发生变化。

05 使用上一步相同的操作方法，可以绘制曲线，如图4-9所示。

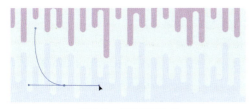

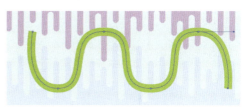

图4-8　绘制平滑点　　　　　　　　　　图4-9　绘制曲线

4.1.3 在路径上添加和删除锚点

添加锚点可以增强对路径的控制，也可以扩展开放路径。但是，不建议用户添加过多的锚点，因为较少锚点的路径更易于编辑、显示和打印。

01 使用【添加锚点】工具 在路径上的任意位置单击，即可添加锚点，如图4-10所示。如果是直线路径，添加的锚点就是直线点；如果是曲线路径，添加的锚点就是曲线点。添加额外的锚点可以更好地控制曲线。

02 如果要在路径上均匀地添加锚点，可以选择菜单栏中的【对象】|【路径】|【添加锚点】命令，原有的两个锚点之间就添加了一个锚点，如图4-11所示。

图4-10　使用【添加锚点】工具添加锚点　　　图4-11　使用【添加锚点】命令添加锚点

在绘制曲线时，曲线上可能包含多余的锚点，这时删除一些多余的锚点可以降低路径的复杂程度，在最后输出的时候也会减少输出时间。使用【删除锚点】工具 在路径的锚点上单击，即可将该锚点删除，如图4-12所示。用户也可以选择【对象】|【路径】|【移去锚点】命令来删除所选锚点。图形会自动调整形状，删除锚点不会影响路径的开放或闭合属性。

图4-12　删除锚点

 提示

在绘制图形对象的过程中，无意间单击【钢笔】工具后又选取了另外的工具，就会产生孤立的游离锚点。游离的锚点会让图形对象变得复杂，甚至减慢打印速度。要删除这些游离锚点，可以先选择【选择】|【对象】|【游离点】命令，选中所有游离点，再选择【对象】|【路径】|【清理】命令，打开如图4-13所示的【清理】对话框执行清理操作。在【清理】对话框中，选中【游离点】复选框，然后单击【确定】按钮即可删除所有的游离点。除了对话框方式，用户还可以在选择游离点后，直接按键盘上的Delete键删除游离点。

图4-13　【清理】对话框

4.1.4　选择和移动路径上的锚点

矢量图形是由路径构成的，而路径则是由锚点组成的。调整锚点的位置会影响路径的形态。使用【选择】工具 只能选中整个形状或整条路径，而使用【直接选择】工具 则可以选中路径上的单个锚点或路径中的一段，并进行移动等调整操作。

01▶ 选择【直接选择】工具，或按快捷键A，将光标移到包含锚点的路径上，单击即可选中锚点，如图4-14所示。按住鼠标左键拖动进行框选，可以选中多个锚点，如图4-15所示。

图4-14　选中锚点　　　　　　　　　　　　图4-15　选中多个锚点

02▶ 选中锚点后，按住鼠标左键拖动，即可移动锚点的位置。移动锚点位置后，图形也会发生变化，如图4-16所示。使用【直接选择】工具拖曳方向线上的控制点，同样可以调整图形的形状，如图4-17所示。

图4-16　移动锚点　　　　　　　　　　　　图4-17　调整图形形状

4.1.5　转换锚点类型

【锚点】工具可以用于锚点在尖角锚点与平滑锚点之间的转换。

01▶ 选择【锚点】工具，或按Shift+C快捷键。在尖角锚点上按住鼠标左键并拖动，即可将其转变为平滑锚点，如图4-18所示。平滑锚点有左、右两段方向线，当使用【直接选择】工具拖曳其中一端方向线上的控制点时，会影响另一端方向线的角度，从而影响图形的形状，如图4-19所示。

图4-18　转换为平滑锚点　　　　　　　　　图4-19　调整方向线（一）

02 使用【锚点】工具可以单独调整平滑锚点一端的方向线。拖曳锚点一端方向线上的控制点，锚点另一端路径的弧度不会发生变化，如图4-20所示。

图4-20 调整方向线(二)

03 单击平滑锚点，可以将其直接转换为尖角锚点，如图4-21所示。

图4-21 转换为尖角锚点

 提示

在使用【钢笔】工具绘图时，只需按住Alt键，即可将【钢笔】工具切换到【锚点】工具。

4.2 使用【曲率】工具绘图

【曲率】工具可简化路径的创建，使绘图变得简单、直观。使用该工具可以创建路径，还可以切换、编辑、添加或删除平滑点或角点，不需要在不同的工具之间来回切换，即可快速准确地处理路径。

01 使用【曲率】工具在画板上单击，然后将光标移到下一个位置单击设置两个点，如图4-22所示。

02 移动光标位置，此时画板中出现的不是直线，而是一段曲线，即根据鼠标悬停位置所显示的生成路径的形状，如图4-23所示。

图4-22 设置锚点　　　　　图4-23 移动光标位置所生成路径的形状

03 使用【曲率】工具在画板上单击即可创建一个平滑点，如图4-24所示。若要创建角点，可以在单击创建点的同时双击或按Alt键，如图4-25所示。双击路径或形状上的点，可以将其在平滑点或角点之间切换。绘制完成后，按Esc键可以停止绘制。

图4-24　创建平滑点　　　　　　　　图4-25　创建角点

> **提示**
> 默认情况下，工具中的橡皮筋功能已打开。若要关闭，可选择【编辑】|【首选项】|【选择和锚点显示】命令，打开【首选项】对话框，在【为以下对象启用橡皮筋】选项中取消【钢笔工具】或【曲率工具】复选框的选中状态。

4.3　【画笔】工具

【画笔】工具是一款自由的绘图工具，用于为路径创建特殊效果的描边。Illustrator中预设的画笔库和画笔的可编辑性使矢量绘图变得更加简单、更加有创意。

4.3.1　使用【画笔】工具

【画笔】工具常用于绘制手绘路径和带有画笔描边的路径。选择【画笔】工具，在控制栏中对填充、描边、描边粗细、变量宽度配置文件和画笔定义等进行设置。设置完成后，在画板上按住鼠标左键并拖动绘制一条路径，如图4-26所示。此时，【画笔】工具显示为 ，表示正在绘制一条任意形状的路径。

图4-26　使用【画笔】工具绘制路径

> **提示**
> 使用【画笔】工具在画板中绘画时，拖动鼠标后按住键盘上的Alt键，则【画笔】工具的右下角会显示一个小的圆环，表示此时所绘制的路径是闭合路径。停止绘画后路径的两个端点就会自动连接起来，形成闭合路径。

用户也可以在选择【画笔】工具后，双击工具栏中的【画笔】工具，打开如图4-27所示的【画笔工具选项】对话框。在该对话框中进行设置可以控制所绘制路径的锚点数量及路径的平滑度。设置完成后，使用【画笔】工具在画板中绘制路径。

图4-27　【画笔工具选项】对话框

> 提示
>
> 选择【画笔】工具后，用户还可以在【属性】面板中对画笔的描边颜色、粗细、不透明度等参数进行设置。单击【描边】链接或【不透明度】链接，可以弹出下拉面板以设置具体参数。

- 【保真度】：向右拖动滑块，所绘制路径上的锚点越少；向左拖动滑块，所绘制路径上的锚点越多。
- 【填充新画笔描边】：选中该复选框，则使用画笔新绘制的开放路径将被填充颜色。
- 【保持选定】：选中该复选框，可以使新绘制的路径保持为选中状态。
- 【编辑所选路径】：选中该复选框，表示路径在规定的像素范围内可以编辑。
- 【范围】：当【编辑所选路径】复选框被选中时，【范围】选项则处于可编辑状态。【范围】选项用于调整可连接的距离。
- 【重置】：单击该按钮可以恢复初始设置。

4.3.2　【画笔】面板

Illustrator提供了书法画笔、散点画笔、图案画笔、毛刷画笔和艺术画笔5种类型的画笔，并为【画笔】工具提供了一个专门的【画笔】面板。该面板为绘制图像提供了更大的便利性、随意性和快捷性。

选择【窗口】|【画笔】命令，或按F5键，可打开如图4-28所示的【画笔】面板。使用【画笔】工具时，可以先在【画笔】面板中选择一种合适的画笔。

单击面板菜单按钮，用户还可以打开如图4-29所示的【画笔】面板菜单，通过该菜单中的命令可以进行新建、复制、删除画笔等操作，并且可以改变画笔类型的显示，以及面板的显示方式。

图4-28　【画笔】面板

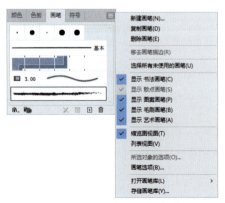

图4-29　【画笔】面板菜单

【画笔】面板底部有6个按钮，其功能如下。

- 【画笔库菜单】按钮：单击该按钮可以打开画笔库菜单，从中可以选择所需的画笔类型。
- 【库面板】按钮：单击该按钮可以打开【库】面板。
- 【移去画笔描边】按钮：单击该按钮可以将图形中的描边删除。
- 【所选对象的选项】按钮：单击该按钮可以打开画笔选项窗口，通过该窗口可以编辑不同的画笔形状。
- 【新建画笔】按钮：单击该按钮可以打开【新建画笔】对话框，使用该对话框可以创建新的画笔类型。
- 【删除画笔】按钮：单击该按钮可以删除选定的画笔类型。

4.3.3 应用画笔库

画笔库是Illustrator自带的预设画笔的合集。用户可以选择【窗口】|【画笔库】命令，然后从子菜单中选择一种画笔库并将其打开。用户也可以使用【画笔】面板菜单打开画笔库，从而选择不同风格的画笔库，如图4-30所示。

图4-30　选择并打开画笔库

如果想要将某个画笔库中的画笔样式复制到【画笔】面板，可以直接单击该画笔样式，将其添加到【画笔】面板中。如果想要快速地将多个画笔样式从画笔库复制到【画笔】面板中，可以在画笔库中按住Ctrl键的同时添加所需要复制的画笔，然后在画笔库的面板菜单中选择【添加到画笔】命令，如图4-31所示。

图4-31　选择【添加到画笔】命令

> **提示**
> 要在启动Illustrator时自动打开画笔库,可以在画笔库面板菜单中选择【保持】命令。

【例4-1】 制作节气海报。

01 新建一个A4横向空白文档。选择【文件】|【置入】命令,打开【置入】对话框。在该对话框中选中所需的图像文件,单击【置入】按钮。然后在画板左上角单击,置入该图像文件,如图4-32所示。

图4-32 置入图像

02 使用【直排文字】工具在画板中单击,在【字符】面板中,设置字体系列为【方正隶书简体】,字体大小为168pt,字符间距数值为-200,然后输入文字内容,如图4-33所示。

03 选择【椭圆】工具,在画板中单击,打开【椭圆】对话框。在该对话框中,设置【宽度】和【高度】均为20mm,然后单击【确定】按钮。在【颜色】面板中,将绘制的圆形填充设置为无,描边色设置为C:0 M:94 Y:100 K:0,如图4-34所示。

   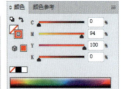 

图4-33 输入并设置文字　　　　　　图4-34 创建圆形

04 在【画笔】面板中,单击面板菜单按钮,在弹出的菜单中选择【打开画笔库】|【矢量包】|【颓废画笔矢量包】命令,打开【颓废画笔矢量包】面板,如图4-35所示。

05 在【颓废画笔矢量包】面板中,选中所需的【颓废画笔矢量包01】画笔样式。在【描边】面板中,设置【粗细】为6pt。在【透明度】面板中,设置混合模式为【颜色加深】,完成如图4-36所示的描边设置。

第 4 章 绘制复杂的图形

图 4-35　打开【颓废画笔矢量包】面板

图 4-36　应用画笔样式(一)

06 使用与步骤 **03** 至步骤 **05** 相同的操作方法,绘制【宽度】和【高度】均为95mm的圆形,在【颜色】面板中,设置描边色为C:80 M:40 Y:0 K:0;在【颓废画笔矢量包】面板中,选中所需的【颓废画笔矢量包07】画笔样式;在【描边】面板中,设置【粗细】为2pt,如图4-37所示。

图 4-37　应用画笔样式(二)

07 按Ctrl+C快捷键复制刚绘制的图形,按Ctrl+F快捷键粘贴图形,调整复制图形的位置及角度。然后按Ctrl+G快捷键编组两个图形对象,并在【透明度】面板中设置混合模式为【颜色加深】,如图4-38所示。

08 使用【直排文字】工具在画板中拖动创建文本框,在【字符】面板中,设置字体系列为【方正标雅宋_GBK】,字体大小为18pt,行间距为24pt,然后输入文字内容,如图4-39所示。

图 4-38　复制并调整图形的效果

图 4-39　输入并设置文字

97

09 选择【文件】|【置入】命令，在弹出的【置入】对话框中选择所需的图像文件，单击【置入】按钮。在画板中单击，置入图像，再在控制栏中单击【嵌入】按钮，如图4-40所示。

图4-40　置入图像

10 使用【矩形】工具绘制与画板同等大小的矩形，按Ctrl+A快捷键全选，右击，在弹出的快捷菜单中选择【建立剪切蒙版】命令，建立剪切蒙版，完成后的效果如图4-41所示。

图4-41　完成后的效果

4.3.4　新建画笔

如果Illustrator提供的画笔不能满足要求，用户还可以创建自定义的画笔。

1. 新建书法画笔

01 在【画笔】面板菜单中选择【新建画笔】命令或单击【画笔】面板底部的【新建画笔】按钮，打开如图4-42所示的【新建画笔】对话框。

02 在【新建画笔】对话框中选中【书法画笔】单选按钮后，单击【确定】按钮，打开如图4-43所示的【书法画笔选项】对话框，在该对话框中可以对新建的画笔进行设置。

图4-42　【新建画笔】对话框　　　图4-43　【书法画笔选项】对话框

第 4 章 绘制复杂的图形

> **提示**
> 如果要新建的是散点画笔或艺术画笔，在选择【新建画笔】命令之前必须有被选中的图形，若没有被选中的图形，在【新建画笔】对话框中这两项均以灰色显示，不能被选择。

03 在【书法画笔选项】对话框中设置完成后，就可以在【画笔】面板中选择刚设置的画笔样式进行路径的勾画，如图4-44所示。

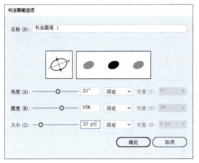
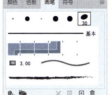

图4-44　使用书法画笔

- 【名称】文本框：用于输入画笔名称。
- 【角度】选项：如果要设定画笔角度，可在预览窗口中拖动箭头以旋转角度，也可以直接在【角度】文本框中输入数值。
- 【圆度】选项：如果要设定圆度，可在预览窗口中拖动黑点往中心点或往外以调整其圆度，也可以在【圆度】文本框中输入数值。数值越大，圆度越大。
- 【大小】选项：如果要设定大小，可拖动【大小】滑杆上的滑块，也可在【大小】文本框中输入数值。

> **提示**
> 勾画完路径后，还可以使用【描边】面板中的【粗细】选项来设置画笔样式描边路径的宽度，但其他选项对其不再起作用。路径绘制完成后，同样可以对其中的锚点进行调整。

2. 新建散点画笔

01 在新建散点画笔之前，必须在页面上选中一个图形对象，且此图形对象中不能包含使用画笔设置的路径、渐变色和渐变网格等，如图4-45所示。

02 选择好图形对象后，单击【画笔】面板下方的【新建画笔】按钮，然后在打开的【新建画笔】对话框中选中【散点画笔】单选按钮，单击【确定】按钮后，可打开如图4-46所示的【散点画笔选项】对话框。

- 【名称】文本框：用于设置画笔名称。
- 【大小】选项：用于设置作为散点的图形大小。
- 【间距】选项：用于设置散点图形之间的间隔距离。
- 【分布】选项：用于设置散点图形在路径两侧与路径的远近程度。该值越大，对象与路径之间的距离越远。

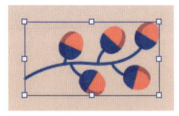

图4-45　选中图形对象　　　　　　图4-46　打开【散点画笔选项】对话框

- 【旋转】选项：用于设置散点图形的旋转角度。
- 【旋转相对于】选项：其中包含两个选项，即【页面】和【路径】选项。选择【页面】选项，表示散点图形的旋转角度相对于页面，0°指向页面的顶部；选择【路径】选项，表示散点图形的旋转角度相对于路径，0°指向路径的切线方向。
- 【方法】选项：可以在其下拉列表中选择上色方式。【无】选项表示使用画笔画出的颜色和画笔本身设定的颜色一致。【色调】选项表示使用工具栏中显示的描边色，并以其不同的浓淡度来表示画笔的颜色。【淡色和暗色】选项表示使用不同浓淡的工具栏中显示的描边和阴影显示用画笔画出的路径。该选项能够保持原来画笔中的黑色和白色不变，其他颜色以浓淡不同的描边表示。【色相转换】选项表示使用描边代替画笔的基准颜色，画笔中的其他颜色也发生相应的变化，变化后的颜色与描边的对应关系和变化前的颜色与基准颜色的对应关系一致。该选项保持黑色、白色和灰色不变。对于有多种颜色的画笔，可以改变其基准色。
- 【主色】选项：默认情况下是待定义图形中最突出的颜色，也可以改变该颜色。用【吸管】工具从待定义的图形中吸取不同的颜色，则颜色显示框中的颜色也随之变化。设定完基准颜色后，图形中其他颜色就和该颜色建立了一种对应关系。选择不同的涂色方法、不同的描边色，使用同一画笔画出的颜色效果可能不同。

03 在【散点画笔选项】对话框中设置完成后，单击【确定】按钮，就完成了新的散点画笔的创建，这时在【画笔】面板中就增加了一个散点画笔，如图4-47所示。

图4-47　新建的散点画笔

第4章 绘制复杂的图形

3. 新建图案画笔

01 要新建图案画笔，可以使用【选择】工具选中图形，将其拖动至【色板】面板中，将其创建为图案，如图4-48所示。

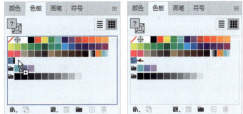

图4-48　创建图案

02 将所需的图形对象添加到【色板】面板中后，单击【画笔】面板中的【新建画笔】按钮，在打开的【新建画笔】对话框中选中【图案画笔】单选按钮，单击【确定】按钮，打开如图4-49所示的【图案画笔选项】对话框。

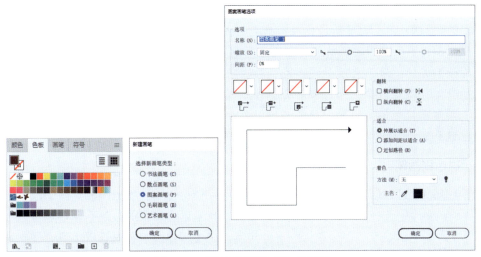

图4-49　【图案画笔选项】对话框

> **提示**
> 在【选项】设置区下方有5个小方框，分别代表5种图案，从左到右依次为【外角拼贴】【边线拼贴】【内角拼贴】【起点拼贴】和【终点拼贴】。如果在新建画笔之前在页面中选中了图形，那么选中的图形就会出现在左边第一个小方框中。

03 在【图案画笔选项】对话框中进行设置，例如，在【名称】文本框中输入图案画笔名称，设置【间距】数值为50%，选择所需的图案，然后单击【确定】按钮，即可创建图案画笔，如图4-50所示。

04 使用形状工具在文档中拖动绘制路径，然后在【画笔】面板中单击刚创建的图案画笔，即可将其应用到路径，如图4-51所示。

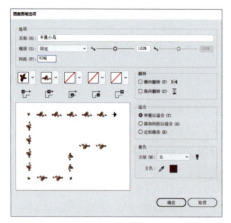

图4-50 设置画笔

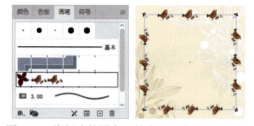

图4-51 将创建的图案画笔应用到路径后的效果

- 【名称】文本框：用于设置画笔名称。
- 【缩放】选项：用于设置图案的大小。数值为100%时，图案的大小与原始图形相同。
- 【间距】数值框：用于设置图案单元之间的间隙。当数值为100%时，图案单元之间的间隙为0。
- 【翻转】选项：用于设置路径中图案画笔的方向。【横向翻转】表示图案沿路径方向翻转，【纵向翻转】表示图案沿路径的垂直方向翻转。
- 【适合】选项：用于表示图案画笔在路径中的匹配。【伸展以适合】选项表示把图案画笔展开以与路径匹配，此时可能会拉伸或缩短图案比例；【添加间距以适合】选项表示增加图案画笔之间的间隔以使其与路径匹配；【近似路径】选项仅用于矩形路径，不改变图案画笔的形状，使图案位于路径的中间部分，路径的两边为空白。

4. 新建毛刷画笔

使用毛刷画笔可以创建自然、流畅的画笔描边，模拟使用真实画笔和纸张的绘制效果。用户可以从预定义库中选择画笔，或从提供的笔尖形状中创建自己的画笔。用户还可以设置其他画笔的特征，如毛刷长度、硬度和色彩不透明度。在【新建画笔】对话框中选中【毛刷画笔】单选按钮，单击【确定】按钮，打开如图4-52所示的【毛刷画笔选项】对话框。在该对话框的【形状】下拉列表中，可以根据绘制的需求选择不同形状的毛刷笔尖形状，如图4-53所示。

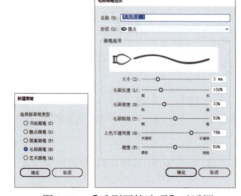

图4-52 【毛刷画笔选项】对话框

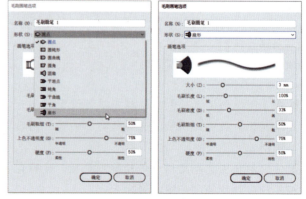

图4-53 选择毛刷笔尖形状

通过鼠标使用毛刷画笔时，仅记录X轴和Y轴的移动。其他的输入，如倾斜、方位、旋转和压力保持固定，从而产生均匀一致的笔触。通过绘图板设备使用毛刷画笔时，Illustrator将对光笔在绘图板上的移动进行交互式跟踪。它将记录在绘制路径的任一点输入的其方向和压力的所有信息。Illustrator还提供光笔的X轴位置、Y轴位置、压力、倾斜、方位和旋转等相关信息作为模型的输出。

5. 新建艺术画笔

与新建散点画笔类似，在新建艺术画笔之前，必须先选中文档中的图形对象，并且此图形对象中不包含使用画笔设置的路径、渐变色及渐变网格等。在【新建画笔】对话框中选中【艺术画笔】单选按钮，单击【确定】按钮，打开如图4-54所示的【艺术画笔选项】对话框。

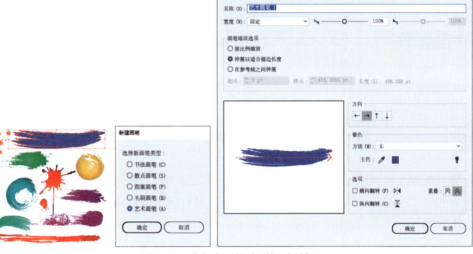

图4-54 【艺术画笔选项】对话框

  提示

编辑艺术画笔的方法与前面介绍的几种画笔的编辑方法基本相同。【艺术画笔选项】对话框中有一排方向按钮，选择不同的按钮可以指定艺术画笔沿路径的排列方向。其中←指定图稿的左边为描边的终点；→指定图稿的右边为描边的终点；↑指定图稿的顶部为描边的终点；↓指定图稿的底部为描边的终点。

4.3.5 修改画笔

双击【画笔】面板中要进行修改的画笔样式，可以打开该类型画笔样式的画笔选项对话框以进行设置。此对话框和新建画笔时的对话框相同，只是多了一个【预览】选项。修改对话框中各选项的数值，通过【预览】选项可进行修改前后的对比。设置完成后，单击【确定】按钮，如果在工作页面上有使用此画笔样式绘制的路径，会弹出如图4-55所示的提示对话框。

▶ 单击【应用于描边】按钮，表示把修改后的画笔应用到路径中。

▶ 对于不同类型的画笔，单击【保留描边】按钮的含义也有所不同。在修改书法画笔、散点画笔及图案画笔后，在打开的提示对话框中单击此按钮，表示对页面上使用此画笔绘制的路径不做改变，而以后使用此画笔绘制的路径则使用新的画笔设置。在修改艺术画笔后，单击此按钮表示保持原画笔不变，生成一个新设置情况下的画笔。

▶ 单击【取消】按钮表示取消对画笔所做的修改。

图4-55　提示对话框

如果需要修改用画笔绘制的线条，但不更新对应的画笔样式，可以选择该线条，单击【画笔】面板中的【所选对象的选项】按钮。根据需要对打开的【描边选项】对话框进行设置，然后单击【确定】按钮即可。

4.3.6　删除画笔

对于在工作页面中用不到的画笔样式，可将其删除。在【画笔】面板菜单中选择【选择所有未使用的画笔】命令，然后单击【画笔】面板中的【删除画笔】按钮，在打开的如图4-56所示的提示对话框中单击【确定】按钮，即可删除用不到的画笔样式。若删除在工作页面上正在使用的画笔样式，删除时会打开如图4-57所示的提示对话框。

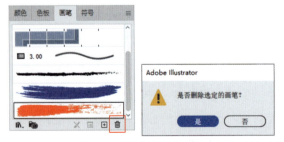

图4-56　提示对话框(一)

图4-57　提示对话框(二)

- 单击【扩展描边】按钮，表示删除画笔后，使用此画笔绘制的路径会自动转变为画笔的原始图形状态。
- 单击【删除描边】按钮，表示从路径中移走此画笔绘制的颜色，代之以描边框中的颜色。
- 单击【取消】按钮，表示取消删除画笔的操作。

> **提示**
>
> 用户也可以手动选择用不到的画笔样式进行删除。若要连续选择几个画笔样式，可以在选取时按住键盘上的Shift键；若选择的画笔样式在面板中的不同部分，可以按住键盘上的Ctrl键逐一选择。

4.3.7 移除画笔描边

选择一条使用画笔样式绘制的路径，单击【画笔】面板菜单按钮，在弹出的菜单中选择【移去画笔描边】命令，或者单击【移去画笔描边】按钮 即可移除画笔描边，如图4-58所示。

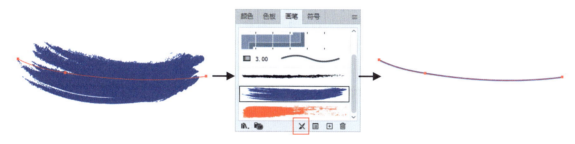

图4-58　移除画笔描边

4.4　【斑点画笔】工具

【斑点画笔】工具 是一种特殊的画笔工具，能够绘制平滑的线条。该线条不是一条开放路径，而是一条闭合路径。

01 双击工具栏中的【斑点画笔】工具，在弹出的【斑点画笔工具选项】对话框中可以对斑点画笔的大小、角度、圆度、保真度等参数进行设置，如图4-59所示。

> **提示**
>
> 想要使用【斑点画笔】工具进行图形合并，需要确保路径的排列顺序必须相邻、图像的填充色相同且没有描边。

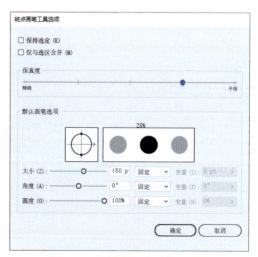

图4-59　设置【斑点画笔】工具

02 使用【斑点画笔】工具，在画面中按住鼠标左键拖曳进行绘制，如图4-60所示。绘制路径时，新路径将与所接触到的路径合并。

图4-60　使用【斑点画笔】工具

4.5　铅笔工具组

铅笔工具组主要用于绘制、擦除、连接、平滑路径等。其中包含5个工具，即Shaper工具、【铅笔】工具、【平滑】工具、【路径橡皮擦】工具和【连接】工具。

4.5.1　使用【铅笔】工具

【铅笔】工具不仅可以像【画笔】工具一样绘制图形，还能对已绘制的图形进行形态的调整，以及连接路径。

1. 使用【铅笔】工具绘图

01 选择【铅笔】工具，或按N键，将光标移到画板中，当其变为 形状时，按住鼠标左键拖曳即可自由绘制路径，如图4-61所示。

图4-61　使用【铅笔】工具自由绘制路径

> 💡 **提示**
>
> 双击【铅笔】工具，在弹出的【铅笔工具选项】对话框中可以进行【保真度】的设置。滑块越倾向【精确】，绘制出的线条越与所绘路径接近，同时也越复杂，越不平滑；滑块越接近平滑，则路径越简单，也越平滑，同时与绘制的效果差别也越大，如图4-62所示。

图4-62　设置【铅笔】工具

02 如果要绘制闭合路径，在路径绘制接近尾声时，将光标定位到接近起点的位置，光标变为 ✎ 形状后，单击即可形成闭合图形，如图4-63所示。在绘制过程中，按住Shift键可绘制水平、垂直、倾斜45°的线。

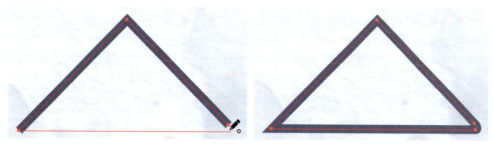

图4-63　绘制闭合图形

2. 使用【铅笔】工具改变路径形状

默认情况下，在【铅笔工具选项】对话框中会自动选中【编辑所选路径】复选框，此时使用【铅笔】工具可以直接更改路径形状。

01 使用【选择】工具选中要更改的路径，如图4-64所示。

02 将【铅笔】工具定位在要重新绘制的路径上，当光标变为 ✎ 形状时，即表示光标与路径非常接近。按住鼠标左键拖曳即可改变路径的形状，如图4-65所示。

图4-64　选中路径　　　　　　　　　　图4-65　更改路径形状

3. 使用【铅笔】工具连接两条路径

使用【铅笔】工具还可以连接两条不相连的路径。首先选择两条路径，接着选择【铅笔】工具，将光标定位到其中一条路径的某一端，按住鼠标左键拖动到另一条路径的端点上，松开鼠标即可将两条路径连接为一条路径，如图4-66所示。

图4-66　连接路径

4.5.2　使用【平滑】工具

使用【平滑】工具 可以快速平滑所选路径，并尽可能地保持路径原来的形状。

选择需要平滑的图形，接着选中【平滑】工具，在路径边缘处按住鼠标左键反复涂抹，被涂抹的区域会逐渐变得平滑，如图4-67所示。松开鼠标后即可完成路径的平滑操作。

图4-67　平滑路径

> **提示**
>
> 双击【平滑】工具，在弹出的如图4-68所示的【平滑工具选项】对话框中也可以进行【保真度】的设置。保真度数值越大，涂抹路径的平滑程度越高；保真度越小，路径的平滑程度越低。

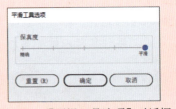

图4-68　【平滑工具选项】对话框

4.5.3　使用【路径橡皮擦】工具

【路径橡皮擦】工具 可以擦除路径上的部分区域，使路径断开。

01 选中要修改的对象，选择【路径橡皮擦】工具，沿着要擦除的路径拖动鼠标，即可擦除部分路径，如图4-69所示。被擦除过的闭合路径会变为开放路径。需要注意的是，【路径橡皮擦】工具不能用于文本对象或网格对象的擦除。

图4-69　擦除部分路径

4.5.4 使用【连接】工具

【连接】工具不仅能够将两条开放的路径连接起来,还能够将多余的路径删除,并保持路径原有的形状。

01 选择【连接】工具,在两条开放路径上按住鼠标左键拖曳,松开鼠标左键即可连接两段路径,如图4-70所示。

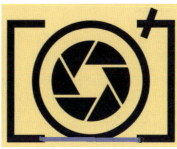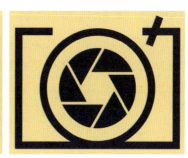

图4-70 连接路径

02 要使用【连接】工具删除多余路径,可以使用工具在多余路径与另一条路径的相交位置按住鼠标左键拖曳进行涂抹,松开鼠标左键即可将多余的路径删除,如图4-71所示。

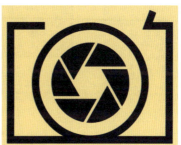

图4-71 删除路径

4.5.5 使用 Shaper 工具

Shaper工具的绘图方法和常规的绘图工具有所不同,使用该工具可以粗略地绘制出几何形状的基本轮廓,然后软件会根据这个轮廓自动生成精准的几何形状。

选择Shaper工具,或按Shift+N快捷键,然后按住鼠标左键拖曳绘制一个矩形,松开鼠标后,软件会根据矩形轮廓自动计算生成标准的矩形,如图4-72所示。需要注意的是,使用该工具只能绘制几种简单的几何图形,如图4-73所示。

图4-72 使用Shaper工具绘制矩形　　图4-73 使用Shaper工具绘制简单的几何图形

4.6 【橡皮擦】工具组

【橡皮擦】工具组主要用于擦除、切断、断开路径。其中包含3种工具，即【橡皮擦】工具、【剪刀】工具和【美工刀】工具。

4.6.1 使用【橡皮擦】工具

使用【橡皮擦】工具 可快速擦除图稿的任何区域，而且可以同时对多个图形进行操作。

01 双击工具栏中的【橡皮擦】工具，可以打开图4-74所示的【橡皮擦工具选项】对话框，在该对话框中可设置【橡皮擦】工具的角度、圆度和直径。

02 设置完成后，在未选中任何对象的情况下，在要擦除的图形位置上拖动鼠标，即可擦除光标移动范围内的所有路径，如图4-75所示。

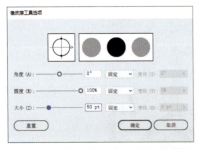

图4-74　【橡皮擦工具选项】对话框　　　　　　图4-75　擦除图形(一)

- 【角度】选项：用于设置【橡皮擦】工具旋转的角度。用户可以拖动预览区中的箭头或拖动滑块进行角度的设置，或在【角度】数值框中输入数值。
- 【圆度】选项：用于设置【橡皮擦】工具的圆度。用户可以将预览区中的黑点向背离中心的方向拖动或拖动滑块进行圆度的设置，或在【圆度】数值框中输入数值。该值越大，圆度就越大。
- 【大小】选项：用于设置【橡皮擦】工具的直径。用户可以拖动滑块进行直径的设置，或在【大小】数值框中输入数值。

每个选项右侧下拉列表中的选项可以让用户控制此工具的特征变化。

- 【固定】选项：表示使用固定的角度、圆度或直径。
- 【随机】选项：表示使用随机变化的角度、圆度或直径。在【变化】数值框中输入数值，可以指定【橡皮擦】工具特征变化的范围。

03 如果画板中的部分对象处于被选中状态，那么使用【橡皮擦】工具只能擦除光标移动范围内被选中对象的部分路径，如图4-76所示。被抹去的边缘将自动闭合，并保持平滑过渡。

 提示

在【橡皮擦】工具的使用过程中可以随时更改直径。按]键可以增大直径，按[键可以减小直径。

第 4 章 绘制复杂的图形

图4-76 擦除图形(二)

【例4-2】制作分割文字。

01 选择【文件】|【打开】命令，打开所需的素材图像，如图4-77所示。

02 选择【文字】工具在画板中单击，在控制栏中设置字体系列为Berlin Sans FB Demi Bold，字体大小为200pt，单击【居中对齐】按钮，设置字体颜色为R:141 G:29 B:34，然后输入文字内容，如图4-78所示。

 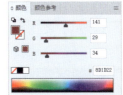 

图4-77 打开图像　　　　　　　　　　　　图4-78 输入并设置文字

03 按Ctrl+C快捷键复制刚添加的文字，再按Ctrl+F快捷键将复制的对象粘贴在前面，然后更改填充色为R:204 G:0 B:0，如图4-79所示。

04 再次按Ctrl+F快捷键复制文字对象，然后更改填充色为R:246 G:139 B:0，如图4-80所示。

图4-79 复制并调整文字(一)　　　　　　　图4-80 复制并调整文字(二)

05 使用【选择】工具选中复制的文字对象，右击，在弹出的快捷菜单中选择【创建轮廓】命令，如图4-81所示。

06 选中步骤 **04** 创建的文字对象，双击【橡皮擦】工具，打开【橡皮擦工具选项】对话框，在其中设置【大小】为80pt，单击【确定】按钮。然后使用【橡皮擦】工具从文字外部起按住鼠标左键拖动至文字的另一侧，【橡皮擦】工具涂抹过的区域即被擦除，效果如图4-82所示。

07 选中步骤 **03** 创建的文字对象，使用【橡皮擦】工具从文字外部起按住鼠标左键拖动至文字的另一侧，【橡皮擦】工具涂抹过的区域即被擦除，效果如图4-83所示。

图4-81　创建轮廓

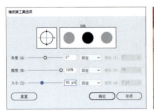  

图4-82　擦除文字(一)　　　　　　　　图4-83　擦除文字(二)

08 选中步骤 **02** 创建的文字对象，选择【效果】|【风格化】|【投影】命令，打开【投影】对话框。在该对话框中，设置投影颜色为白色，【模式】为【滤色】，【不透明度】数值为100%，【X位移】数值为6px，【Y位移】数值为4px，【模糊】数值为0px，然后单击【确定】按钮。完成后的效果如图4-84所示。

图4-84　完成后的效果

4.6.2　使用【剪刀】工具

使用【剪刀】工具 可以对路径、图形框架或空白文本框架进行操作。使用【剪刀】工具可将一条路径分割为两条或多条路径，并且每部分都具有独立的填充和描边属性。

01 选择一条路径，选择【剪刀】工具，在要进行剪裁的位置上单击，即可将一条路径分割为两条路径，如图4-85所示。

图4-85　剪裁路径

02 【剪刀】工具还可以快速将矢量图形切分为多个部分。选择一个图形，使用【剪刀】工具在路径上或锚点处单击，此处将自动断开。接着在另一个位置单击，同样会产生断开的锚点，图形被分割为两部分，如图4-86所示。

03 对于分割后得到的两部分，可以分别进行移动和编辑，如图4-87所示。

图4-86　使用【剪刀】工具剪裁路径　　　　　　　　图4-87　移动图形

4.6.3　使用【美工刀】工具

使用【美工刀】工具 ✎ 可以将一个对象以任意的分隔线划分为多个构成部分。使用【美工刀】工具裁过的图形都会变为具有闭合路径的图形。

01 在画板中没有选中任何对象的情况下，使用【美工刀】工具在对象上拖动，即可将光标移动范围内的所有对象分割，如图4-88所示。

> 提示
> 使用【美工刀】工具的同时，按住Alt键能够以直线分割对象。按住Shift+Alt键可以水平直线、垂直直线或斜45°的直线方向分割对象。

图4-88　使用【美工刀】工具分割光标移动范围内的所有对象

02 如果在画板中选中要进行分割的对象，则可选择【美工刀】工具，然后按住鼠标左键沿着要进行裁切的路径拖曳，被选中的路径将被分割为两部分，与之重合的其他路径不会被分割，如图4-89所示。

图4-89　分割被选中的对象

【例4-3】 制作促销广告横幅版式。

01 选择【文件】|【新建】命令，打开【新建文档】对话框。在该对话框的【名称】文本框中输入"促销广告横幅版式"，设置【宽度】为448px，【高度】为166px，然后单击【创建】按钮，如图4-90所示。

02 选择【矩形】工具，绘制一个与画板同等大小的矩形。选择【美工刀】工具，按住Alt键的同时在绘制的矩形外部按住鼠标左键从矩形一侧拖动至另外一侧的外部，释放鼠标后，矩形被分割为两个独立的图形。然后使用【直接选择】工具选中左侧的图形，在【渐变】面板中设置填充渐变为R:0 G:0 B:0 至R:57 G:54 B:52，如图4-91所示。

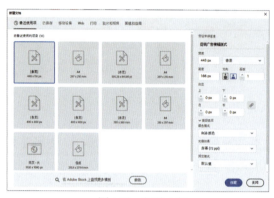

图4-90 新建文档

图4-91 使用【美工刀】工具分割图形并对图形进行设置(一)

03 使用与步骤 **03** 相同的操作方法分割侧图形，并在【渐变】面板中设置填充渐变为R:196 G:196 B:196 至R:0 G:0 B:0，【角度】数值为-68°，如图4-92所示。

04 使用与步骤 **03** 相同的操作方法分割侧图形，并在【颜色】面板中将填充色设置为R:207 G:13 B:0，如图4-93所示。

图4-92 使用【美工刀】工具分割图形并对图形进行设置(二)　　图4-93 使用【美工刀】工具分割图形并对图形进行设置(三)

05 继续使用【美工刀】工具，分割上中间的图形，并在【渐变】面板中设置分割后的左侧图形的填充渐变为R:0 G:0 B:0 至R:49 G:49 B:49，【角度】数值为-136°，如图4-94所示。

06 选择【文件】|【置入】命令，置入所需的素材图像，将其放置在分割图形右侧部分的下方，右击，在弹出的快捷菜单中选择【建立剪切蒙版】命令，创建剪切蒙版，如图4-95所示。

07 选择【文件】|【置入】命令，打开【置入】对话框。在该对话框中，选中所有需要置入的图形文件，单击【置入】按钮。然后在画板中依次在所需位置单击，置入选中的图形，完成后的效果如图4-96右图所示。

第 4 章 绘制复杂的图形

图4-94　使用【美工刀】工具分割图形并对图形进行设置(四)　　　图4-95　创建剪切蒙版

图4-96　置入图形及完成后的效果

4.7　透视图工具组

利用Illustrator提供的透视图工具组可以营造画面的三维透视感。透视图工具组中包含【透视网格】工具和【透视选区】工具。使用【透视网格】工具可以在文档中定义或编辑一点透视、两点透视和三点透视空间关系；使用【透视选区】工具能够在透视网格中加入对象、文本和符号，以及在透视空间中移动、缩放和复制对象。

4.7.1　认识透视网格

选择【透视网格】工具，或按Shift+P快捷键，可在画板中显示出透视网格，在网格上可以看到各个平面的网格控制点，调整这些控制点可以调整网格的形态，如图4-97所示。

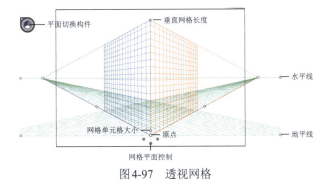

图4-97　透视网格

115

进入使用【透视网格】工具进行编辑的状态，就相当于进入了一个三维空间中。此时，画板左上角会出现平面切换构件，如图4-98所示。其中，分为左侧网格平面、右侧网格平面、水平网格平面和无活动的网格平面4部分。在平面切换构件上的某个平面上单击，即可将所选平面设置为活动的网格平面以进行编辑处理。

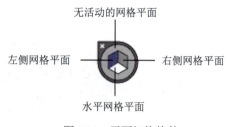

图4-98　平面切换构件

提示

在透视网格中，活动平面是指绘制对象的平面。使用数字键1可以选中左侧网格平面；使用数字键2可以选中水平网格平面；使用数字键3可以选中右侧网格平面；使用数字键4可以选中无活动的网格平面。

4.7.2　切换透视方式

在Illustrator中，还可以在【视图】|【透视网格】子菜单中进行透视网格预设的选择。其中，包括一点透视、两点透视和三点透视，如图4-99所示。

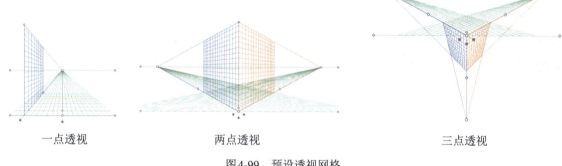

一点透视　　　　　　两点透视　　　　　　三点透视

图4-99　预设透视网格

提示

要在文档中查看默认的两点透视网格,可以选择【透视网格】工具,在画布中显示出透视网格,或选择【视图】|【透视网格】|【显示网格】命令，或按Ctrl+Shift+I组合键显示透视网格，还可以使用该组合键来隐藏可见的网格。

4.7.3　在透视网格中绘制对象

在透视网格开启的状态下绘制图形时，所绘制的图形将自动沿网格透视并进行变形。在平面切换构件中选择不同的平面时光标也会呈现不同形状。

选择【透视网格】工具，在平面切换构件中单击【右侧网格平面】，然后选择【矩形】工具，将光标移到右侧网格平面上，当光标变为 形状时，按住鼠标左键拖曳，松开鼠标即可绘制出带有透视效果的矩形，如图4-100所示。

图4-100　在透视网格中绘制对象

4.7.4　将对象添加到透视网格

使用【透视选区】工具 可以通过将已有图形拖曳到透视网格中，使之呈现透视效果，还可以对透视网格中的对象进行移动、复制、缩放等操作。

01 使用【透视选区】工具选中要加入透视网格中的对象，然后按住鼠标左键将其向网格中拖曳，释放鼠标后，即可将对象添加到透视网格中，如图4-101所示。选择【对象】|【透视】|【附加到现用平面】命令，也可以将已创建的对象放置到透视网格的活动平面上。

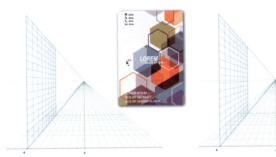 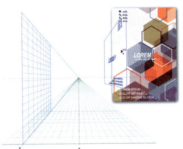 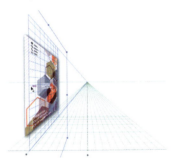

图4-101　将对象附加到透视网格中

02 使用【透视选区】工具拖曳图形可以将其移动，拖曳控制点则可将其缩放。使用【透视选区】工具选择图形，然后按Ctrl+C快捷键进行复制，再按Ctrl+V快捷键进行粘贴，复制得到的图形也带有透视感，如图4-102所示。

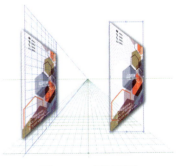

 提示

如果在使用【透视网格】工具时按住Ctrl键，可以将【透视网格】工具临时切换为【透视选区】工具；按下Shift+V快捷键则可以直接选择【透视选区】工具。

图4-102　复制图形

【例4-4】　制作立体包装效果。

01 创建A4空白文档，选择【透视网格】工具，显示透视网格，如图4-103所示。

02 使用【透视网格】工具拖曳透视网格上网格单元格大小控制点的位置，调整网格单元大小，如图4-104所示。

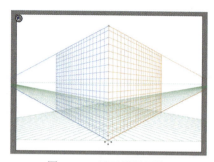 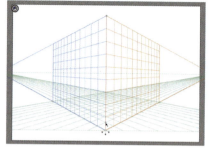

图4-103　显示透视网格　　　图4-104　调整网格单元格大小

03 使用【透视网格】工具调整垂直网格长度，再调整地平线位置，如图4-105所示。

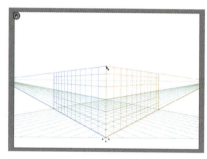 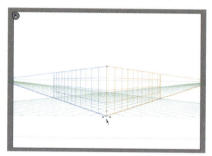

图4-105　调整透视网格(一)

04 使用【透视网格】工具调整网格平面，如图4-106所示。

05 使用【矩形】工具在左侧网格平面中拖动绘制矩形。将描边色设置为无，在【渐变】面板中设置填充色为R:114 G:113 B:112至R:255 G:255 B:255，设置【角度】为123°，如图4-107所示。

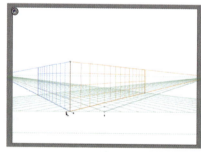 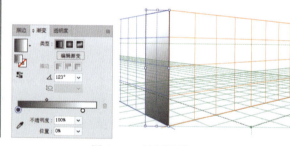

图4-106　调整透视网格(二)　　　图4-107　绘制图形(一)

06 使用【矩形】工具在左侧网格平面中拖动绘制矩形。将描边设置为无，在【渐变】面板中设置填充色为R:255 G:255 B:255至R:220 G:221 B:221，设置【角度】为0°，如图4-108所示。

07 在平面切换构件上单击右侧网格平面，继续使用【矩形】工具在右侧网格平面中拖曳绘制矩形。在【渐变】面板中设置填充色为R:255 G:255 B:255至R:181 G:182 B:182，设置【角度】为-9°，如图4-109所示。

08 在平面切换构件上单击水平网格平面，继续使用【矩形】工具在水平网格平面中拖曳绘制矩形，在【颜色】面板中设置填色为R:114 G:113 B:113，如图4-110所示。

09 将刚绘制的矩形放置在底层，选择【效果】|【模糊】|【高斯模糊】命令，打开【高斯模糊】对话框。在该对话框中，设置【半径】数值为20像素，单击【确定】按钮，如图4-111所示。

第 4 章 绘制复杂的图形

图4-108　绘制图形(二)

图4-109　绘制图形(三)

图4-110　绘制图形(四)　　　图4-111　应用【高斯模糊】命令

10 选择【钢笔】工具绘制路径，在【描边】面板中设置【粗细】数值为3pt，【端点】为【圆头端点】，如图4-112所示。

11 复制刚绘制的路径，并将其贴在下方，在【颜色】面板中设置描边色为R:194 G:193 B:193；在【描边】面板中设置【粗细】数值为4pt，然后调整其角度，如图4-113所示。

图4-112　绘制路径　　　　　　　图4-113　复制并调整路径

12 选中步骤**05**绘制的矩形，按Ctrl+C快捷键复制，按Ctrl+F快捷键粘贴在前面。选择【文件】|【置入】命令，打开【置入】对话框。在该对话框中选中所需的图形文档，单击【置入】按钮。在画板中单击，置入图形文档，然后在控制栏中单击【嵌入】按钮，再选择【透视选区】工具，将置入的素材图像拖曳至左网格平面中，并调整图像大小，如图4-114所示。

13 将置入素材图像放置到上一步复制的矩形下方，选中素材图像和复制的矩形，右击，在弹出的快捷菜单中选择【建立剪切蒙版】命令建立剪切蒙版，并在【透明度】面板中设置混合模式为【正片叠底】，如图4-115所示。

14 选中右侧图形，使用步骤**12**至步骤**13**的操作方法添加素材图像，如图4-116所示。

 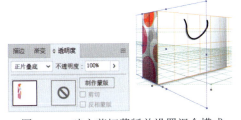 

图4-114　置入图像并调整　　图4-115　建立剪切蒙版并设置混合模式　　图4-116　添加素材图像
　　　　　其大小

119

15 选择【视图】|【透视网格】|【隐藏网格】命令，隐藏透视网格。按Ctrl+A快捷键全选对象，按Ctrl+G快捷键编组对象。选择【选择】工具，在拖曳鼠标的同时按住Ctrl+Alt快捷键，移动并复制编组对象，如图4-117所示。

16 选择【矩形】工具，绘制与画板同等大小的矩形，然后在【渐变】面板中设置填充色为R:249 G:248 B:244 至R:240 G:237 B:227 至R:231 G:226 B:209，并按Shift+Ctrl+[组合键将其置于底层，完成后的效果如图4-118所示。

图4-117　移动并复制编组对象　　　　　　　图4-118　完成后的效果

4.7.5　释放透视对象

如果要释放带有透视图的对象，可以选择【对象】|【透视】|【通过透视释放】命令，或右击，在弹出的快捷菜单中选择【透视】|【通过透视释放】命令，如图4-119所示。所选对象将从相关的透视平面中释放，并可作为正常图稿使用。使用【通过透视释放】命令后再次移动对象，对象形状不再发生变化。

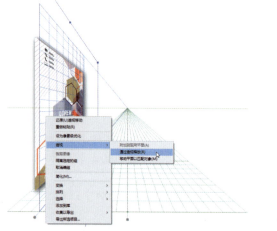
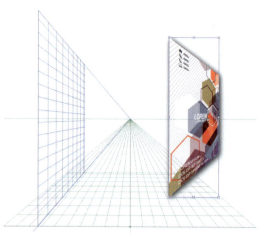

图4-119　通过透视释放对象

4.8　【形状生成器】工具

【形状生成器】工具可以在多个重叠的图形之间快速生成新的图形。

第4章 绘制复杂的图形

01 使用【选择】工具选中多个重叠的图形，如图4-120所示。设置想要生成图形的外观，然后选择【形状生成器】工具，将光标移到选中的图形上，当光标变为▶状态时，单击即可得到这部分图形，如图4-121所示。

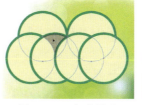

图4-120　选中多个重叠的图形　　　　　　　图4-121　生成图形

02 也可以在图形上按住鼠标左键拖动，合并不同的路径，以生成新的图形，如图4-122所示。还可以对生成的图形进行编辑操作。

03 使用【形状生成器】工具时，按住Alt键将切换为抹除模式。将光标移到图形上，光标变为▶状态时，即可在选中形状中删除部分内容，如图4-123所示。

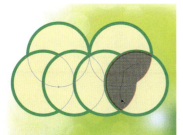

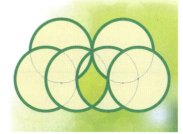

图4-122　合并图形　　　　　　　　　　　　　图4-123　删除图形

4.9　【符号】面板与符号工具组

符号是一种特殊的图形对象，常用于制作大量重复的图形元素。符号对象以链接的形式存在于文档中，因此即使使用大量的符号对象也不会增加设备的负担。

4.9.1　创建符号

【符号】面板用来管理文档中的符号，可以用来创建新符号、修改现有的符号，以及删除不再使用的符号。

01 选择菜单栏中的【窗口】|【符号】命令，或按Ctrl+Shift+F11组合键，可打开【符号】面板，如图4-124所示。在该面板中可以选择不同类型的符号，可以对符号库进行更改，还可以对符号进行新建、删除、编辑等操作。

图4-124　【符号】面板

> **提示**
>
> 默认情况下，选定的图形对象会变为新符号的实例。如果不希望图稿变为实例，在创建新符号时需按住Shift键。

02 用户可以使用大部分的图形对象创建符号，包括路径、复合路径、文本、栅格图像、网格对象和对象组。选中要添加为符号的图形对象后，单击【符号】面板底部的【新建符号】按钮，或在面板菜单中选择【新建符号】命令，或直接将图形对象拖到【符号】面板中，即可打开【符号选项】对话框。在该对话框中进行相应的设置，然后单击【确定】按钮，即可创建新符号，如图4-125所示。如果不想在创建新符号时打开【新建符号】对话框，在创建此符号时需按住Alt键，将其拖动至【新建符号】按钮上释放，此时，Illustrator将使用符号的默认名称。

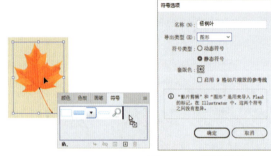

图4-125 新建符号

03 默认情况下，【符号】面板只显示了少量的符号，想要选择更多的符号，可以在【符号库】中查找。单击【符号】面板底部的【符号库菜单】按钮 ，在弹出的菜单中选择一个命令，即可打开相应的符号库面板，如图4-126所示。此外，选择【窗口】|【符号库】命令，在弹出的子菜单中选择需要的符号库命令，也可打开相应的符号库面板。

04 【符号喷枪】工具 能够快速在画板中置入大量的符号。选择【符号喷枪】工具，然后在【符号】面板中选择一个符号图标，并在工作区中单击即可。单击一次可创建一个符号实例，单击多次或按住鼠标左键拖动可创建符号集，如图4-127所示。

图4-126 打开符号库面板　　　　　　图4-127 创建符号集

05 选中刚刚使用【符号喷枪】工具添加的符号集，在面板中选择其他符号，在画板中按住鼠标左键拖动，可以在原有的符号集中添加符号，如图4-128所示。

06 当要删除部分符号实例时，可以选择符号集，在使用【符号喷枪】工具的状态下，按住Alt键的同时按住鼠标左键拖动，所经过位置的符号会被删除，如图4-129所示。需要注意的是，如果符号集中包含多种符号，要删除某种符号，需要先在【符号】面板中将其选中。

第 4 章 绘制复杂的图形

　　　　　　　　　图4-128　添加符号　　　　　　　　　　　图4-129　删除符号

07 选中符号集，在使用【符号移位器】工具 的状态下，在符号上按住鼠标左键拖动即可调整符号的位置，如图4-130所示。

图4-130　使用【符号移位器】工具调整符号的位置

> **提示**
> 如果要向前移动符号实例，或者把一个符号移到另一个符号的前一层，则按住Shift键后单击符号实例。如果要向后移动符号实例，则按住Alt+Shift快捷键后单击符号实例。

08 选中符号集，在使用【符号紧缩器】工具 的状态下，在符号上按住鼠标左键拖动，即可使这部分符号的间距缩短，如图4-131所示。如果在按住鼠标左键的同时按住Alt键拖动，可以使符号间距增大，相互远离。

图4-131　使用【符号紧缩器】工具调整符号的间距

09 选择符号集，选择【符号缩放器】工具 ，在符号上单击或按住鼠标左键拖动，即可使这部分符号实例增大，如图4-132所示。如果按住Alt键，单击或拖动可缩小符号实例的大小。按住Shift键，单击或拖动可以在缩放的同时保留符号实例的密度。

10 选择符号集，选择【符号旋转器】工具 ，在符号上单击或按住鼠标左键拖动，即可将符号进行旋转，如图4-133所示。

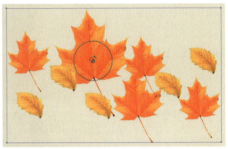

图4-132　使用【符号缩放器】工具调整符号的大小

图4-133　使用【符号旋转器】工具旋转符号

11 使用【符号着色器】工具可以更改符号实例颜色的色相,同时保留原始亮度。选中符号集,在【颜色】面板中选择要填充的颜色,选择【符号着色器】工具,在符号上按住鼠标左键单击或拖动,符号实例的颜色会发生变化,如图4-134所示。根据涂抹的次数不同,着色的深浅也会不同。涂抹次数越多,颜色变化越大。

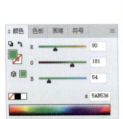

图4-134　使用【符号着色器】工具调整符号的颜色

> **提示**
> 按住Ctrl键,单击或拖动以减小上色量并显示出更多的原始符号颜色。按住Shift键,单击或拖动以保持上色量为常量,同时逐渐将符号实例颜色更改为上色颜色。

12 创建好符号后,用户还可以对它们的透明度进行调整。选择【符号滤色器】工具,单击或拖动滑块至希望增加符号透明度的位置即可,如图4-135所示。单击或拖动可减小符号透明度。如果想恢复原色,则在符号实例上右击,并从打开的快捷菜单中选择【还原滤色】命令,或按住Alt键单击或拖动即可。

第 4 章 绘制复杂的图形

图4-135　使用【符号滤色器】工具调整符号的透明度

13 使用【符号样式器】工具，可以在符号实例上应用或删除图形样式，还可以控制应用的量和位置。在图形样式面板中，选择一种样式，然后在要进行附加样式的符号实例对象上单击并按住鼠标左键，按住的时间越长，效果越明显，如图4-136所示。按住Alt键，可以将已经添加的样式效果褪去。

图4-136　使用【符号样式器】工具对符号应用或删除图形样式

4.9.2　断开符号链接

在Illustrator中创建符号后，还可以对符号进行修改和重新定义。

01 选中符号实例，单击【符号】面板中的【断开符号链接】按钮，即可断开符号实例与符号之间的链接，如图4-137所示。

图4-137　断开符号链接

02 断开符号链接后，可以对符号实例进行编辑和修改，如图4-138所示。修改完成后，选择【符号】面板菜单中的【重新定义符号】命令，将它重新定义为符号，如图4-139所示。同时，文档中所有使用该符号创建的符号实例都将自动更新。用户也可按住Alt键将修改的符号拖到【符号】面板中旧符号的顶部。该符号将在【符号】面板中替换旧符号并在当前文件中更新。

图4-138　调整图形　　　　　　　　　　图4-139　选择【重新定义符号】命令

4.9.3 设置符号工具

在Illustrator中，符号工具用于创建和修改符号实例集。用户可以使用【符号喷枪】工具创建符号集，然后使用其他符号工具更改符号实例集中实例的密度、颜色、位置、大小、旋转、透明度和样式等。在Illustrator中，双击工具栏中的【符号喷枪】工具，可打开图4-140所示的【符号工具选项】对话框以设置符号工具选项。

图4-140 【符号工具选项】对话框

> **提示**
> 使用符号工具时，可以按键盘上的[键减小直径，或按]键增加直径。按Shift+[快捷键可减小强度，按Shift+]快捷键可增加强度。

- 【直径】：用于指定符号工具的画笔大小。
- 【强度】：用于指定更改的速度。数值越大，更改速度越快。
- 【符号组密度】：用于指定符号组的密度值。数值越大，符号实例堆积的密度越大。此设置应用于整个符号集。如果选择了符号集，将更改符号集中所有符号实例的密度。
- 【显示画笔大小和强度】：选中该复选框后，可以显示画笔的大小和强度。

4.10 实例演练

本章的实例演练通过制作音乐节海报，帮助用户更好地掌握本章所介绍的符号工具的基本操作方法和技巧。

【例4-5】制作音乐节海报。

01 选择【文件】|【新建】命令，新建一个A4横向空白文档。选择【矩形】工具，绘制与画板同等大小的矩形，并将描边色设置为无，在【渐变】面板中，设置渐变填充色为C:0 M:80 Y:0 K:0 至 C:87 M:100 Y:0 K:0，设置【角度】数值为-90°，如图4-141所示。

02 按Ctrl+2快捷键锁定绘制的矩形，继续使用【矩形】工具在画板中单击，打开【矩形】对话框。在该对话框中设置【宽度】数值为222mm，【高度】数值为180mm，然后单击【确定】按钮创建矩形，并在控制栏中选择【对齐画板】选项，单击【水平居中对齐】和【垂直底对齐】按钮，如图4-142所示。

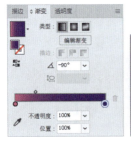     

图4-141 绘制矩形(一)　　　　　　　　图4-142 绘制矩形(二)

03 在【渐变】面板中，更改渐变填充色为C:88 M:88 Y:0 K:0至C:85 M:100 Y:46 K:0。在【透明度】面板中，设置混合模式为【正片叠底】，设置【不透明度】数值为40%，如图4-143所示。

图4-143　更改矩形外观

04 选择【自由变换】工具，在显示的浮动工具栏中单击【透视扭曲】按钮，然后拖动矩形底部的锚点，如图4-144所示。

05 使用【矩形】工具在画板左上角边缘处单击，打开【矩形】对话框。在该对话框中设置【宽度】数值为297mm，【高度】数值为3.5mm，然后单击【确定】按钮创建矩形。之后在【颜色】面板中设置填充色为C:58 M:75 Y:0 K:0，在【透明度】面板中设置混合模式为【滤色】，设置【不透明度】数值为15%，如图4-145所示。

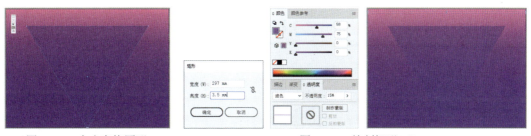

图4-144　自由变换图形　　　　　　　　图4-145　绘制矩形(三)

06 选择【效果】|【扭曲和变换】|【变换】命令，打开【变换效果】对话框。在该对话框的【移动】选项组中，设置【垂直】为8mm，设置【副本】数值为25，然后单击【确定】按钮，如图4-146所示。

07 使用【文字】工具在画板中单击，在控制栏中设置文字填充色为白色，设置字体系列为Humnst777 Cn BT，字体大小为106pt，单击【居中对齐】按钮，然后输入文字内容，如图4-147所示。

图4-146　变换对象　　　　　　　　　　图4-147　输入并设置文字

08 选择【直线段】工具，在控制栏中设置描边色为白色，【描边粗细】为1.5pt，然后在画板中拖动绘制直线段，如图4-148所示。

09 使用【文字】工具在画板中单击，在控制栏中更改字体大小为36pt，然后输入文字内容，如图4-149所示。

图4-148　绘制直线段　　　　　　　　　图4-149　输入文字

10 按Ctrl+A快捷键选中创建的全部对象，按Ctrl+2快捷键锁定对象。使用【椭圆】工具在画板中拖动绘制圆形，在【渐变】面板中单击【径向渐变】按钮，设置渐变填充色为【不透明度】数值为50%的白色至黑色的渐变。然后使用【渐变】工具在圆形左上角单击，并向右下角拖动，调整渐变效果，如图4-150所示。

11 保持圆形的选中状态，在【透明度】面板中，设置混合模式为【正片叠底】，如图4-151所示。

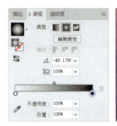 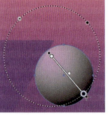 

图4-150　绘制圆形　　　　　　　　　图4-151　设置混合模式

12 在【符号】面板中单击【新建符号】按钮，打开【符号选项】对话框。在该对话框的【名称】文本框中输入"球形"，在【导出类型】下拉列表中选择【图形】选项，选中【静态符号】单选按钮，然后单击【确定】按钮，如图4-152所示。

13 选择【符号喷枪】工具，在画板中多次单击以创建符号集，如图4-153所示。

图4-152　【符号选项】对话框　　　　　　图4-153　应用符号工具(一)

14 选择【符号缩放器】工具,在要放大的符号上单击,在要缩小的符号上按住Alt键单击,调整符号集的效果。选择【符号移位器】工具,调整符号集中符号的位置,如图4-154所示。

图4-154 应用符号工具(二)

15 选择【符号滤色器】工具,单击可减小符号透明度,按Alt键单击可恢复符号透明度,调整符号集的效果,如图4-155所示。

16 选择【文件】|【置入】命令,置入所需的图形文档,在控制栏中单击【嵌入】按钮。在【透明度】面板中,设置混合模式为【变亮】。在【符号】面板中单击【新建符号】按钮,打开【符号选项】对话框。在该对话框的【名称】文本框中输入"烟花",在【导出类型】下拉列表中选择【图形】选项,选中【静态符号】单选按钮,然后单击【确定】按钮,如图4-156所示。

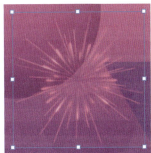
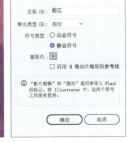

图4-155 应用符号工具(三)　　　　图4-156 新建符号

17 使用与步骤 13 至步骤 14 相同的操作方法,创建并调整符号集的效果,如图4-157所示。

18 在【颜色】面板中,设置填充色为C:0 M:0 Y:0 K:0。然后选择【符号着色器】工具,调整符号集的效果,如图4-158所示。

图4-157 创建并调整符号集　　　　图4-158 使用【符号着色器】工具

19 使用【文字】工具在画板中拖动创建文本框，输入示例文本内容，然后在控制栏中设置字体系列为Myriad Pro，字体大小为14pt，单击【居中对齐】按钮，如图4-159所示。

20 使用【矩形】工具绘制与页面同等大小的矩形，按Ctrl+A快捷键全选对象，右击，在弹出的快捷菜单中选择【建立剪切蒙版】命令，完成后的效果如图4-160所示。

图4-159　输入文本内容

图4-160　完成后的效果

第 5 章
变换图形对象

在Illustrator中创建图形对象后,用户可以使用各种变换工具或执行相应的命令,使所选图形对象产生丰富的变换效果,创建更加复杂的图形效果。本章将详细介绍各种变换工具及相应命令的使用方法。

5.1 图形选择方式

Illustrator是一款面向图形对象的软件,在做任何操作前都必须先选择图形对象,以指定后续操作所针对的对象。因此,Illustrator提供了多种选择相应图形对象的方法。熟悉图形对象的选择方法后才能提高图形编辑操作的效率。

在Illustrator的工具栏中有5个选择工具,分别是【选择】工具、【直接选择】工具、【编组选择】工具、【魔棒】工具和【套索】工具。

5.1.1 【选择】工具

前面章节中讲解了【选择】工具与【直接选择】工具的使用方法,这两个工具可用于选择对象或路径上的锚点。下面详细讲解这两个工具的使用方法。

1. 使用【选择】工具

使用【选择】工具 在路径或图形的任何一处单击,会将整条路径或者图形选中。当【选择】工具未选中图形对象或路径时,光标显示为 形状。当使用【选择】工具选中图形对象或路径后,光标变为 形状。

使用【选择】工具选择图形有两种方法,一种是使用鼠标单击图形,即可将图形选中,如图5-1所示;另一种是使用鼠标拖动矩形框来框选部分图形将其选中,如图5-2所示。选中图形后,可以使用【选择】工具拖动鼠标移动图形的位置,还可以通过选中对象的矩形定界框上的控制点来缩放、旋转图形。

图5-1　单击选中图形　　　　　　图5-2　框选图形

2. 使用【直接选择】工具

使用【直接选择】工具 可以选取成组对象中的一个对象、路径上任何一个单独的锚点或某条路径上的线段。在大部分情况下,【直接选择】工具可用来修改对象形状。

当【直接选择】工具放置在未被选中的图形或路径上时,光标显示为 形状;当使用【直接选择】工具选中一个锚点后,这个锚点以实心正方形显示,其他锚点以空心正方形显示,如图5-3所示。如果被选中的锚点是曲线点,则曲线点的方向线及相邻锚点的方向线也会显示出来。使用【直接选择】工具拖动方向线及锚点即可改变曲线形状及锚点位置,也可通过拖动线段改变曲线形状。

第 5 章 变换图形对象

有时为了方便绘制图形，会把几个图形进行编组。如果要移动一组图形，只需用【选择】工具选择任意图形，就可以把这一组图形都选中。如果这时要选择其中一个图形，则需要使用【编组选择】工具。在成组的图形中，使用【编组选择】工具单击可选中其中的一个图形，双击即可选中这一组图形；如果图形是多重成组图形，则每多单击一次，就可多选择一组图形，如图5-4所示。

图5-3　选择锚点　　　　　　　　　　　　　图5-4　选择编组对象

5.1.2 【魔棒】工具

使用【魔棒】工具可以快速地将整个文档中属性相近的对象同时选中。该工具的使用方法与Photoshop中的【魔棒】工具的使用方法相似，用户利用这一工具可以选择具有相同或相近的填充色、边线色、边线宽度、透明度或者混合模式的图形。选择【魔棒】工具，或按Y键，在要选取的对象上单击，文档中相同属性的对象将全部被选中，如图5-5所示。

双击【魔棒】工具，打开如图5-6所示的【魔棒】面板，在其中可以对各个属性做适当的设置。

图5-5　使用【魔棒】工具　　　　　　　　　图5-6　【魔棒】面板

- 【填充颜色】选项：以填充色为选择基准，其中【容差】的大小决定了填充色选择的范围，数值越大，选择范围就越大，反之，范围就越小。
- 【描边颜色】选项：以边线色为选择基准，其中【容差】的作用同【填充颜色】选项中【容差】的作用相似。
- 【描边粗细】选项：以边线色为选择基准，其中【容差】决定了边线宽度的选择范围。
- 【不透明度】选项：以透明度为选择基准，其中【容差】决定了透明程度的选择范围。
- 【混合模式】选项：以相似的混合模式作为选择的基准。

5.1.3 【套索】工具

【套索】工具也是一种选择工具，它不仅能选择图形对象，还能选择锚点或路径。选择工具栏中的【套索】工具，或按Q键，在要选取的锚点区域上按住鼠标左键拖动即可绘制出一个范围，使用【套索】工具将要选中的对象同时框住，释放鼠标即可完成锚点的选取，如图5-7所示。

图5-7　使用【套索】工具

5.1.4　使用【选择】命令

选择【选择】|【全部】命令，或按Ctrl+A快捷键，可以选择文档中所有未被锁定的对象。

选择【选择】|【取消选择】命令，或按Shift+Ctrl+A组合键，可以取消选择所有对象，也可以通过在画板空白处单击来取消选择。

选择【选择】|【重新选择】命令，或按Ctrl+6快捷键，可以重新选择上一次所选的对象。

选择【选择】|【反向】命令，当前被选中的对象将被取消选中，未被选中的对象会被选中。

要选择所选对象上层或下层的对象，可以选择【选择】|【上方的下一个对象】或【选择】|【下方的下一个对象】命令。

若要选择具有相同属性的所有对象，则选择一个具有所需属性的对象，然后选择【选择】|【相同】命令，在弹出的子菜单中选择一种属性即可。

选择一个或多个对象，再选择【选择】|【存储所选对象】命令，在弹出的【存储所选对象】对话框中输入对象的名称，单击【确定】按钮。此时在【选择】菜单的底部可以看到所保存的对象名称，选择该对象名称，可以快速选中相应的对象。

5.2　使用工具变换对象

在制图过程中，经常需要对画板中的对象进行移动、旋转、缩放、倾斜、镜像等变换操作。Illustrator提供了多种用于变换对象的工具，本节将介绍一些常用的图形变换工具的使用方法。

5.2.1　使用【比例缩放】工具

使用【比例缩放】工具可对图形进行任意缩放。

01 选中要进行比例缩放的对象，选择【比例缩放】工具，或按快捷键S，在画板中直接按住鼠标左键拖动，即可对所选对象进行比例缩放，如图5-8所示。在缩放的同时按住Shift键，可以保持对象原始的纵横比例。

02 如果要精确控制缩放的角度，在工具栏中选择【比例缩放】工具后，按住Alt键，然后在画板中单击，或双击工具栏中的【比例缩放】工具，可打开【比例缩放】对话框。在该对话框中进行相应设置，设置完成后，单击【确定】按钮即可精确缩放对象，如图5-9所示。

图5-8　使用【比例缩放】工具　　　　　图5-9　利用【比例缩放】对话框精确缩放对象

 提示

当选中【等比】单选按钮时，可在【比例缩放】文本框中输入百分比。当选中【不等比】单选按钮时，会在下面出现两个选项，可分别在【水平】和【垂直】文本框中输入水平和垂直的缩放比例。如果选中【预览】复选框，可以看到页面中图形的变化。如果图形中包含描边或效果，并且描边或效果也要同时缩放，则可选中【比例缩放描边和效果】复选框。

5.2.2　使用【旋转】工具

使用【旋转】工具能够以对象的中心点为轴心进行旋转。

01 选择一个对象，选择【旋转】工具，或按R键，可以看到对象上显示了中心点标志，在中心点以外的位置按住鼠标左键拖动，即可以当前中心点为轴心进行旋转，如图5-10所示。在旋转过程中按住Shift键进行拖动，可以锁定旋转的角度为45°的倍值。

图5-10　使用【旋转】工具

02 默认情况下，中心点位于图形的中心位置。当选择多个对象时，这些对象会围绕同一个中心点旋转。在中心点上按下鼠标左键拖动，可以调整中心点的位置。接着按住鼠标左键拖动，就能够以新设置的中心点为轴心进行旋转，如图5-11所示。

图5-11 旋转多个对象

> **提示**
>
> 选中要旋转的对象,双击工具栏中的【旋转】工具,或选择【对象】|【变换】|【旋转】命令,打开【旋转】对话框。在该对话框中,可以对旋转角度以及相关选项进行设置。如在【角度】数值框中输入负值可以顺时针旋转对象,输入正值可以逆时针旋转对象,如图5-12所示。
>
>
>
> 图5-12 使用【旋转】对话框进行相关设置

【例5-1】 制作发散图形。 视频

01 新建一个空白文档,选择【视图】|【显示网格】命令显示网格。选择【钢笔】工具,在画板中绘制图5-13所示的图形,并在【颜色】面板中将描边色设置为无,将填充色设置为R:243 G:152 B:0。

02 使用【选择】工具单击选中刚绘制的对象,在【透明度】面板中设置混合模式为【正片叠底】,设置【不透明度】数值为30%,如图5-14所示。

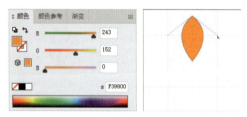  

图5-13 绘制图形　　　　　　　　　　图5-14 调整图形

03 选择【旋转】工具 ,按住Alt键将中心点向图形底部拖动,松开鼠标后,弹出【旋转】对话框,在该对话框中设置【角度】数值为10°,单击【复制】按钮进行复制,如图5-15所示。

04 选择【对象】|【变换】|【再次变换】命令,或按Ctrl+D快捷键对对象重复上一步的旋转并复制操作。连续按Ctrl+D快捷键,直至完成最终如图5-16所示的图形效果。

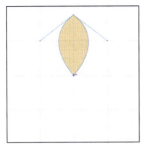

图5-15 使用【旋转】工具

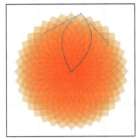

> **提示**
> 如果对象中包含图案填充，则同时选中【变换图案】复选框以旋转图案。如果只想旋转图案，而不想旋转对象，则取消选中【变换对象】复选框。

图5-16 最终的图形效果

5.2.3 使用【镜像】工具

使用【镜像】工具 能够围绕一条不可见的镜像轴水平或垂直方向翻转对象。使用【镜像】工具可以制作对称图形。

01 选中要镜像的对象，选择【镜像】工具，或按O键，然后在对象的外侧拖动鼠标，确定镜像的角度后，释放鼠标即可完成镜像处理，如图5-17所示。拖动对象的同时按住Shift键，可以锁定镜像的角度为45°的倍值；按住Alt键，可以复制镜像的对象。

02 要想精确镜像对象，可以按住Alt键在画板中单击，或双击【镜像】工具，或选择【对象】|【变换】|【镜像】命令，打开【镜像】对话框精确定义对称轴的角度以镜像对象，如图5-18所示。选中【水平】单选按钮能够以水平方向进行翻转，选中【垂直】单选按钮能够以垂直方向进行翻转；也可以通过【角度】选项自定义轴的角度。

图5-17 使用【镜像】工具　　　　　　　　图5-18 精确镜像对象

【例5-2】制作网页广告。

01 选择【文件】|【新建】命令，打开【新建文档】对话框。在该对话框的【名称】文本框中输入"网页广告"，设置【宽度】和【高度】均为479像素，【颜色模式】为【RGB颜色】，【光栅效果】为【高(300ppi)】，然后单击【创建】按钮新建图形文档，如图5-19所示。

02 使用【矩形】工具在画板中单击，在弹出的【矩形】对话框中，设置【宽度】和【高度】数值均为443px，然后单击【确定】按钮绘制矩形，并在【颜色】面板中设置填充色为R:232 G:233 B:235，如图5-20所示。

图5-19 新建图形文档

图5-20 在【矩形】对话框中设置矩形并在【颜色】面板中设置其填充色

03 使用【矩形】工具在画板中单击，在弹出的【矩形】对话框中，设置【宽度】和【高度】数值均为290px，然后单击【确定】按钮绘制矩形，并在【颜色】面板中设置填充色为R:195 G:153 B:108，如图5-21所示。

04 右击刚创建的矩形，在弹出的快捷菜单中选择【变换】|【缩放】命令，打开【比例缩放】对话框。在该对话框中，选中【不等比】单选按钮，设置【水平】数值为25%，然后单击【复制】按钮，如图5-22所示。

图5-21 绘制矩形并设置填充色

图5-22 缩放矩形

05 在【渐变】面板中，设置刚创建矩形的填充色为【不透明度】数值为0%的白色至R:195 G:153 B:108，【角度】数值为90°，如图5-23所示。

06 选中步骤 03 至步骤 04 创建的矩形，右击，在弹出的快捷菜单中选择【变换】|【移动】命令，打开【移动】对话框。在该对话框中，设置【水平】数值为189px，【垂直】数值为290px，然后单击【复制】按钮，如图5-24所示。

第 5 章 变换图形对象

图5-23　填充渐变　　　　　　　　图5-24　移动、复制对象

07 选中步骤 **03** 至步骤 **06** 创建的矩形，双击【倾斜】工具，打开【倾斜】对话框。在该对话框中设置【倾斜角度】数值为27°，然后单击【确定】按钮，调整对象位置，如图5-25所示。

08 选中步骤 **03** 创建的对象，按Ctrl+C快捷键复制，按Ctrl+F快捷键将其粘贴在前面。将其填充色设置为白色，再按Shift+Ctrl+]组合键将其置于顶层，在控制栏中单击【垂直居中对齐】按钮，然后调整其大小，如图5-26所示。

图5-25　倾斜对象　　　　　　　　图5-26　复制、编辑对象

09 右击刚创建的矩形，在弹出的快捷菜单中选择【变换】|【缩放】命令，打开【比例缩放】对话框。在该对话框中，选中【等比】单选按钮，设置数值为90%，然后单击【复制】按钮，如图5-27所示。

10 选择【文件】|【置入】命令，置入所需的素材图像，将其放置在上一步创建的图形下方。然后选中素材图像和上方图形，右击，在弹出的快捷菜单中选择【建立剪切蒙版】命令创建剪切蒙版，如图5-28所示。

图5-27　缩放、复制对象　　　　　　图5-28　创建剪切蒙版(一)

11 选中步骤 **08** 创建的图形，选择【效果】|【风格化】|【投影】命令。在打开的【投影】对话框中，设置【不透明度】数值为30%，【X位移】数值为1px，【Y位移】数值为5px，【模糊】数值为4px，然后单击【确定】按钮，如图5-29所示。

12 ▶ 选择【椭圆】工具在画板中单击,打开【椭圆】对话框。在该对话框中,设置【宽度】和【高度】数值均为3.4px,单击【确定】按钮创建圆形,如图5-30所示。

图5-29 添加投影   图5-30 创建圆形

13 ▶ 使用【选择】工具,按Ctrl+Alt快捷键移动并复制刚创建的圆形,并按Ctrl+G快捷键进行编组。然后移动并复制编组后的对象,如图5-31所示。

14 ▶ 使用【矩形】工具绘制一个与步骤02中创建的同等大小的矩形,按Ctrl+A快捷键选中全部对象,右击,在弹出的快捷菜单中选择【建立剪切蒙版】命令创建剪切蒙版,如图5-32所示。

图5-31 创建对象   图5-32 创建剪切蒙版(二)

15 ▶ 选择【文件】|【置入】命令,置入所需的素材图像,并调整图像的大小及位置,完成后的效果如图5-33所示。

图5-33 完成后的效果

5.2.4 使用【倾斜】工具

【倾斜】工具可以将所选对象沿水平方向或垂直方向进行倾斜处理,也可以按照特定角度的轴向倾斜对象。

第 5 章 变换图形对象

01 选中要进行倾斜的对象，选中【倾斜】工具，直接拖动鼠标，即可对对象进行倾斜处理，如图 5-34 所示。在拖动的过程中，按住 Alt 键可以倾斜并复制图形对象。

图 5-34　使用【倾斜】工具

02 如果要精确定义倾斜的角度，可以选择【倾斜】工具，按住 Alt 键的同时在画板中单击，或双击工具栏中的【倾斜】工具，或选择【对象】|【变换】|【倾斜】命令，打开图 5-35 所示的【倾斜】对话框，在该对话框中设置相应的参数，即可精确定义倾斜的对象。在该对话框的【倾斜角度】文本框中，可输入相应的角度值。在【轴】选项组中有 3 个选项，分别为【水平】【垂直】和【角度】。当选中【角度】单选按钮后，可在后面的文本框中输入相应的角度值。

图 5-35　精确定义倾斜对象

【例 5-3】 制作文字广告。

01 选择【文件】|【新建】命令，打开【新建文档】对话框。在该对话框中，设置【宽度】数值为 402x，【高度】数值为 325px，【颜色模式】为【RGB 颜色】，【光栅效果】为【高(300ppi)】，然后单击【创建】按钮新建图形文档，如图 5-36 所示。

02 使用【矩形】工具绘制与画板同等大小的矩形，并在【渐变】面板中，选中【径向渐变】，设置填充色为 R:254 G:222 B:0 至 R:241 G:108 B:0，如图 5-37 所示。

03 选择【文字】工具在画板中单击，输入文字内容。然后在【字符】面板中设置字体系列为 Geometr706 BlkCn BT Black，字体大小数值为 175pt，字符间距数值为 −50，字体颜色为白色，如图 5-38 所示。

04 双击【倾斜】工具，打开【倾斜】对话框。在该对话框中，设置【倾斜角度】数值为 15°，然后单击【确定】按钮，如图 5-39 所示。

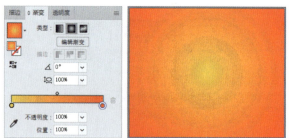

图5-36　新建图形文档　　　　　　　图5-37　绘制矩形并填色(一)

图5-38　输入并设置文字(一)　　　　图5-39　倾斜对象(一)

05 选择【效果】|【风格化】|【投影】命令，打开【投影】对话框。在该对话框中，设置投影颜色为R:255 G:0 B:0，【不透明度】数值为75%，【X位移】数值为1px，【Y位移】数值为3px，【模糊】数值为3px，然后单击【确定】按钮，如图5-40所示。

06 选择【矩形】工具，在画板中拖动该工具绘制矩形，并在【颜色】面板中设置填充色为R:170 G:0 B:0，如图5-41所示。

图5-40　添加投影　　　　　　　　　图5-41　绘制矩形并填色(二)

07 选择【文字】工具，在画板中单击，再输入文字内容。然后在【字符】面板中设置字体系列为【方正粗谭黑简体】，字体大小数值为25pt，【水平缩放】数值为110%，字符间距数值为100，字体颜色为白色，如图5-42所示。

08 将步骤06至步骤07创建的对象进行编组，双击【倾斜】工具，打开【倾斜】对话框。在该对话框中，选中【水平】单选按钮，设置【倾斜角度】数值为15°，然后单击【确定】按钮，如图5-43所示。

第 5 章 变换图形对象

图 5-42　输入并设置文字(二)　　　　　　　　图 5-43　倾斜对象(二)

09 继续使用【倾斜】工具，将中心点移至左下角，然后调整对象倾斜效果，如图 5-44 所示。
10 使用【钢笔】工具绘制如图 5-45 所示的图形，在【颜色】面板中设置填充色为 R:120 G:0 B:0，并将其放置在步骤 **03** 创建的对象下方。

图 5-44　倾斜对象(三)　　　　　　　　　　图 5-45　绘制图形

11 选择【文件】|【置入】命令，置入所需的素材图像，并将其放置在步骤 **03** 创建的对象下方，完成后的效果如图 5-46 所示。

图 5-46　完成后的效果

5.2.5　使用【自由变换】工具

使用【自由变换】工具可以直接对对象进行缩放、旋转、倾斜、扭曲等操作。

01 选择一个图形，选择【自由变换】工具，画板中会显示如图 5-47 所示的浮动工具栏，其中包含 4 个按钮。从中可以选择所需的工具进行相应的操作。
02 单击【自由变换】按钮，单击并拖动位于定界框边缘中央的控制点(光标变为↔状和↕状)，可沿水平或垂直方向拉伸对象，如图 5-48 所示。

图5-47　显示浮动工具栏　　　　　　　图5-48　沿水平或垂直方向拉伸对象

03 单击并拖动对象定界框边角的控制点(光标变为 、 、 、 状),可动态拉伸对象或旋转对象的角度,如图5-49所示。

04 按下【自由变换】工具浮动面板中的【限制】按钮,再拖动边角的控制点,可进行等比缩放,如图5-50所示。如果同时按住Alt键,还能以中心点为基准进行等比缩放。

图5-49　动态拉伸对象　　　　　　　图5-50　等比缩放

05 单击【透视扭曲】按钮 ,单击定界框边角的控制点(光标会变为 状)并拖动,可以进行透视扭曲,如图5-51所示。

06 单击【自由扭曲】按钮 ,单击定界框边角的控制点(光标会变为 状)并拖动,可以自由扭曲对象,如图5-52所示。如果同时按住Alt键拖动,则可以产生对称的倾斜效果。

图5-51　透视扭曲　　　　　　　图5-52　自由扭曲

提示

在使用【自由变换】工具进行扭曲变形时,有些特殊对象是无法正常进行透视扭曲和自由扭曲的,如未创建轮廓的文字和像素图片。

5.3　变换对象

使用【变换】面板可以直接对图形进行精准的移动、缩放、旋转、倾斜和翻转等变换操作;而且对图形进行过一次变换后,可以使用【再次变换】命令重复执行上一次的变换操作。这对于制作大量同规律变换的图形效果非常方便。

5.3.1 使用【变换】面板

【变换】面板用于精准调整对象的大小、位置、旋转角度、倾斜角度等。选择要变换的对象后，选择【窗口】|【变换】命令，或按Shift+F8快捷键，可以打开图5-53所示的【变换】面板。在该面板中可以查看一个或多个选定对象的位置、大小和方向等信息，并可通过输入数值修改对象的大小、位置、旋转角度、倾斜角度，还可以更改参考点，以及锁定对象比例等。

> **提示**
> 【变换】面板左侧的 图标表示图形外框。选择图形外框上不同的点，它后面的X、Y数值就表示图形相应点的位置。同时，选中的点将成为后面变形操作的中心点。【变换】面板中【宽】【高】数值框里的数值分别表示图形的宽度和高度。改变这两个数值框中的数值，图形的大小也会随之变化。【变换】面板底部的两个数值框分别表示旋转角度值和倾斜角度值，在这两个数值框中输入数值，可以旋转和倾斜选中的图形对象。

图5-53　【变换】面板

【变换】面板中会根据当前选取的图形对象显示其属性设置选项。当在画板中选中矩形、圆角矩形、椭圆形、多边形时，在【变换】面板中会显示相应的属性选项，用户可以对这些基础图形的各项属性进行设置，如图5-54所示。

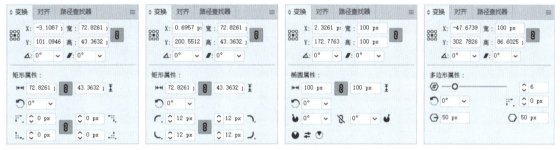

图5-54　显示各项属性

5.3.2 再次变换

在Illustrator中，每次进行移动、旋转、缩放、倾斜等变换操作时，软件都会自动记录最新一次的变换操作。之后执行【再次变换】命令，能够以最近一次的变换操作方式作为规律进行再次变换。

01 选中要变换的对象，使用变换工具变换并复制该对象。如使用【旋转】工具，拖动鼠标时按Alt键，可以得到一个相同的且旋转了一定角度的对象，如图5-55所示。

02 在图形被选中的情况下，选择【对象】|【变换】|【再次变换】命令，或按Ctrl+D快捷键，可以生成一个新图形且旋转了相同角度，如图5-56所示。如果需要大量地复制该图形，可以一直按住Ctrl+D快捷键进行变换复制。

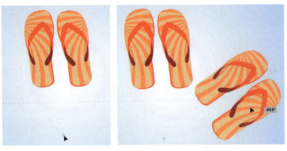

图5-55 旋转对象　　　　　　　　　图5-56 再次变换对象

【例5-4】制作电影节海报。

01 新建一个空白的A4横向文档，选择【文件】|【置入】命令，置入所需的素材图像，如图5-57所示。

02 选择【钢笔】工具在画板中绘制三角形，在【渐变】面板中设置填色为K:85至K:100，在【透明度】面板中设置混合模式为【正片叠底】，【不透明度】数值为25%，如图5-58所示。

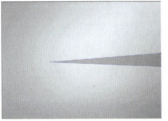

图5-57 置入图像　　　　　　　　　图5-58 绘制图形

03 选择【旋转】工具，将中心点拖曳至图形左侧的锚点处，然后按住Alt键旋转并复制图形，如图5-59所示。

04 多次按Ctrl+D快捷键重复执行【再次变换】命令，得到一组如图5-60所示的图形。

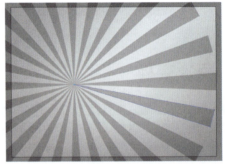

图5-59 旋转并复制图形　　　　　　图5-60 多次执行【再次变换】命令

05 使用【选择】工具选中步骤 **02** 至步骤 **04** 创建的对象并进行编组，然后调整其大小，如图5-61所示。

06 使用【矩形】工具绘制一个与画板同等大小的矩形，然后选中上一步创建的编组对象和矩形，右击，在弹出的快捷菜单中选择【建立剪切蒙版】命令，创建剪切蒙版，如图5-62所示。

图5-61　编组对象　　　　　　　　图5-62　创建剪切蒙版

07 选择【文件】|【置入】命令，置入所需的素材图像，并按Ctrl+2快捷键锁定图像，如图5-63所示。

08 选择【文件】|【置入】命令，置入所需的云朵素材图像，将其下移一层。然后按住Ctrl+Alt快捷键移动并复制云朵素材图像，并调整其大小及位置，如图5-64所示。

图5-63　置入图像(一)　　　　　　图5-64　置入图像(二)

09 继续选择【文件】|【置入】命令，分别置入所需的其他素材图像，完成后的效果如图5-65所示。

图5-65　完成后的效果

5.3.3　分别变换

当选中多个对象时，如果直接进行变换操作，则是将所选对象作为一个整体进行变换，而用【分别变换】命令则可以对所选对象以各自的中心点分别进行变换。

01 选中多个图形对象，选择【对象】|【变换】|【分别变换】命令，或按Ctrl+Shift+Alt+D组合键，打开如图5-66所示的【分别变换】对话框。在【缩放】选项组中，分别调整【水平】和【垂直】参数，定义缩放比例，如图5-67所示。当【水平】与【垂直】参数值相等时，为等比缩放；参数值不相等时，为不等比缩放。

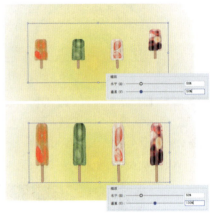

图5-66　【分别变换】对话框　　　　　　　图5-67　设置缩放比例

02 在【移动】选项组中，分别调整【水平】和【垂直】参数值，定义移动距离，如图5-68所示。在【角度】数值框中输入相应的数值，定义旋转的角度；也可以拖动右侧的控制柄，进行旋转调整，如图5-69所示。

图5-68　设置移动距离　　　　　　　　　图5-69　设置角度

03 当选中【镜像X】或【镜像Y】复选框时，可以对对象进行镜像处理，如图5-70所示。当选中【随机】复选框时，将对调整的参数进行随机变换，而且每个对象随机的数值都不相同，如图5-71所示。

图5-70　设置镜像　　　　　　　　　　　图5-71　随机变换

第 5 章 变换图形对象

【例5-5】制作重复变换图形。 视频

01 使用【矩形】工具绘制一个矩形。在【渐变】面板中单击【径向渐变】按钮,设置填充色为C:0 M:0 Y:0 K:0 至 C:20 M:19 Y:0 K:0;在【透明度】面板中,设置混合模式为【正片叠底】,【不透明度】数值为45%,如图5-72所示。

图5-72 绘制矩形

02 使用【选择】工具在图形对象上右击,在弹出的快捷菜单中选择【变换】|【分别变换】命令,打开【分别变换】对话框。在该对话框中的【缩放】选项组中设置【水平】和【垂直】数值均为90%,设置旋转【角度】数值为20°,然后单击【复制】按钮,如图5-73所示。

03 多次按Ctrl+D快捷键重复执行【再次变换】命令,得到一组如图5-74所示的图形。

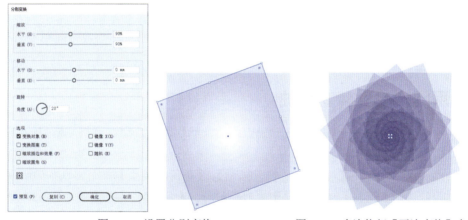

图5-73 设置分别变换　　　图5-74 多次执行【再次变换】命令

5.4 封套扭曲

在Illustrator中,将图形放在特定的封套中并对封套进行变形,图形的外观也会随之发生变化;去除封套,对象会恢复到之前的形态。建立封套主要有三种方式:变形建立、网格建立和用顶层对象建立。

5.4.1 用变形建立封套扭曲

使用【用变形建立】命令可以将选中的对象按照特定的变形方式进行变形。

选中图形对象后，选择【对象】|【封套扭曲】|【用变形建立】命令，或按Ctrl+Shift+Alt+W组合键，打开如图5-75所示的【变形选项】对话框。在该对话框中，选择一种变形样式，并对其他选项进行相应的设置。设置完成后，单击【确定】按钮。

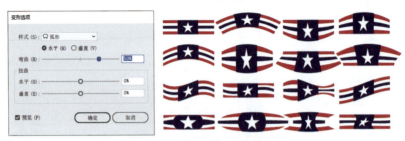

图5-75 【变形选项】对话框

- 【样式】：在该下拉列表中，选择不同的选项，可以定义不同的变形样式。这些选项包括【弧形】【下弧形】【上弧形】【拱形】【凸出】【凹壳】【凸壳】【旗形】【波形】【鱼形】【上升】【鱼眼】【膨胀】【挤压】和【扭转】。
- 【水平】【垂直】单选按钮：选中【水平】【垂直】单选按钮时，将定义对象变形的方向。
- 【弯曲】选项：调整该选项中的参数，可以定义弯曲的程度，绝对值越大，弯曲的程度越大。正值表示向上或向左弯曲，负值表示向下或向右弯曲。
- 【水平】选项：调整该选项中的参数，可以定义对象扭曲时在水平方向单独进行扭曲的效果。
- 【垂直】选项：调整该选项中的参数，可以定义对象扭曲时在垂直方向单独进行扭曲的效果。

5.4.2 用网格建立封套扭曲

选择【用网格建立】命令，可以在对象表面添加一层网格，通过调整网格点的位置改变网格形态，即可改变对象的形态。

01 选中图形对象后，选择【对象】|【封套扭曲】|【用网格建立】命令，或按Ctrl+Shift+W组合键，在打开的【封套网格】对话框中设置网格的行数和列数，单击【确定】按钮，如图5-76所示。此时可以看到封套网格，横向与纵向网格线的交叉处为网格点，网格点是扭曲变形的控制点。

图5-76 建立封套网格

02 选择【直接选择】工具,在网格点上单击,然后按住鼠标左键拖动即可进行变形,如图5-77所示。在控制栏中可以重新定义网格的行数与列数,单击【重设封套形状】按钮可以复位网格。

图5-77 调整封套网格

5.4.3 用顶层对象建立封套扭曲

【用顶层对象建立】命令是利用顶层对象的外形调整底层对象的形态,使之产生变化。

01 使用【用顶层对象建立】命令至少需要选中两部分图形对象,一个需要进行变形的对象和一个作为顶层对象的矢量图形,如图5-78所示。

02 选择【对象】|【封套扭曲】|【用顶层对象建立】命令,或按Ctr+Alt+C组合键,即可将要进行变形的对象按照顶部对象的形状进行变化,如图5-79所示。

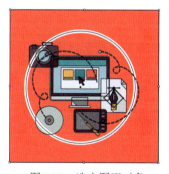 

图5-78 选中图形对象　　图5-79 用顶层对象建立封套扭曲

【例5-6】制作电商抢红包活动海报。

01 选择【文件】|【新建】命令,打开【新建文档】对话框。在该对话框中,选中【移动设备】选项卡中的iPhone 8/7/6 Plus选项,设置【光栅效果】为【高(300ppi)】,然后单击【创建】按钮,如图5-80所示。

02 选择【文件】|【置入】命令,置入所需的素材图像,如图5-81所示。

03 使用【矩形】工具在画板底部拖动绘制矩形,并在【颜色】面板中设置描边色为无,填充色为R:240 G:195 B:37,如图5-82所示。

04 继续使用【矩形】工具在画板中拖动绘制矩形,并在【颜色】面板中设置描边色为无,填充色为R:221 G:127 B:2,如图5-83所示。

图5-80 新建文档

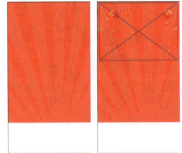

图5-81 置入图像

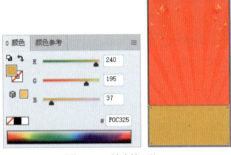

图5-82 绘制矩形(一)

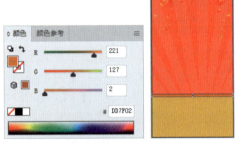

图5-83 绘制矩形(二)

05 使用【文字】工具在画板中单击,在控制栏中设置字体颜色为【RGB黄】,设置字体系列为【方正超粗黑简体】,字体大小数值为200pt,然后输入文字内容,如图5-84所示。

06 使用【文字】工具选中第一行文字,在控制栏中设置字体大小数值为280pt,如图5-85所示。

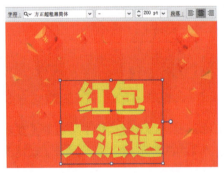

图5-84 输入并设置文字(一)

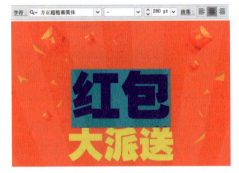

图5-85 调整文字

07 选择【矩形】工具,按Shift键拖动绘制矩形,如图5-86所示。

08 选择【对象】|【封套扭曲】|【用变形建立】命令,打开【变形选项】对话框。在该对话框中的【样式】下拉列表中选择【拱形】选项,设置【弯曲】数值为25%,【垂直】数值为-40%,然后单击【确定】按钮。接着选择【对象】|【封套扭曲】|【扩展】命令,效果如图5-87所示。

09 使用【选择】工具选中步骤**05**至步骤**08**中创建的对象,然后选择【对象】|【封套扭曲】|【用顶层对象建立】命令,效果如图5-88所示。

图5-86　绘制矩形(三)　　　　　　　　　图5-87　变形对象

10 使用【文字】工具在画板中单击，在控制栏中设置字体颜色为白色，设置字体系列为【方正尚酷简体】，字体大小数值为82pt，然后输入文字内容，如图5-89所示。

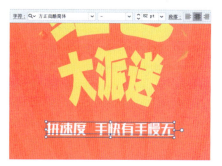

图5-88　用顶层对象建立封套扭曲　　　　　图5-89　输入并设置文字(二)

11 使用【矩形】工具在画板中拖动绘制矩形，将描边色设置为无，并在【渐变】面板中设置填充色为R:102 G:45 B:145 至R:195 G:105 B:255 至R:102 G:45 B:145，然后按Ctrl+[快捷键将矩形下移一层，如图5-90所示。

12 选择【文件】|【置入】命令，打开【置入】对话框。在该对话框中选中所需的文档，然后单击【置入】按钮，置入图像，完成后的效果如图5-91所示。

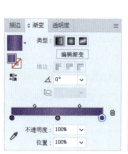

图5-90　绘制矩形(四)　　　　　　　　　图5-91　完成后的效果

5.4.4　设置封套选项

选择一个封套变形对象后，除了可以使用【直接选择】工具进行调整，还可以选择【对象】|【封套扭曲】|【封套选项】命令，打开如图5-92所示的【封套选项】对话框设置封套。

> **提示**
> 【扭曲外观】【扭曲线性渐变填充】和【扭曲图案填充】复选框，分别用于决定是否扭曲对象的外观、线性渐变和图案填充。

▶ 【消除锯齿】复选框：在用封套扭曲对象时，可使用此复选框来平滑栅格。取消选中【消除锯齿】复选框，可减少扭曲栅格所需的时间。

图 5-92　【封套选项】对话框

▶ 【保留形状，使用：】选项组：当用非矩形封套扭曲对象时，可使用此选项组指定栅格应以何种形式保留其形状。选中【剪切蒙版】单选按钮以在栅格上使用剪切蒙版，或选择【透明度】单选按钮以对栅格应用Alpha通道。

▶ 【保真度】选项：调整该参数，可以指定使对象适合封套模型的精确程度。增加保真度百分比会向扭曲路径添加更多的点，而扭曲对象所花费的时间也会随之增加。

5.4.5　编辑封套中的内容

当对象进行了封套编辑后，使用工具栏中的【直接选择】工具或其他编辑工具对该对象进行编辑时，只能选中该对象的封套部分，而不能对该对象本身进行调整。

如果要对对象进行调整，则选择【对象】|【封套扭曲】|【编辑内容】命令，或单击控制栏中的【编辑内容】按钮，此时将显示原始对象的边框，通过编辑原始对象可以改变复合对象的外观，如图5-93所示。选择【对象】|【封套扭曲】|【编辑封套】命令，或单击控制栏中的【编辑封套】按钮，将结束内容的编辑。

图 5-93　编辑内容

5.4.6　扩展或释放封套

当一个对象进行封套变形后，可以通过封套组件来控制该对象的外观，但不能对该对象进行其他的编辑操作。此时，选择【对象】|【封套扭曲】|【扩展】命令可以将作为封套的图形删除，只留下已扭曲变形的对象，且留下的对象不能再进行和封套编辑有关的操作，如图5-94所示。

图 5-94　扩展封套扭曲

当要将制作的封套对象恢复到操作之前的效果时，可以选择【对象】|【封套扭曲】|【释放】命令，将封套对象恢复到操作之前的效果，而且会保留封套的部分，如图5-95所示。

第 5 章 变换图形对象

图 5-95　释放封套扭曲

5.5　实例演练

本章的实例演练通过制作标贴，帮助用户更好地掌握本章所介绍的图形对象的绘制与编辑的基本操作方法和技巧。

【例 5-7】　制作标贴

01 选择【文件】|【新建】命令，打开【新建文档】对话框。在该对话框的【名称】文本框中输入"标贴"，设置【宽度】和【高度】均为100mm，【颜色模式】为RGB颜色，【光栅效果】为【高(300ppi)】，然后单击【创建】按钮新建文档，如图5-96所示。

02 使用【矩形网格】工具在画板左上角单击，打开【矩形网格工具选项】对话框。在该对话框中，设置【宽度】和【高度】均为100mm，水平分隔线【数量】和垂直分隔线【数量】均为1，单击【确定】按钮，如图5-97所示。

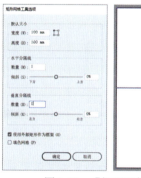

图 5-96　新建文档　　　　　　　　　　　　图 5-97　【矩形网格工具选项】对话框

03 选择【视图】|【参考线】|【建立参考线】命令，将绘制的矩形网格转换为参考线，如图5-98所示。

04 使用【星形】工具在按住Alt键的同时在参考线中心点单击，打开【星形】对话框。在该对话框中，设置【半径1(1)】为35mm，【半径2(2)】为30 mm，【角点数】数值为15，然后单击【确定】按钮，如图5-99所示。

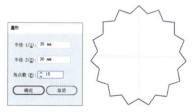

图 5-98　将绘制的矩形网格转换为参考线　　　　　图 5-99　创建星形

155

05 选择【直接选择】工具,在控制栏中设置【边角】为3mm,如图5-100所示。

06 在【颜色】面板中,将描边色设置为无。在【渐变】面板中,单击【径向渐变】按钮,设置填充色为R:206 G:121 B:56 至R:248 G:190 B:88 至R:248 G:245 B:178 至R:248 G:190 B:88 至R:206 G:121 B:56的渐变,如图5-101所示。

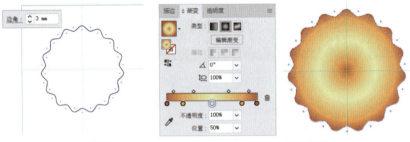

图5-100　调整图形　　　　　　图5-101　填充图形

07 选择【椭圆】工具,在参考线中心点单击并按Alt+Shift快捷键拖动绘制圆形,然后在【色板】面板中设置填充色为白色,操作后的效果如图5-102所示。

08 在刚绘制的圆形上右击,在弹出的快捷菜单中选择【变换】|【缩放】命令,打开【比例缩放】对话框。在该对话框中,选中【等比】单选按钮,设置数值为97%,然后单击【复制】按钮,如图5-103所示。

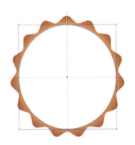 

图5-102　绘制圆形　　　　　图5-103　缩小并复制图形(一)

09 使用【吸管】工具单击步骤 06 中设置的对象渐变,并在【渐变】面板的【类型】选择项组中单击【线性】按钮,操作后的效果如图5-104所示。

10 选择【选择】工具,在步骤 08 创建的圆形上右击,在弹出的快捷菜单中选择【变换】|【缩放】命令,打开【比例缩放】对话框。在该对话框中,选中【等比】单选按钮,设置数值为92%,然后单击【复制】按钮,并在【颜色】面板中将填充色设置为白色,如图5-105所示。

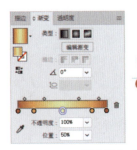  

图5-104　设置渐变　　　　　　图5-105　缩小并复制图形(二)

第 5 章 变换图形对象

11 在步骤 **10** 创建的圆形上右击,在弹出的快捷菜单中选择【变换】|【缩放】命令,打开【比例缩放】对话框。在该对话框中,选中【等比】单选按钮,设置数值为70%,然后单击【复制】按钮,如图5-106所示。

12 使用【路径文字】工具在刚创建的圆形路径上单击并输入文字内容。然后使用【直接选择】工具调整文字位置,并在【颜色】面板中设置填充色为R:114 G:92 B:73,在控制栏中设置字体系列为Arial,字体样式为Regular,字体大小数值为15pt,如图5-107所示。

图5-106　缩小并复制图形(三)　　　　　　图5-107　输入并设置路径文字

13 使用【文字】工具在画板中拖动创建文本框并输入文字内容。然后在【属性】面板的【字符】选项组中设置字体系列为Franklin Gothic Heavy,字体样式为Regular,字体大小数值为38pt,行距为34pt;并在【段落】选项组中单击【全部两端对齐】按钮,如图5-108所示。

14 按Shift+Ctrl+O组合键应用【创建轮廓】命令,然后在【渐变】面板中设置填充色为R:206 G:121 B:56至R:248 G:190 B:88至R:248 G:190 B:88至R:206 G:121 B:56的渐变,如图5-109所示。

图5-108　输入并设置文本　　　　　　图5-109　填充渐变

15 选择【选择】工具,按Ctrl+A快捷键全选图形对象,并按Ctrl+G快捷键编组对象。然后按Shift键向上移动编组对象,操作后的效果如图5-110所示。

16 选择【矩形】工具,在画板中依据参考线绘制矩形,操作后的效果如图5-111所示。

图5-110　编组并调整图形对象　　　　　　图5-111　绘制矩形

17 使用【吸管】工具单击步骤 **09** 中设置的对象渐变,并在【渐变】面板中设置【角度】数值为90°,如图5-112所示。

18 按Shift+Ctrl+[组合键将刚绘制的矩形置于底层,在矩形上右击,在弹出的快捷菜单中选择【变换】|【缩放】命令,打开【比例缩放】对话框。在该对话框中,选中【不等比】单选按钮,设置【水平】数值为70%,【垂直】数值为100%,单击【复制】按钮。然后在【渐变】面板中调整颜色滑块的位置,如图5-113所示。

图5-112　设置渐变填充　　　　　　　　　图5-113　缩小并复制图形(四)

19 使用【选择】工具选中步骤 **16** 中绘制的矩形,右击,在弹出的快捷菜单中选择【变换】|【缩放】命令,打开【比例缩放】对话框。在该对话框中,选中【不等比】单选按钮,设置【水平】数值为60%,【垂直】数值为100%,然后单击【复制】按钮,并按Ctrl+]快捷键将刚创建的矩形上移一层,如图5-114所示。

20 选择【钢笔】工具,在画板中绘制三角形,并在【色板】面板中设置填充色为白色。然后选中步骤 **16** 至步骤 **20** 创建的图形,在【路径查找器】面板中单击【修边】按钮,如图5-115所示。

图5-114　缩小并复制图形(五)　　　　　　图5-115　绘制图形

21 按Shift+Ctrl+[组合键将编组对象置于底层。在【变换】面板中设置参考点为右上角,并设置【旋转】数值为340°,如图5-116所示。

22 按Ctrl+C快捷键复制编组对象,按Ctrl+F快捷键粘贴编组对象,然后在【属性】面板的【变换】选项组中单击【水平轴翻转】按钮 完成标贴的制作,完成后的效果如图5-117所示。

图5-116　旋转对象　　　　　　　　　　　图5-117　完成后的效果

第 6 章
文本操作

在进行平面设计时，文字是必不可少的元素之一。Illustrator提供了强大的文字排版编辑功能。使用这些功能可以快速创建文本和段落，还可以更改文本和段落的外观效果，甚至可以将图形对象和文本组合编排，从而制作出丰富多样的文本效果。

6.1 创建文字

文字是平面设计作品中最常用的元素之一。想要在Illustrator中添加文字元素，可以通过文字工具组来实现。右击文字工具组按钮，在弹出的工具组中共包含7个工具，分别为【文字】工具、【区域文字】工具、【路径文字】工具、【直排文字】工具、【直排区域文字】工具、【直排路径文字】工具和【修饰文字】工具，如图6-1所示。

图6-1 文字工具组

6.1.1 创建点文字和段落文字

【文字】工具是Illustrator中最常用的创建文字的工具，使用该工具可以按照横排的方式，由左至右进行文字的输入。

01 选择【文字】工具，或按T键。若要创建点文字，则在要创建文字的位置上单击，然后将自动显示一行占位符文字。此时占位符文字处于被选中的状态，在控制栏中设置合适的字体、字号后，即可直接通过占位符文字预览效果，如图6-2所示。

图6-2 使用【文字】工具输入文字

> **提示**
> 选择【编辑】|【首选项】|【文字】命令，在打开的【首选项】对话框中取消选中【用占位符文字填充新文字对象】复选框，这样在下次使用【文字】工具输入文字时就不会出现占位符文字了。

02 将占位符文字调整到比较满意的视觉效果后，可以直接输入文字内容。如果要换行，按Enter键即可，如图6-3所示。完成文字的输入后，按Esc键结束操作。

图6-3 创建点文字

03 若要创建段落文字，可以在要创建文字的区域拖动鼠标，创建一个矩形的文本框。松开鼠标后，生成的文本框中会自动出现占位符，如图6-4所示。在控制栏中设置合适的字体、字号，然后输入文本内容。输入的文本会根据文本框的范围自动进行换行。完成文字的输入后，按Esc键结束操作。

04 【直排文字】工具与【文字】工具的使用方法相同,二者的区别在于【直排文字】工具输入的文字是由右向左垂直排列的,如图6-5所示。

图6-4　创建段落文字　　　　　　　　　图6-5　输入直排文字

【例6-1】制作新年海报。

01 新建一个A4横向空白文档,选择【文件】|【置入】命令,在打开的【置入】对话框中,选中所需的图像文件,单击【置入】按钮。在画板左上角单击,置入所需的图像文件,并在控制栏中选择【对齐画板】选项,然后单击【水平居中对齐】和【垂直居中对齐】按钮,如图6-6所示。

02 选择【矩形】工具在画板中拖动绘制一个矩形,并在【颜色】面板中设置填充色为C:5 M:9 Y:25 K:0,如图6-7所示。

图6-6　置入图像　　　　　　　　　　　图6-7　绘制矩形

03 选择【文件】|【置入】命令,置入所需的素材文件,并在【透明度】面板中设置其混合模式为【正片叠底】,如图6-8所示。

04 使用【选择】工具选中步骤02绘制的矩形,复制并将其置于顶层,然后同时选中步骤03置入的素材,右击,在弹出的快捷菜单中选择【建立剪切蒙版】命令,如图6-9所示。

图6-8　置入素材　　　　　　　　　　　图6-9　建立剪切蒙版

05 使用【文字】工具在画板中单击,在控制栏中设置字体系列为【方正大标宋简体】、字体大小数值为150pt,单击【居中对齐】按钮,然后输入文字内容,如图6-10所示。

06 ▶ 使用【文字】工具在画板中单击,在控制栏中设置字体系列为【方正大黑简体】、字体大小数值为68pt,在【颜色】面板中设置填充色为白色,然后输入文字内容,如图6-11所示。

图6-10 输入并设置文字(一)　　　　图6-11 输入并设置文字(二)

07 ▶ 按Ctrl+C快捷键复制刚输入的文字,再按Ctrl+F快捷键将其贴在前面,右击,在弹出的快捷菜单中选择【创建轮廓】命令将文字转换为图形,然后在【渐变】面板中设置填充色为C:45 M:100 Y:100 K:15 至C:38 M:96 Y:81 K:2,如图6-12所示填充文字图形。

08 ▶ 使用【文字】工具在画板中单击,在控制栏中设置字体系列为Exotc350 Bd BT Bold,字体大小数值为25pt,单击【居中对齐】按钮,然后输入文字内容,如图6-13所示。

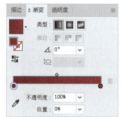

图6-12 编辑文字　　　　　　　　　图6-13 输入并设置文字(三)

09 ▶ 使用步骤 07 的操作方法,复制并填充文字图形,如图6-14所示。

10 ▶ 选择【文件】|【置入】命令,置入所需的图像文件,并调整图像的大小及位置,完成后的效果如图6-15所示。

图6-14 复制并填充文字图形　　　　图6-15 完成后的效果

6.1.2 创建区域文字

区域文字与段落文字较为相似,都是在限定的区域内创建文本;其区别在于,段落文字处于一个矩形的文本框内,而区域文字的外框则可以是任何图形。因此,区域文字常用于大量文字的排版,如书籍、杂志等页面的制作。

01 绘制一条闭合路径,选择【区域文字】工具。然后将光标移至图形路径边缘处,光标会变为 ① 形状。在图形路径边缘处单击,图形内会显示占位符文字。在控制栏中更改字体、字号等文字参数,然后输入文字内容,如图6-16所示。

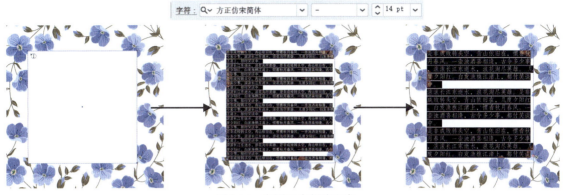

图6-16 在图形内创建文字

02 在创建区域文字后,用户可以随时修改文本区域的形状和大小。使用【选择】工具选中文本对象,拖动定界框上的控制手柄可以改变文本框的大小、旋转文本框;或使用【直接选择】工具选择文字对象外框路径或锚点,并调整对象形状,如图6-17所示。改变区域文字的文本框形状,会同时改变文字对象的排列。

03 选择区域文字对象,然后选择【文字】|【区域文字选项】命令,在打开的【区域文字选项】对话框中可以进行相应的设置,如图6-18所示。

图6-17 调整文本区域

图6-18 设置区域文字选项

- ▶ 【宽度】/【高度】:用于指定文本对象定界框的尺寸。
- ▶ 【数量】:用于指定对象包含的行数和列数。
- ▶ 【跨距】:用于指定单行高度和单列宽度。
- ▶ 【固定】:确定调整文本区域大小时行高和列宽的变化情况。选中该复选框后,若调整区域大小,只会更改行数和列数,而行高和列宽不会改变。
- ▶ 【间距】:用于指定行间距或列间距。
- ▶ 【内边距】:可以控制文本和边框路径之间的边距。

- 【首行基线】：选择【字母上缘】选项，字符的高度将降到文本对象顶部之下；选择【大写字母高度】选项，大写字母的顶部触及文字对象的顶部；选择【行距】选项，将以文本的行距值作为文本首行基线和文本对象顶部之间的距离；选择【X高度】选项，字符X的高度降到文本对象顶部之下；选择【全角字框高度】选项，亚洲字体中全角字框的顶部将触及文本对象的顶部。
- 【最小值】：用于指定文本首行基线与文本对象顶部之间的距离。
- 【按行，从左到右】按钮 / 【按列，从左到右】按钮：单击【文本排列】选项中的这两个按钮，可以确定行和列之间的文本排列方式。

【例6-2】制作菜单样式。

01 选择【文件】|【打开】命令，选择并打开图形文档。使用【选择】工具选中区域文字对象，如图6-19所示。

02 选择【文字】|【区域文字选项】命令，打开【区域文字选项】对话框。在该对话框中设置列的【数量】数值为3，【间距】为6mm，如图6-20所示。

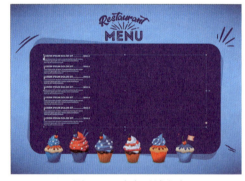

图6-19 选中区域文字

图6-20 设置区域文字(一)

03 在【区域文字选项】对话框中，设置【内边距】数值为2.5mm。在【首行基线】下拉列表中选择【字母上缘】，然后单击【确定】按钮，如图6-21所示。

图6-21 设置区域文字(二)

第 6 章 文本操作

提示
不能在选中区域文字对象时，使用【变换】面板直接改变其大小，这样会同时改变区域内文字对象的外观效果。

6.1.3 创建路径文字

使用【路径文字】工具或【直排路径文字】工具可以将普通路径转换为文字路径，然后在文字路径上输入和编辑文字，输入的文字将沿着路径形状进行排列。

01 绘制一段路径，选择【路径文字】工具，然后将光标移至路径上方，待其变为I形状后单击。随即会显示占位符文字，此时可以在控制栏中对字体、字号等参数进行设置。设置完毕后可以更改文字的内容，输入的文字会自动沿路径排列，如图6-22所示。

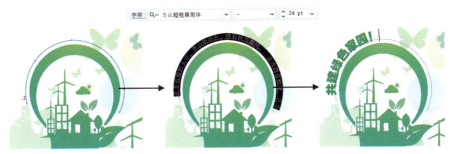

图6-22　创建路径文字

02 选择路径文字对象，选择【文字】|【路径文字】|【路径文字选项】命令，打开【路径文字选项】对话框。在该对话框的【效果】下拉列表中选择一种效果选项，还可以通过【对齐路径】下拉列表中的选项指定如何将所有字符对齐到路径，如图6-23所示。

图6-23　设置路径文字选项

提示
【效果】下拉列表中包含【彩虹效果】【倾斜效果】【3D带状效果】【阶梯效果】【重力效果】5种效果，如图6-24所示。【对齐路径】下拉列表中包含【字母上缘】【字母下缘】【居中】【基线】4个选项，如图6-25所示。

彩虹效果　　　倾斜效果　　　3D带状效果　　　阶梯效果　　　重力效果

图6-24　【效果】选项

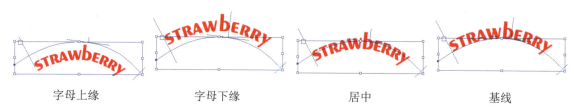

| 字母上缘 | 字母下缘 | 居中 | 基线 |

图6-25 【对齐路径】选项

03 将光标移至路径文字的起点位置，待其变为 ▶ 形状时，按住鼠标左键拖曳可以调整路径文字起点的位置，如图6-26所示。将光标移至路径文字的终点位置，待其变为 ▶ 形状后，按住鼠标左键拖曳可以调整路径文字终点的位置。

图6-26 调整路径文字的起点位置

> **提示**
> 创建区域文字和路径文字时，如果输入的文字长度超过区域或路径的容量，则文本框右下角会出现一个内含加号的小方块。调整文本区域的大小或扩展路径可以显示隐藏的文本。

6.1.4 【修饰文字】工具

【修饰文字】工具常用于制作艺术变形文字及进行文字排版。使用该工具可以在保持文字属性的状态下，对单个字符进行移动、旋转和缩放等操作。

01 选择【修饰文字】工具，在字符上单击，即可显示定界框，如图6-27所示。
02 将光标移至左下角控制点处，按住鼠标左键拖曳即可移动字符，如图6-28所示。

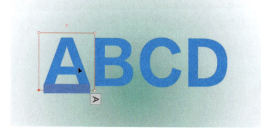

图6-27 显示定界框

图6-28 移动字符

03 将光标移至左上角控制点，按住鼠标左键上下拖曳即可将字符沿垂直方向进行缩放，如图6-29所示。左右拖曳右下角控制点可以沿水平方向进行缩放，如图6-30所示。

图6-29 垂直缩放　　　　　　图6-30 水平缩放

04 拖曳右上角控制点可以等比缩放字符，如图6-31所示。拖曳顶端的控制点可以旋转字符，如图6-32所示。

图6-31 等比缩放　　　　　　图6-32 旋转字符

【例6-3】 制作春季特惠促销海报。 视频

01 选择【文件】|【打开】命令，打开素材图像，如图6-33所示。

02 使用【文字】工具在画板中单击，在控制栏中设置字体系列为Rockwell Extra Bold，字体样式为Regular，字体大小数值为72pt，然后输入文字内容，如图6-34所示。

图6-33 打开素材图像　　　　　　图6-34 输入并设置文字(一)

03 在【颜色】面板中设置字体填充色为R:222 G:17 B:90，然后使用【修饰文字】工具选中字符，调整字符的位置及角度，如图6-35所示。

04 右击编辑后的文字对象，在弹出的快捷菜单中选择【创建轮廓】命令，将文字转换为形状，如图6-36所示。

图6-35 使用【修饰文字】工具　　　　　　图6-36 创建轮廓

05 再次右击,在弹出的快捷菜单中选择【取消编组】命令。并在【渐变】面板中设置填充色为R:148 G:0 B:62 至R:255 G:0 B:92,如图6-37所示。

06 选择【钢笔】工具根据字母绘制路径,并设置路径描边色为白色,粗细为1pt,如图6-38所示。然后使用【选择】工具选中路径和字母,按Ctrl+G快捷键进行编组。

图6-37 设置填充色　　　　　　　　　　　图6-38 绘制路径

07 继续使用步骤**06**的操作方法绘制路径,并编组对象。然后选中全部文字对象,选择【效果】|【风格化】|【投影】命令,打开【投影】对话框。在该对话框中,设置投影颜色为R:127 G:0 B:52,【不透明度】数值为70%,【X位移】和【Y位移】数值均为0.8mm,【模糊】数值为1mm,然后单击【确定】按钮,如图6-39所示。

08 选择【文字】工具在画板中单击,输入文字内容。然后将文字颜色设置为R:112 G:160 B:0,在【字符】面板中设置字体系列为Allura,字体样式为Regular,字体大小数值为55pt,如图6-40所示。

图6-39 添加投影效果　　　　　　　　　　图6-40 输入并设置文字(二)

09 继续使用【文字】工具在画板中单击,输入文字内容。然后将文字颜色设置为R:112 G:160 B:0,在【字符】面板中设置字体系列为Bahnschrift,字体样式为Bold,字体大小数值为14pt,如图6-41所示。

10 选择【矩形】工具在画板中拖动绘制矩形,并在【颜色】面板中设置填充色为R:255 G:17 B:37,如图6-42所示。

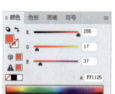

图6-41 输入并设置文字(三)　　　　　　　图6-42 绘制矩形

11 继续使用【文字】工具在画板中单击,输入文字内容。然后将文字颜色设置为白色,在【字

第 6 章 文本操作

符】面板中设置字体系列为Bahnschrift，字体样式为Bold，字体大小数值为12pt，设置完成后的效果如图6-43所示。

图6-43　完成后的效果

6.2　使用【字符】面板

在Illustrator中可以通过【字符】面板来准确地设置文字的字体系列、字体大小、行距、字符间距、水平与垂直缩放等各种属性。用户可以在输入新文本前设置字符属性，也可以在输入完成后，选中文本重新设置字符属性来更改所选中字符的外观。

选择【窗口】|【文字】|【字符】命令，或按Ctrl+T快捷键，可以打开【字符】面板。默认情况下，该面板仅显示部分选项。单击【字符】面板菜单按钮，在打开的菜单中选择【显示选项】命令，可以在【字符】面板中显示所有选项，如图6-44所示。

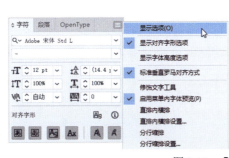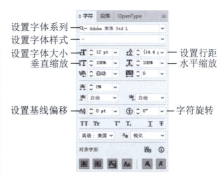

图6-44　【字符】面板

- 设置字体系列：单击【设置字体系列】选项后，可以在其下拉列表中选择所需的字体，如图6-45所示。
- 设置字体样式：如果选择的是英文字体，可以在【设置字体样式】下拉列表中选择Narrow、Narrow Italic、Narrow Bold、Narrow Bold Italic、Regular、Italic、Bold、Bold Italic、Black样式。
- 设置字体大小：可以单击【设置字体大小】数值框右侧的小三角按钮，在弹出的下拉列表中选择预设的字号，也可以在数值框中直接输入一个字号数值，如图6-46所示。

图6-45　选择字体系列

- 设置行距：行距是指两行文字之间间隔距离的大小，是指从一行文字基线到另一行文字基线之间的距离。可以单击【设置行距】数值框右侧的小三角按钮，从弹出的下拉列表中选择预设行距，也可以在【设置行距】数值框中输入数值自定义行距，如图6-47所示。默认为【自动】，此时行距为字体大小的120%。

图6-46 设置字体大小　　　　　图6-47 设置行距

按Alt+↑快捷键可减小行距，按Alt+↓快捷键可增大行距。每按一次，系统减小或增大行距的默认值为2pt。要修改默认值，用户可以选择【首选项】|【文字】命令，在打开的【首选项】对话框中，修改【大小/行距】数值框中的数值。

- 垂直缩放/水平缩放：【垂直缩放】和【水平缩放】数值框用于控制字符的宽度和高度，使选定的字符进行水平或垂直方向上的放大或缩小，如图6-48所示。
- 设置两个字符间的字距微调：字距微调是增加或减少特定字符对之间距离的过程。使用任意文字工具在需要调整字距的两个字符中间单击，进入文本输入状态。在【设置两个字符间的字距微调】数值框中输入数值，可以调整两个字符间的字距，如图6-49所示。当该值为正值时，可以加大字距；当该值为负值时，可以减小字距。当光标在两个字符之间闪烁时，按Alt+←快捷键可减小字距，按Alt+→快捷键可增大字距。

图6-48 设置垂直缩放和水平缩放　　　　　图6-49 字距微调

- 设置所选字符的字距调整：字距调整是放宽或收紧所选文本或整个文本块中字符之间距离的过程。选择需要调整的部分字符或整个文本对象后，在【设置所选字符的字距调整】数值框中输入数值，可以调整所选字符的字距，如图6-50所示。该值为正值时，字距变大；该值为负值时，字距变小。
- 比例间距：在【比例间距】数值框中输入数值，会使字符周围的空间按比例压缩。但字符的垂直和水平缩放将保持不变。
- 插入空格(左)：用于设置在字符左端插入空格。
- 插入空格(右)：用于设置在字符右端插入空格。

第 6 章 文本操作

▶ 基线偏移：在Illustrator中，可以通过调整基线来调整文本与基线之间的距离，从而提升或降低选中的文本。用户可以使用【字符】面板中的【设置基线偏移】数值框设置上标或下标，如图6-51所示。也可以按Shift+Alt+↑组合键增加基线偏移量，按Shift+Alt+↓组合键减小基线偏移量。在Illustrator中，默认的基线偏移量为2pt。如果要修改偏移量，可以选择【首选项】|【文字】命令，在打开的【首选项】对话框中，修改【基线偏移】数值框中的数值。

图6-50 字距调整   图6-51 设置基线偏移

▶ 字符旋转：在【字符旋转】数值框中输入或选择合适的旋转角度，可以为选中的字符进行自定义角度的旋转，如图6-52所示。

图6-52 设置字符旋转

  提示

【字符】面板下方还有一排设置按钮，分别是【全部大写字母】按钮TT、【小型大写字母】按钮Tr、【上标】按钮T¹、【下标】按钮T₁、【下画线】按钮T和【删除线】按钮F。单击其中任一按钮，即可应用相应设置。

【例6-4】制作电商促销广告。 🎬视频

01 选择【文件】|【新建】命令，打开【新建文档】对话框。在该对话框中，设置【宽度】和【高度】数值均为540px，【颜色模式】为【RGB颜色】，【光栅效果】为【高(300ppi)】，然后单击【创建】按钮新建文档，如图6-53所示。

02 选择【文件】|【置入】命令，选择所需要的素材图像，在画板左上角单击置入该图像。然后在【变换】面板中，设置参考点为左上，【高】数值为540px，如图6-54所示。

图6-53 新建文档

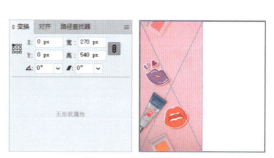

图6-54 置入图像(一)

03 选择【矩形】工具在画板顶部单击,打开【矩形】对话框。在该对话框中,设置【宽度】数值为360px,【高度】数值为540px,单击【确定】按钮创建矩形。然后在控制栏中选择【对齐画板】,单击【水平右对齐】按钮,并在【颜色】面板中设置填充色为R:0 G:180 B:255,如图6-55所示。

04 选择【文件】|【置入】命令,置入所需要的素材图像,如图6-56所示。

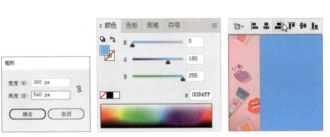 

图6-55　创建矩形　　　　　　　　　图6-56　置入图像(二)

05 选择【矩形】工具在画板顶部单击,打开【矩形】对话框。在该对话框中,设置【宽度】数值为193px,【高度】数值为84px,单击【确定】按钮创建矩形。然后将其描边色设置为白色,在【描边】面板中设置【粗细】数值为2pt,如图6-57所示。

图6-57　创建矩形(二)

06 选择【文字】工具在刚绘制的矩形中拖动绘制文本框,并输入文字内容。然后将字体颜色设置为白色,在【字符】面板中设置字体系列为Gill Sans MT Condensed,字体样式为Regular,字体大小数值为38pt,行距为32pt,【水平缩放】数值为130%,基线偏移数值为4pt;在【段落】面板中单击【全部两段对齐】按钮,如图6-58所示。

图6-58　输入并设置文字(一)

07 选中步骤 05 绘制的矩形，移动并复制矩形，然后在【变换】面板中取消选中【约束宽度和高度比例】按钮，将参考点设置为上中，【高】数值设置为313，如图6-59所示。

08 选择【文字】工具在刚绘制的矩形中拖动绘制文本框，并输入文字内容。然后将字体颜色设置为白色，在【字符】面板中设置字体系列为Bahnschrift，字体样式为Bold Condensed，字体大小数值为74pt，如图6-60所示。

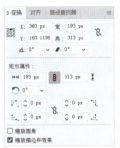   

图6-59　移动并复制矩形　　　　　　　　图6-60　输入并设置文字(二)

09 使用【文字】工具选中第一行文字，在【字符】面板中更改字体大小数值为115pt，设置【比例间距】数值为90%，如图6-61所示。

10 使用【文字】工具选中第二行文字，在【字符】面板中更改字体大小数值为138pt，设置行距数值为117pt，比例间距数值为90%，如图6-62所示。

图6-61　设置文字(一)　　　　　　　　图6-62　设置文字(二)

11 使用【文字】工具选中第三行文字，在【字符】面板中更改字体样式为SemiLight Condensed，字体大小数值为74pt，设置行距数值为66pt，比例间距数值为0%，如图6-63所示。

12 选择【文件】|【置入】命令，置入所需要的素材图像，并调整其位置及大小，如图6-64所示。

图6-63　设置文字(三)　　　　　　　　图6-64　置入素材

13 选择【矩形】工具绘制与右侧矩形同等大小的矩形，然后同时选中上一步置入的素材，右击，在弹出的快捷菜单中选择【建立剪切蒙版】命令，完成后的效果如图6-65所示。

图6-65　完成后的效果

6.3　使用【段落】面板

【段落】面板用于设置文本段落的属性，如文本的对齐方式、缩进方式、避头尾设置、标点挤压设置等属性。选择【窗口】|【文字】|【段落】命令，即可打开如图6-66所示的【段落】面板。

图6-66　【段落】面板

6.3.1　设置文本对齐方式

要设置文本对齐，首先要选择文本框或者在要对齐的段落中插入光标，接着单击【段落】面板中相应的对齐按钮。【段落】面板中各个对齐按钮的功能如下。

▶ 左对齐：单击该按钮，可以使文本靠左边对齐，如图6-67所示。

▶ 居中对齐：单击该按钮，可以使文本居中对齐，如图6-68所示。

▶ 右对齐：单击该按钮，可以使文本靠右边对齐，如图6-69所示。

▶ 两端对齐，末行左对齐：单击该按钮，可以使文本的左右两边都对齐，最后一行左对齐，如图6-70所示。

图6-67　左对齐

图6-68　居中对齐　　　　图6-69　右对齐　　　　图6-70　两端对齐，末行左对齐

▶ 两端对齐，末行居中对齐▤：单击该按钮，可以使文本的左右两边都对齐，最后一行居中对齐，如图6-71所示。

▶ 两端对齐，末行右对齐▤：单击该按钮，可以使文本的左右两边都对齐，最后一行右对齐，如图6-72所示。

▶ 全部两端对齐▤：单击该按钮，可以使文本的左右两边都对齐，并强制段落中的最后一行也两端对齐，如图6-73所示。

图6-71　两端对齐，末行居中对齐　　图6-72　两端对齐，末行右对齐　　图6-73　全部两端对齐

 提示

利用【视觉边距对齐方式】命令可以控制是否将标点符号和某些字母的边缘悬挂在文本边距以外，以便使文字在视觉上呈现对齐状态。为此，只需选中要对齐视觉边距的文本，选择【文字】|【视觉边距对齐方式】命令即可，效果如图6-74所示。

图6-74　使用【视觉边距对齐方式】命令前后的效果对比

6.3.2　设置文本的缩进

缩进是指文字和段落文本边界间的间距量。缩进只影响选中的段落，因此可以方便地为多个段落设置不同的缩进数值。选中段落文本，在【段落】面板中选择相应的段落缩进方式，即可对文本的缩进进行调整。

▶ 左缩进：在数值框中输入数值，可以调整整段文本左侧边缘向右侧缩进，如图6-75所示。

▶ 右缩进：在数值框中输入数值，可以调整整段文本右侧边缘向左侧缩进，如图6-76所示。

▶ 首行左缩进：在数值框中输入数值，可以控制每段文本首行按照指定的数值向右进行缩进，如图6-77所示。

图6-75　设置左缩进　　图6-76　设置右缩进　　图6-77　设置首行左缩进

6.3.3 设置段落间距

使用【段前间距】和【段后间距】可以设置段落文本之间的距离。这是排版中分隔段落的专业方法。在段落中插入光标，在【段前间距】或【段后间距】数值框中输入数值，即可调整段落间距，如图6-78所示。

图6-78　设置段落间距

【例6-5】制作家具销售广告。 视频

01 选择【文件】|【新建】命令，新建一个A4纵向文档。选择【文件】|【置入】命令，在打开的【置入】对话框中选择所需的图像文件，单击【置入】按钮，置入背景图像，如图6-79所示。

02 使用【矩形】工具绘制与画板同等大小的矩形，然后在【颜色】面板中设置填充色为R:236 G:235 B:231，如图6-80所示。

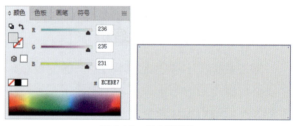

图6-79　新建文档并置入图像　　　　　图6-80　绘制矩形

第 6 章 文本操作

03 选择【钢笔】工具在画板中绘制如图6-81所示的图形。选择【文件】|【置入】命令,置入所需的素材图像,将其放置在刚绘制的图形下方,然后右击,在弹出的快捷菜单中选择【建立剪切蒙版】命令,建立如图6-82所示的剪切蒙版。

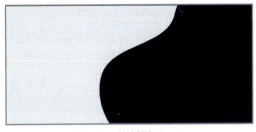 

图6-81 绘制图形(一)　　　　　　　　图6-82 建立剪切蒙版

04 继续使用【钢笔】工具在画板中绘制如图6-83所示的图形,并在【颜色】面板中设置填充色为R:244 G:189 B:56。

05 使用【选择】工具选中刚绘制的图形,在【透明度】面板中设置混合模式为【正片叠底】,如图6-84所示。

图6-83 绘制图(二)　　　　　　　　图6-84 设置混合模式

06 选择【文字】工具在画板中单击,输入文字内容。然后在【字符】面板中设置字体系列为Reey Regular,字体样式为Regular,字体大小数值为88pt,如图6-85所示。

07 继续使用【文字】工具在画板中单击,输入文字内容。然后在【字符】面板中设置字体系列为Bahnschrift,字体样式为SemiLight SemiCondensed,字体大小数值为138pt;在【颜色】面板中设置填充色为R:249 G:191 B:58,如图6-86所示。

图6-85 输入并设置文字(一)　　　　　　　　图6-86 输入并设置文字(二)

08 使用【文字】工具在画板顶部拖动创建文本框,添加占位符文字内容。在【字符】面板中设置字体系列为Montserrat,字体样式为Medium,字体大小数值为11pt,行距数值为23pt,如图6-87所示。

09 使用【文字】工具选中前三行文字,在【段落】面板中单击【两端对齐,末行左对齐】,【标点挤压集】为【行尾挤压半角】,如图6-88所示。

  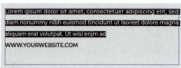

图6-87 输入并设置文字(三)　　　　　　图6-88 设置段落文字(一)

10 使用【文字】工具选中末行文字,在【段落】面板中,单击【右对齐】按钮,设置段前间距数值为20pt;在【字符】面板中更改字体样式为ExtraBold,如图6-89所示。

图6-89 设置段落文字(二)

11 选择【文件】|【置入】命令,置入所需的素材图像,如图6-90所示。

12 选择【椭圆】工具,按Alt键的同时在画板中单击,打开【椭圆】对话框。在该对话框中,设置【宽度】和【高度】数值均为206px,然后单击【确定】按钮创建圆形,如图6-91所示。

图6-90 置入图像　　　　　　　　　　　图6-91 创建圆形

13 右击刚创建的圆形,在弹出的快捷菜单中选择【变换】|【缩放】命令,打开【比例缩放】对话框。在该对话框中,选中【等比】单选按钮,设置数值为110%,然后单击【复制】按钮。在【颜色】面板中,设置填充色为无,描边色为白色。在【描边】面板中,设置【粗细】数值为3pt,【端点】为【圆头端点】,选中【虚线】复选框,设置数值为11pt,如图6-92所示。

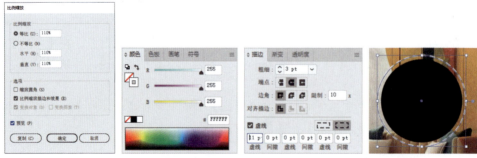

图6-92 复制并设置圆形

14 ▶ 选择【文字】工具在圆形上单击，输入文字内容。在【字符】面板中，设置字体系列为Montserrat，字体样式为Black Italic，字体大小数值为69pt，行距数值为62pt；在【段落】面板中单击【右对齐】按钮，如图6-93所示。

15 ▶ 使用【文字】工具选中第二行文字，在【字符】面板中更改字体大小数值为49pt，行距数值为49pt，完成后的效果如图6-94所示。

图6-93　输入文字　　　　　　　　　　　图6-94　完成后的效果

6.3.4　避头尾集设置

不能位于行首或行尾的字符被称为避头尾字符。在【段落】面板中，可以从【避头尾集】下拉列表中选择一个选项，指定中文或日文文本的换行方式，如图6-95所示。选择【无】选项，表示不使用避头尾规则；选择【严格】或【宽松】选项，可避免所选的字符位于行首或行尾，如图6-96所示。

图6-95　【避头尾集】下拉列表　　　　图6-96　使用避头尾规则

6.3.5　标点挤压设置

利用【标点挤压设置】命令可以设置亚洲字符、罗马字符、标点符号、特殊字符、行首、行尾和数字之间的距离，确定中文或日文的排版方式。在【段落】面板的【标点挤压集】下拉列表中选择一种预设挤压设置即可调整间距，如图6-97所示。

图6-97　使用【标点挤压集】设置

6.4 应用串接文本

文本串接是指将多个文本框相互连接，形成一串相关联的文本框。通过在第一个文本框中输入文字，多余的文字会自动显示在第二个文本框中。对于串接后的文本，可以轻松调整其文字布局，也便于统一管理。杂志或书籍中大量的文字排版都是使用文本串接制作而成的。

6.4.1 建立串接

串接文本可以跨页，但是不能在不同文档间进行。每个文本框都包含一个入口和一个出口。空的出口图标代表这个文本框是文章仅有的一个或最后一个。在文本框的入口或出口图标中出现三角箭头，表明该文本框已和其他文本框串接。

01 当文本框右下角出现 时，表明当前文本框中包含未显示的文字，其被称为溢流文字。使用【选择】工具单击文本框出口的 图标，此时光标会变为 形状，在画板空白处按住鼠标左键拖曳绘制一个文本框，松开鼠标即可创建串接文本框，如图6-98所示。

图6-98 处理溢流文字

02 若要将两个独立的文本进行串接，可以将两个文本框选中，再选择【文字】|【串接文本】|【创建】命令即可。第一个文本框空着的区域会自动被第二个文本框中的文字向前填充，如图6-99所示。

图6-99 使用命令串接独立的文本

03 也可以使用【选择】工具单击文本框出口的 图标。此时光标会变为 形状，移动光标至需要串接的文本框上，当鼠标光标变为链接形状 时，单击即可将这两个文本框串接起来，如图6-100所示。

图6-100　使用【选择】工具串接独立的文本

> **提示**
> 如果要取消文本串接，将光标移至文本框的 ▶ 处单击，随即光标会变为 形状，再次单击即可取消文本串接。用户也可以在串接中删除文本框，使用【选择】工具选择要删除的文本框，按键盘上的Delete键即可删除文本框，其他文本框的串接不受影响。如果删除了串接文本中的最后一个文本框，多余的文字将变为溢流文字。

6.4.2　释放与移去文本串接

释放文本串接就是解除文本串接关系，使文字集中到一个文本框中。在文本串接的状态下，选择一个需要释放的文本框，选择【文字】|【串接文本】|【释放所选文字】命令，选中的文本框将释放文本串接，如图6-101所示。

图6-101　释放文本串接

移去文本串接是解除文本框之间的串接关系，使之成为独立的文本框，而且每个文本框的文本位置不会发生变化。选择串接的文本，选择【文字】|【串接文本】|【移去串接文字】命令，文本框就能解除串接关系，如图6-102所示。

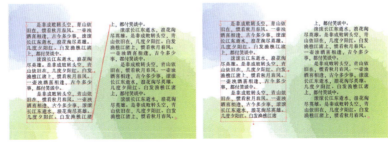

图6-102　移去文本串接

6.5 创建文本绕排

在Illustrator中，使用【文本绕排】命令，能够让文字按照要求围绕文字对象、导入的图像或矢量图形进行排列。此命令能够增加文字与绕排对象之间的关联，是版式设计中常用的手法。

6.5.1 绕排文本

01 使用【选择】工具选择要绕排的对象和文本，然后选择【对象】|【文本绕排】|【建立】命令，在弹出的对话框中单击【确定】按钮即可，效果如图6-103所示。绕排是由对象的堆叠顺序决定的。要在对象周围绕排文本，绕排对象必须与文本位于同一图层中，并且在图层层次结构中位于文本的正上方。

图6-103　建立文本绕排

02 移动图片位置，随着其位置的变化，文本排列方式也会发生变化，如图6-104所示。

 提示

要想取消文字的绕排效果，只需在选中绕排对象后，选择【对象】|【文本绕排】|【释放】命令即可。

图6-104　移动图片

6.5.2 设置绕排选项

在创建文本绕排后，可以设置文本与绕排对象之间的间距和效果。选中绕排对象后，选择【对象】|【文本绕排】|【文本绕排选项】命令，在打开的如图6-105所示的【文本绕排选项】对话框中设置相应的参数，然后单击【确定】按钮即可。

▶ 【位移】选项：指定文本和绕排对象之间的间距大小，该值可以是正值或负值。
▶ 【反向绕排】选项：围绕对象反向绕排文本。

第 6 章 文本操作

图6-105　【文本绕排选项】对话框

6.6　将文字转换为图形

保持文字属性时，可以对字体、字号、对齐方式等进行修改。一旦将文字创建为轮廓，那么文字就会变成图形对象，不再具有文字属性，但可以对其进行锚点、路径的编辑处理。

01 将要转换的文字对象选中后，选择【文字】|【创建轮廓】命令，或按Shift+Ctrl+O组合键，即可将文字对象转换为图形对象，如图6-106所示。

02 可以对转换为图形的文字对象进行形态的调整，从而制作出艺术字效果，如图6-107所示。

图6-106　创建轮廓　　　　　　　　　　图6-107　调整形态

6.7　字符样式 / 段落样式

字符样式与段落样式是指在Illustrator中定义的一系列文字的属性合集，其中包括文字的大小、间距、对齐方式等属性。在进行大量文字排版时，可以快速调用这些样式，使版面变得规整、统一。尤其是在杂志、画册、书籍等文字对象的排版中，经常需要使用这项功能。

01 【字符样式】与【段落样式】的创建与使用方法相同，下面以创建【字符样式】为例进行说明。如果要在现有文本的基础上创建新样式，首先选择文本，然后选择【窗口】|【文字】|【字符样式】命令，打开【字符样式】面板。在该面板中，单击【创建新样式】按钮，即可将所选文本的属性创建为新的样式，如图6-108所示。

02 双击新增的字符样式，弹出【字符样式选项】对话框，从中可以进行字符样式具体属性的设置。在左侧列表框中可以看到【基本字符格式】【高级字符格式】【字符颜色】等选项，单击即可进入各个选项的设置界面。例如，在【基本字符格式】界面中可以设置字体系列、大小、行距、字距调整等。设置完成后，单击【确定】按钮即可进行应用，如图6-109所示。

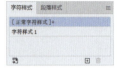

图6-108　创建新样式

图6-109　调整样式

03 如果要为某个文字对象应用新定义的字符样式，则先选中该文字对象，然后在【字符样式】面板中选择所需样式，所选文字即可应用字符样式，如图6-110所示。

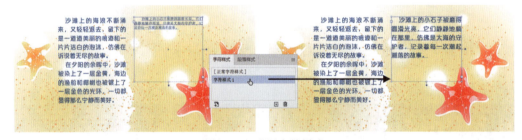

图6-110　应用字符样式

6.8　实例演练

本章的实例演练通过制作儿童活动主题广告，帮助用户更好地掌握本章所介绍的文本创建与编辑的基础操作及技巧。

【例6-6】制作儿童活动主题广告。 👁视频

01 选择【文件】|【新建】命令，新建一个A4空白文档。选择【文件】|【置入】命令，打开【置入】对话框，在该对话框中选择所需的图像文件，单击【置入】按钮。然后在画板左上角单击，置入图像，并调整图像大小。完成调整后，按Ctrl+2快捷键锁定对象，如图6-111所示。

第 6 章 文本操作

02 选择【文件】|【置入】命令,打开【置入】对话框,在该对话框中选择所需的图像文件,单击【置入】按钮。然后在画板左上角单击,置入图像,并调整图像大小,如图6-112所示。

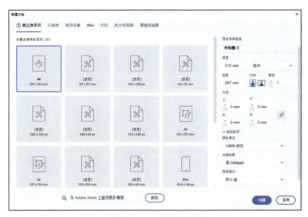 

图6-111　新建文档　　　　　　　　　图6-112　置入图像(一)

03 选择【钢笔】工具在画板中绘制如图6-113所示的图形,并在【颜色】面板中设置填充色为白色,描边色为无。

04 选择【圆角矩形】工具,按住Alt键的同时在画板中心单击,打开【圆角矩形】对话框。在该对话框中,设置【宽度】数值为170mm,【高度】数值为250mm,【圆角半径】数值为6mm,单击【确定】按钮创建圆角矩形。在【颜色】面板中单击【互换填色和描边】按钮,再在【描边】面板中设置【粗细】数值为7pt,如图6-114所示。

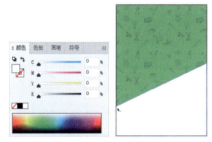  

图6-113　绘制图形(一)　　　　　　　图6-114　创建圆角矩形

05 在画板左上角如图6-115所示绘制圆形和矩形,在【路径查找器】面板中单击【交集】按钮,然后在【颜色】面板中单击【互换填色和描边】按钮。

06 选择【效果】|【风格化】|【投影】命令,打开【投影】对话框。在该对话框中,设置投影颜色为C:82 M:42 Y:100 K:4,【不透明度】数值为75%,【X位移】数值为-2mm,【Y位移】数值为4mm,【模糊】数值为0mm,然后单击【确定】按钮,如图6-116所示。

图6-115　绘制图形(二)　　　　　　　图6-116　添加投影(一)

185

07 选择【文件】|【置入】命令，置入所需的素材图像文件，如图6-117所示。

08 选择【文字】工具在画板中单击，并输入文字内容。然后设置字体颜色为白色，在【字符】面板中设置字体系列为Myriad Variable Concept，字体样式为Bold，字体大小数值为60pt，行距数值为48pt，如图6-118所示。

图6-117　置入图像(二)　　　　　　　　　图6-118　输入并设置文字(一)

09 选择【自由变换】工具，倾斜文字对象。选择【效果】|【风格化】|【投影】命令，打开【投影】对话框。在该对话框中，设置投影颜色为C:93 M:88 Y:89 K:80，【不透明度】数值为45%，【X位移】数值为0.5mm，【Y位移】数值为1.5mm，【模糊】数值为0mm，然后单击【确定】按钮，如图6-119所示。

图6-119　添加投影(二)

10 选择【矩形】工具在画板中绘制矩形，并在【颜色】面板中设置填充色为C:85 M:52 Y:99 K:19，如图6-120所示。

11 选择【文字】工具在刚绘制的矩形上单击，输入文字内容。然后在【字符】面板中设置字体系列为Myriad Pro，字体样式为Regular，字体大小数值为12pt，如图6-121所示。

图6-120　绘制矩形　　　　　　　　　　图6-121　输入并设置文字(二)

12 使用【选择】工具选中步骤**10**至步骤**11**创建的对象，选择【自由变换】工具，倾斜对象，如图6-122所示。

13► 使用【椭圆】工具在画板中单击,打开【圆角矩形】对话框。在该对话框中,设置【宽度】和【高度】数值均为47mm,【圆角半径】数值为5mm,单击【确定】按钮创建圆角矩形,并设置填充色为白色,如图6-123所示。

图6-122 倾斜对象

图6-123 创建圆角矩形(一)

14► 选择【文件】|【置入】命令,置入所需的素材图像,并将其置入刚绘制的圆角矩形下方。然后选中置入图像和圆角矩形,右击,在弹出的快捷菜单中选择【建立剪切蒙版】命令,建立剪切蒙版,如图6-124所示。

15► 保持选中刚建立的剪切蒙版对象,在【描边】面板中设置【粗细】数值为7pt,描边色为白色,如图6-125所示。

图6-124 建立剪切蒙版

图6-125 设置描边

16► 选择【效果】|【风格化】|【投影】命令,打开【投影】对话框。在该对话框中,设置投影颜色为C:93 M:88 Y:89 K:80,【不透明度】数值为50%,【X位移】数值为1mm,【Y位移】数值为1mm,【模糊】数值为1.5mm,然后单击【确定】按钮,如图6-126所示。

17► 使用【选择】工具,按Ctrl+Alt快捷键移动并复制刚创建的对象,如图6-127所示。

图6-126 添加投影(三)

图6-127 移动、复制对象

18 使用【直接选择】工具选中需要重新链接的图像,在【链接】面板中单击【重新链接】按钮,打开【置入】对话框。在该对话框中,选择所需要的素材图像,单击【置入】按钮,如图6-128所示。

图6-128　重新链接图像(一)

19 使用步骤 18 的操作方法,重新链接其他需要的素材图像,如图6-129所示。
20 选择【圆角矩形】工具在画板中拖动创建圆角矩形,并设置填充色为白色,如图6-130所示。

图6-129　重新链接图像(二)　　　　图6-130　创建圆角矩形(二)

21 选择【效果】|【风格化】|【投影】命令,打开【投影】对话框。在该对话框中,设置投影颜色为C:23 M:17 Y:17 K:0,【不透明度】数值为100%,【X位移】数值为2mm,【Y位移】数值为2mm,【模糊】数值为0mm,然后单击【确定】按钮,如图6-131所示。
22 选择【文件】|【置入】命令,置入所需的素材图像,如图6-132所示。

图6-131　添加投影(四)　　　　图6-132　置入图像(三)

第6章 文本操作

23 选择【文字】工具拖动创建文本框，输入文字内容。然后在【字符】面板中设置字体系列为Geometr415 Blk BT Black，字体样式为Black，字体大小数值为14pt，字符间距数值为-25；在【颜色】面板中设置字体颜色为C:70 M:64 Y:60 K:15，如图6-133所示。

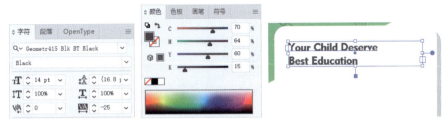

图6-133 输入并设置文字(三)

24 使用【文字】工具选中第一行，在【颜色】面板中更改字体颜色为C:70 M:22 Y:93 K:0，如图6-134所示。

25 选择【文字】工具拖动创建文本框，并输入占位符文字。然后在【字符】面板中设置【字体系列】为Myriad Pro，【字体大小】数值为11pt；在【颜色】面板中设置字体颜色为C:70 M:64 Y:60 K:15，如图6-135所示。

图6-134 编辑文字　　　　　　　　　图6-135 输入并设置文字(四)

26 使用【选择】工具选中步骤**23**至步骤**25**创建的文本，并按Ctrl+Alt快捷键移动、复制文本对象，如图6-136所示。

27 选择【矩形】工具在画板底部绘制一个【宽度】和【高度】数值均为15mm的正方形，在【颜色】面板中设置填充色为白色，描边色为C:52 M0 Y71 K:0；在【描边】面板中设置【粗细】数值为2pt，如图6-137所示。

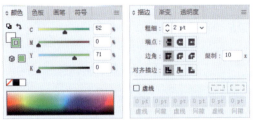

图6-136 移动、复制文字　　　　　　　图6-137 绘制正方形

28 按Ctrl+C快捷键复制刚绘制的正方形，按Ctrl+B快捷键将其贴在后面，并将其填充色设置为C:52 M0 Y71 K:0。然后选择【文件】|【置入】命令，置入所需的素材图像，如图6-138所示。

189

29 选择【文字】工具拖动创建文本框,并输入文字内容。然后在【字符】面板中设置字体系列为Geometr415 Blk BT Black,字体样式为Black,字体大小数值为16pt,字符间距数值为0;在【颜色】面板中设置字体颜色为C:75 M:70 Y:70 K:40,如图6-139所示。

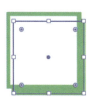 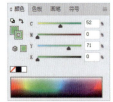 

图6-138　创建正方形并置入图像　　　　　　　　图6-139　输入并设置文字(四)

30 选择【文件】|【置入】命令,置入所需的素材图像,完成后的效果如图6-140所示。

图6-140　完成后的效果

第 7 章
管理图形对象

　　一些较复杂的设计作品包含的对象较多,为了操作便利,用户可以对部分对象进行编组锁定或者隐藏。当一个文档中包含多个对象时,这些对象的上下堆叠顺序、左右排列顺序都会影响画面的显示效果。因此,在Illustrator中对对象进行管理显得尤为重要。

7.1 对象的排列

一幅平面设计作品或插画作品通常是由多个对象组合而成。这些对象按照一定的顺序排列、组合在一起，排列在上方的对象会遮挡下方的对象。因此，调整对象的堆叠顺序，会影响图稿最终的显示效果。在Illustrator中绘制图形时，新绘制的图形总是位于先前绘制图形的上方。

01 对于画面中堆叠的图形对象，若想要调整对象的排列顺序，可以先选中需要调整顺序的对象，然后选择【对象】|【排列】命令，在弹出的子菜单中包含多个用于调整对象顺序的命令，如图7-1所示。

图7-1 【排列】命令

02 选择【对象】|【排列】|【置于顶层】命令，可将所选图形放置在所有图形的最前面，如图7-2所示。选择【对象】|【排列】|【前移一层】命令，可将所选图形向前移动一层，如图7-3所示。

图7-2 置于顶层　　　　　　　　　　图7-3 前移一层

03 选择【对象】|【排列】|【后移一层】命令，可将所选图形向后移动一层。选择【对象】|【排列】|【置于底层】命令，可将所选图形放置在所有图形的最后面，如图7-4所示。

图7-4 置于底层

第 7 章 管理图形对象

提示

在实际操作过程中，用户可以在选中图形对象后，右击，在弹出的快捷菜单中选择【排列】命令子菜单中的命令，或直接通过键盘快捷键排列图形对象，如图7-5所示。按Shift+Ctrl+]组合键可以将所选对象置于顶层；按Ctrl+]快捷键可将所选对象前移一层；按Ctrl+[快捷键可将所选对象后移一层；按Shift+Ctrl+[组合键可将所选对象置于底层。

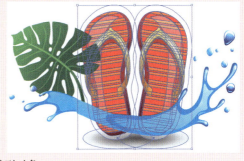

图7-5　排列对象

7.2　对齐与分布

在制图过程中，经常需要对多个图形进行排列，使之形成一定的排列规律。

7.2.1　对齐对象

在版面的编排中，有些元素必须要对齐，例如，界面设计中的按钮、版面中的一些图案等。【对齐】操作是将多个图形对象进行整齐排列。要对齐对象，首先将要进行对齐的对象选中，然后选择【窗口】|【对齐】命令或按Shift+F7快捷键，打开如图7-6所示的【对齐】面板。在其中的【对齐对象】选项组中可以看到一些对齐控制按钮。单击相应的按钮，即可进行对齐操作，如图7-7所示。

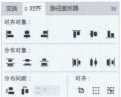
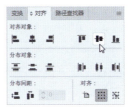

图7-6　【对齐】面板　　　　　　　　图7-7　对齐操作

▶ 【水平左对齐】按钮■：单击该按钮，将所选对象的中心像素与当前对象左侧的中心像素对齐。

▶ 【水平居中对齐】按钮■：单击该按钮，将所选对象的中心像素与当前对象水平方向的中心像素对齐。

▶ 【水平右对齐】按钮■：单击该按钮，将所选对象的中心像素与当前对象右侧的中心像素对齐。

- 【垂直顶对齐】按钮：单击该按钮，将所选对象顶端的像素与当前顶端的像素对齐。
- 【垂直居中对齐】按钮：单击该按钮，将所选对象的中心像素与当前对象垂直方向的中心像素对齐。
- 【垂直底对齐】按钮：单击该按钮，将所选对象底端的像素与当前底端的像素对齐。

> **提示**
> Illustrator中提供了【对齐画板】【对齐所选对象】【对齐关键对象】3种对齐依据，设置不同的对齐依据得到的对齐或分布效果也各不相同。
> 【对齐画板】按钮：选择要对齐或分布的对象，在对齐依据中单击该按钮，然后单击所需的对齐或分布类型的按钮，即可将所选对象按照当前的画板进行对齐或分布。
> 【对齐所选对象】按钮：单击该按钮，可以对所有选定对象的定界框对齐或分布。
> 【对齐关键对象】按钮：单击该按钮，可以相对于一个对象进行对齐或分布。在对齐之前需要先使用选择工具，单击要用作关键对象的对象。这时关键对象周围会出现一个轮廓。然后单击与所需的对齐或分布类型对应的按钮即可。

7.2.2 分布对象

【分布】操作是对图形之间的距离进行调整。选中要均匀分布的对象，在【对齐】面板的【分布对象】选项组中可以看到多个分布控制按钮。单击相应按钮，即可进行分布操作，如图7-8所示。

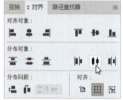

图7-8 分布对象

- 【垂直顶分布】按钮：单击该按钮，将以每个对象的顶边为基准，平均分配对象之间的垂直距离。
- 【垂直居中分布】按钮：单击该按钮，将以每个对象的中心点为基准，平均分配对象之间的垂直距离。
- 【垂直底分布】按钮：单击该按钮，将以每个对象的底边为基准，平均分配对象之间的垂直距离。
- 【水平左分布】按钮：单击该按钮，将以每个对象的左侧边为基准，平均分配对象之间的水平距离。
- 【水平居中分布】按钮：单击该按钮，将以每个对象的中心点为基准，平均分配对象之间的水平距离。
- 【水平右分布】按钮：单击该按钮，将以每个对象的右侧边为基准，平均分配对象之间的水平距离。

第 7 章 管理图形对象

> **提示**
> 用来对齐的基准对象是由创建的顺序或选择的顺序决定的。如果框选对象，会使用最后创建的对象作为基准。如果通过多次选择单个对象来选择对齐对象组，则最后选定的对象将成为对齐其他对象的基准。

7.2.3 按特定间距分布对象

在Illustrator中，还可以使用对象路径之间的精确距离来分布对象。

01 选择要分布的对象，在关键对象(以此对象为基准进行操作)上单击，此时该对象边缘会出现着重选中的效果，如图7-9所示。

图7-9 选择关键对象

02 在【对齐】面板的【分布间距】文本框中输入对象之间分布的距离值，如图7-10所示。如果未显示【分布间距】选项，则在【对齐】面板菜单中选择【显示选项】命令。

03 单击【垂直分布间距】按钮，可以在关键对象不动的情况下以当前设置的数值进行垂直分布。单击【水平分布间距】按钮，可以在关键对象不动的情况下以当前设置的数值进行水平分布，如图7-11所示。

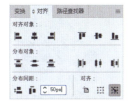

图7-10 设置分布间距　　　　　　图7-11 水平分布

【例7-1】制作广告宣传单。

01 选择【文件】|【新建】命令，新建一个A4空白文档，如图7-12所示。

02 选择【文件】|【置入】命令，置入所需的素材图像，如图7-13所示。

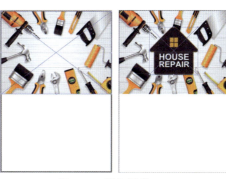

图7-12 新建文档　　　　　　图7-13 置入图像(一)

03 ▶ 选择【矩形】工具在画板底部绘制矩形,并在【颜色】面板中设置填充色为C:4 M:28 Y:90 K:0,如图7-14所示。

04 ▶ 选择【文字】工具在画板中单击,输入文字内容。然后在【字符】面板中设置字体系列为Microsoft YaHei UI,字体大小数值为41pt;在【颜色】面板中设置填充色为C:76 M:70 Y:66 K:32,如图7-15所示。

图7-14　绘制矩形并填充颜色(一)　　　　　　图7-15　输入并设置文字(一)

05 ▶ 继续使用【文字】工具在画板中单击,输入文字内容。然后在【字符】面板中设置字体系列为Microsoft YaHei UI,字体大小数值为27pt;在【颜色】面板中设置字体颜色为C:76 M:70 Y:66 K:32,如图7-16所示。

06 ▶ 选中步骤 02 至步骤 05 创建的对象,在【对齐】面板中,单击【对齐画板】按钮,再单击【水平居中对齐】按钮,如图7-17所示。

图7-16　输入并设置文字(二)　　　　　　　　图7-17　对齐对象

07 ▶ 选择【文件】|【置入】命令,置入所需的素材图像,如图7-18所示。

08 ▶ 使用【选择】工具选中左侧对象,在【对齐】面板中,单击【对齐所选对象】按钮,再单击【水平居中对齐】按钮和【垂直居中分布】按钮,如图7-19所示。

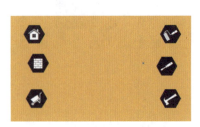 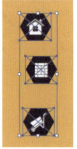 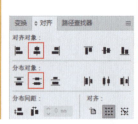 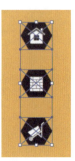

图7-18　置入图像(二)　　　　　　　　图7-19　对齐、分布对象(一)

第7章 管理图形对象

09 使用步骤 **08** 的操作方法，选中并对齐右侧图像，如图7-20所示。

10 选择【文字】工具在画板中拖动创建文本框，并输入占位符文字。然后在【字符】面板中设置字体系列为Myriad Pro，字体大小数值为11pt，设置字体颜色为白色，如图7-21所示。

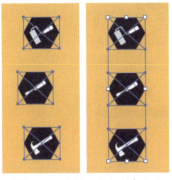 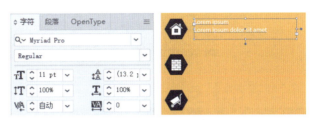

图7-20　对齐、分布对象(二)　　　　图7-21　输入并设置文字(三)

11 使用【文字】工具选中第一行文字，然后在【字符】面板中更改字体系列为Microsoft YaHei UI，字体样式为Bold，字体大小数值为15pt，如图7-22所示。

12 使用【选择】工具选中步骤 **10** 创建的文本，按Ctrl+Alt快捷键移动并复制文本，如图7-23所示。

 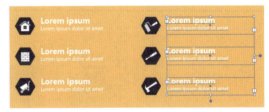

图7-22　编辑文字　　　　　　　　　图7-23　移动、复制文本

13 使用【矩形】工具在画板底部拖动绘制矩形，并在【颜色】面板中设置填充色为C:76 M:70 Y:66 K:32，如图7-24所示。

14 使用【文字】工具在刚绘制的矩形上单击，并输入文字内容。然后在【字符】面板中设置字体系列为Myriad Pro，字体样式为Regular，字体大小数值为14pt，如图7-25所示。

图7-24　绘制矩形并填充颜色(二)　　　　图7-25　输入并设置文字(四)

15 选择【文件】|【置入】命令，置入所需的素材图像，完成后的效果如图7-26所示。

图7-26 完成后的效果

7.3 隐藏与显示

在Illustrator中，可以将暂时不需要的对象隐藏起来，等需要时再显示出来。被隐藏的对象不可见，也不可选择与打印，但仍然存在于文档中。

01 选择要隐藏的对象，选择【对象】|【隐藏】|【所选对象】命令，或按Ctrl+3快捷键，或在【图层】面板中单击图层中的可视按钮 ，即可隐藏所选对象，如图7-27所示。

图7-27 隐藏所选对象

02 若要隐藏某一对象上方的其他对象，可以选择该对象，然后选择【对象】|【隐藏】|【上方所有图稿】命令，效果如图7-28所示。

图7-28 隐藏上方所有图稿

03 若要隐藏除所选对象或组所在图层以外的所有其他图层，选择【对象】|【隐藏】|【其他图层】命令即可，效果如图7-29所示。

第 7 章 管理图形对象

图 7-29　隐藏其他图层

04 若要将画板中隐藏的对象显示出来，选择【对象】|【显示全部】命令，或按 Ctrl+Alt+3 组合键即可。

7.4　编组与取消编组

在编辑过程中，为了操作方便可将一些图形对象编组，进行分类操作，这样在绘制复杂图形时可以避免选择失误。当需要对编组中的对象进行单独编辑时，可以对该组对象取消编组操作。

7.4.1　编组对象

使用【选择】工具选定多个对象，然后选择【对象】|【编组】命令，或按 Ctrl+G 快捷键，或右击，在弹出的快捷菜单中选择【编组】命令，即可将选择的对象创建成组，如图 7-30 所示。当多个对象被编组后，可以使用【选择】工具选定编组对象进行整体移动、删除、复制等操作；也可以使用【编组选择】工具选定编组中的单个对象进行移动、删除、复制等操作。从不同的图层中选择对象进行编组，编组后的对象都将处于同一图层中。

图 7-30　编组选中的对象

7.4.2　取消编组

要取消编组对象，只需在选择编组对象后，选择【对象】|【取消编组】命令，或按 Shift+Ctrl+G 组合键，或右击，在弹出的快捷菜单中选择【取消编组】命令。

【例 7-2】 制作企业文化宣传展板。　视频

01 选择【文件】|【新建】命令，打开【新建文档】对话框。在该对话框中选中【移动设备】选项，并在【空白文档预设】选项组中选中【iPhone 8/7/6】选项，设置【光栅效果】为【高(300ppi)】，然后单击【创建】按钮，如图 7-31 所示。

02 ▶ 选择【矩形】工具在画板中单击，打开【矩形】对话框。在该对话框中，设置【宽度】数值为750px，【高度】数值为727px，单击【确定】按钮创建矩形。在【色板】面板中单击所需色板，如图7-32所示。

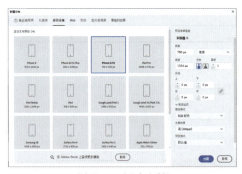

图7-31　新建文档　　　　　　　　　　　　　图7-32　创建矩形

03 ▶ 按Ctrl+C快捷键复制刚创建的矩形，按Ctrl+F快捷键将其贴在前面，并向下移动。然后在【颜色】面板中设置填充色为R:211 G:94 B:97；在【透明度】面板中设置混合模式为【正片叠底】，如图7-33所示。

04 ▶ 使用【自由变换】工具，分别对步骤 02 和步骤 03 创建的矩形进行倾斜操作，如图7-34所示。

图7-33　复制、移动并设置矩形　　　　　　　图7-34　倾斜矩形

05 ▶ 选择【文件】|【置入】命令，置入所需的素材图像。按Shift+Ctrl+[组合键将其置于底层，然后选中置入的图像及上方的图形，右击，在弹出的快捷菜单中选择【建立剪切蒙版】命令，建立剪切蒙版，如图7-35所示。

06 ▶ 使用【矩形】工具绘制与画板同等大小的矩形，按Ctrl+A快捷键全选对象，右击，在弹出的快捷菜单中选择【建立剪切蒙版】命令，建立剪切蒙版，如图7-36所示。

图7-35　建立剪切蒙版(一)　　　　　　　　　图7-36　建立剪切蒙版(二)

07 选择【文字】工具在画板中单击，输入文字内容。然后设置字体颜色为白色，在【字符】面板中设置字体系列为【方正正中黑简体】，字体大小数值为85pt，如图7-37所示。

08 继续使用【文字】工具在画板中拖动创建文本框，并输入占位符文字。然后在【字符】面板中设置字体系列为Myriad Pro，字体大小数值为21pt，行距数值为26pt，如图7-38所示。

图7-37　输入并设置文字(一)　　　　　　　　图7-38　输入并设置文字(二)

09 继续使用【文字】工具在画板中单击，输入文字内容。在【字符】面板中设置字体系列为Century Gothic，字体样式为Bold，字体大小数值为30pt，如图7-39所示。

10 选择【文件】|【置入】命令，置入所需的素材图像。然后选中步骤**07**至步骤**10**创建的对象，按Ctrl+G快捷键进行编组，如图7-40所示。

图7-39　输入并设置文字(三)　　　　　　　　图7-40　置入图像并编组

11 选择【画板】工具，在控制栏中单击选中【移动/复制带画板的图稿】按钮，然后按住Ctrl+Alt快捷键移动、复制画板，如图7-41所示。

12 选择【直接选择】工具，在【画板1副本】中选中彩色图形，然后在【颜色】面板中更改填充色为R:227 G:159 B:91，如图7-42所示。

 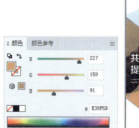 

图7-41　移动、复制画板　　　　　　　　　　图7-42　更改颜色

13 使用【直接选择】工具选中【画板1副本】中置入的图像,在【链接】面板中单击【重新链接】按钮,打开【置入】对话框。在该对话框中,重新选择所需的素材,然后单击【置入】按钮,如图7-43所示。

14 选择【文字】工具,更改【画板1副本】中文字内容,如图7-44所示。

图7-43 重新链接图像　　　　　　　　图7-44 更改文字

15 使用步骤 12 至步骤 14 的操作方法,更改【画板1副本2】和【画板1副本3】中的图像及文字,完成后的效果如图7-45所示。

图7-45 完成后的效果

7.5 锁定与解锁

在Illustrator中,锁定对象可以使该对象避免被修改或移动,在进行复杂的文档编辑时,这样做可以避免误操作,提高工作效率。

7.5.1 锁定对象

【锁定】操作是将对象固定在某个位置上,使其不可被选中,也不可进行编辑。

选中要锁定的对象,然后选择【对象】|【锁定】|【所选对象】命令,或按Ctrl+2快捷键,即可将所选对象锁定,如图7-46所示。

第 7 章 管理图形对象

图7-46　锁定对象

> **提示**
> 如果文件中包含重叠对象，选中处于底层的对象，选择【对象】|【锁定】|【上方所有图稿】命令，即可锁定与所选对象所在区域有所重叠，且位于同一图层中的所有对象。

7.5.2　解锁对象

当对象被锁定后，不能再使用选择工具进行选定操作，也不能移动、编辑该对象。如果需要对锁定的对象再次进行修改、编辑操作，必须将其解锁。选择【对象】|【全部解锁】命令，或按Ctrl+Alt+2组合键，即可解锁对象。用户也可以通过【图层】面板来锁定与解锁对象。在【图层】面板中单击要锁定对象前的编辑列，当编辑列中显示为 状态时即可锁定对象，如图7-47所示。再次单击编辑列即可解锁对象。

图7-47　锁定对象

7.6　图层的应用

在使用Illustrator绘制复杂的图形对象时，使用图层可以快捷有效地管理图形对象，并将它们当成独立的单元进行编辑和显示。

7.6.1　使用【图层】面板

选择【窗口】|【图层】命令，打开如图7-48所示的【图层】面板。在【图层】面板中可以对文档中的元素进行编组、锁定和隐藏等操作。默认情况下，每个新建的文档都包含一个图层，而每个创建的对象都列在该图层之下，并且用户可以根据需要创建新的图层。

图层名称前的 👁 图标用于显示或隐藏图层。单击 👁 图标，不显示该图标时，选中的图层被隐藏。当图层被隐藏时，在Illustrator的绘图页面中，将不显示此图层中的图形对象，也不能对该图层进行任何图像编辑。再次单击可重新显示图层。

当图层前显示 🔒 图标时，表明该图层被锁定，不能进行编辑操作。再次单击该图标可以取消锁定状态，这样就可以重新对该图层中所包括的各种图形元素进行编辑。

此外，【图层】面板底部还有6个功能按钮，其作用分别如下。

▶ 【收集以导出】按钮 ↗：单击该按钮可以打开【资源导出】面板。
▶ 【定位对象】按钮 🔍：在画板中选中某个对象后，单击此按钮，可在【图层】面板中快速定位该对象。
▶ 【建立/释放剪切蒙版】按钮 ▣：该按钮用于创建剪切蒙版和释放剪切蒙版。
▶ 【创建新子图层】按钮 ⊞：单击该按钮可以建立一个新的子图层。
▶ 【创建新图层】按钮 ⊞：单击该按钮可以建立一个新图层，如果用鼠标拖动一个图层到该按钮上并释放，可以复制该图层。
▶ 【删除所选图层】按钮 🗑：单击该按钮，可以删除当前图层。将不需要的图层拖动到该按钮上并释放，也可删除该图层。

在【图层】面板菜单中选择【面板选项】命令，可以打开如图7-49所示的【图层面板选项】对话框。在该对话框中，可以设置图层在面板中的显示效果。

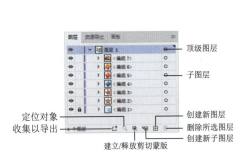
图7-48　【图层】面板

图7-49　【图层面板选项】对话框

▶ 选中【仅显示图层】复选框，可以隐藏【图层】面板中的路径、组和元素集。
▶ 使用【行大小】选项组中的选项可以指定行的高度。
▶ 使用【缩览图】选项组中的选项可以选择图层、组和对象的一种组合，确定其中哪些项要以缩览图的预览形式显示。

7.6.2　新建图层

如果想要在某个图层的上方新建图层，需要在【图层】面板中单击该图层的名称以选定图层，然后直接单击【图层】面板中的【创建新图层】按钮，如图7-50所示。若要在选定的图层内创建新子图层，可以单击【图层】面板中的【创建新子图层】按钮，如图7-51所示。

图7-50　创建新图层　　　　　　　　　　　图7-51　创建新子图层

在【图层】面板中，每个图层都可以根据需求自定义不同的名称以便区分。如果在创建图层时没有命名，Illustrator会自动依照【图层1】【图层2】【图层3】……的顺序来定义图层名称。

> **提示**
> 在【图层】面板中单击图层或编组名称左侧的三角形按钮，可以展开其内容，再次单击该按钮可收起该对象。如果对象内容是空的，就不会显示三角形按钮，表示其中没有任何内容可以展开。

要编辑图层属性，可以双击图层名称，打开如图7-52所示的【图层选项】对话框对图层的基本属性进行修改。选择【图层】面板菜单中的【新建图层】命令或【新建子图层】命令，也可以打开【图层选项】对话框，在该对话框中根据选项可设置新建图层。

图7-52　【图层选项】对话框

▶ 【名称】文本框：指定图层在【图层】面板中显示的名称。
▶ 【颜色】选项：指定图层的颜色设置，可以从下拉列表中选择颜色，或者双击下拉列表右侧的颜色色板以选择颜色。在指定图层颜色之后，在该图层中绘制图形路径、创建文本框时都会采用该颜色。
▶ 【模板】复选框：选中该复选框，会使图层成为模板图层。
▶ 【锁定】复选框：选中该复选框，会禁止对图层进行更改。
▶ 【显示】复选框：选中该复选框，会显示画板图层中包含的所有图稿。
▶ 【打印】复选框：选中该复选框，会使图层中所含的图稿可以打印。
▶ 【预览】复选框：选中该复选框，会按颜色而不是按轮廓来显示图层中包含的图稿。
▶ 【变暗图像至】复选框：选中该复选框，会将图层中所包含的链接图像和位图图像的强度降低到指定的百分比。

> **提示**
>
> 使用【图层】面板可快速复制图层、编组对象。在【图层】面板中选择要复制的对象，然后在【图层】面板中将其拖动到【图层】面板底部的【新建图层】按钮 上并释放即可，如图7-53所示。用户也可以在【图层】面板菜单中选择【复制图层】命令进行操作。还可以在【图层】面板中选中要复制的对象后，按住Alt键将其拖动到【图层】面板中的新位置上，再释放鼠标即可复制对象。

图7-53　复制图层

7.6.3　选取图层中的对象

在【图层】面板中，选择图层并不能选中图层中的图形，若要选中图层中的某个对象，需展开图层，并找到要选中的对象，再单击该对象图层，或单击图层右侧的 标记，即可将其选中，如图7-54所示。也可以使用【选择】工具，在画板上直接单击相应的对象。

图7-54　选取图层中的对象

> **提示**
>
> 如果要将一个图层中的所有对象同时选中，在【图层】面板中按住Ctrl+Alt快捷键并单击相应图层的名称，或单击图层名称右侧的 标记，即可将该图层中所有的对象同时选中。

按Ctrl键的同时单击图层，可以选中多个不相邻的图层，如图7-55所示。按住Shift键，单击最上面的一个图层，再单击最下面的一个图层，这样中间所有的图层均会被选中，如图7-56所示。

图7-55　选择多个不相邻图层　　　　　　　　图7-56　选择多个相邻图层

7.6.4 合并图层

合并图层和拼合图稿的功能类似，两者都可以将对象、组和子图层合并到同一图层或组中。使用合并图层功能时，需要先选中要合并的图层。使用拼合图稿功能，则可将图稿中的所有可见对象都合并到同一图层中。

在【图层】面板中将要进行合并的图层选中，然后从【图层】面板菜单中选择【合并所选图层】命令，即可将所选图层合并为一个图层，如图7-57所示。

拼合图稿功能能够将当前文件中的所有图层拼合到指定的图层中。先选择即将拼合到的图层，然后在【图层】面板菜单中选择【拼合图稿】命令，即可将图稿中的所有可见对象都合并到同一图层中，如图7-58所示。

图7-57 合并所选图层

图7-58 拼合图稿

7.7 图像描摹

利用【图像描摹】功能可以自动将置入的图像转换为矢量图，从而可以轻松地对图形进行编辑、处理，而不会带来任何失真的问题。图像描摹可大大节省在屏幕上重新创建扫描绘图所需的时间，而图像品质依然完好无损。用户还可以使用多种矢量化选项来交互调整图像描摹的效果。

7.7.1 描摹图稿

使用【图像描摹】命令可以快速地将位图图像转换为矢量图。用户通过控制图像描摹细节级别和填色描摹的方式，可得到满意的描摹效果。

01 置入位图图像，然后选择该图像，单击控制栏中的【图像描摹】按钮，或选择【对象】|【图像描摹】|【建立】命令，图像将以默认的预设进行描摹，如图7-59所示。也可以单击【图像描摹】按钮右侧的 按钮，在弹出的下拉列表中选择一种合适的预设描摹效果，如图7-60所示。

图7-59 描摹图稿

图7-60 使用预设描摹效果

02 还能够对被描摹的图稿调整描摹效果。选中被描摹的图稿后，选择【窗口】|【图像描摹】命令，或直接单击【属性】面板中的【图像描摹面板】按钮，在打开的【图像描摹】面板中进行设置，即可调整描摹效果，如图7-61所示。

图7-61　调整描摹效果

> **提示**
> 单击【图像描摹】面板中【预设】选项旁的【管理预设】按钮 ，在弹出的下拉列表中选择【存储为新预设】命令，即可打开【存储图像描摹预设】对话框创建新预设。

- 【预设】下拉列表用于指定描摹预设。
- 【视图】下拉列表用于指定描摹结果的显示模式。
- 【模式】下拉列表用于指定描摹结果的颜色模式，包括彩色、灰度和黑白3种模式。
- 【调板】选项用于指定从原始图像生成颜色或灰度描摹的面板。
- 【阈值】数值框用于指定从原始图像生成黑白描摹结果的值。所有比阈值亮的像素都将被转换为白色，而所有比阈值暗的像素都将被转换为黑色。该选项仅在【模式】设置为【黑白】选项时可用。

7.7.2　扩展描摹对象

经过描摹的图像会显示为矢量图的效果，但是如果要调整图形，则需要先将图形进行扩展。扩展后的对象不再具有描摹对象的属性。

01 选中描摹结果，单击控制栏中的【扩展】按钮，或选择【对象】|【图像描摹】|【扩展】命令，即可将描摹对象转换为路径，如图7-62所示。

02 扩展后的对象通常为编组对象，选中该对象，右击，在弹出的快捷菜单中选择【取消编组】命令，即可取消编组。然后可以对各部分的颜色进行更改，如图7-63所示。

图7-62　扩展描摹对象　　　　　　　　　图7-63　更改颜色

7.7.3 释放描摹对象

在描摹对象未被扩展之前,选择【对象】|【图像描摹】|【释放】命令可以放弃描摹结果,使之恢复到位图状态,如图7-64所示。

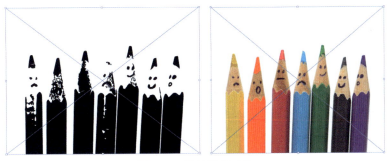

图7-64 释放描摹对象

7.8 矢量图转换为位图

在Illustrator中,矢量对象可以通过【栅格化】命令转换为位图。选中一个矢量对象,选择【对象】|【栅格化】命令,在打开的【栅格化】对话框中进行设置,然后单击【确定】按钮即可将矢量对象转换为位图,如图7-65所示。

图7-65 矢量对象转换为位图

- 颜色模型:用于确定在栅格化过程中所用颜色的模型,其中包括RGB、CMYK、灰度和位图4个选项。
- 分辨率:用于确定栅格化图像中的每英寸像素数(ppi)。在该下拉列表框中可以选择屏幕(72ppi)、中(150ppi)和高(300ppi)3个预设选项;也可以选择【使用文档栅格效果分辨率】,使用全局分辨率设置;或者选择【其他】选项,自定义分辨率。
- 背景:用于确定矢量图的透明区域如何转换为像素。选中【白色】单选按钮,可以用白色像素填充透明区域。选中【透明】单选按钮,可以使背景透明。
- 消除锯齿:应用消除锯齿效果可以改善栅格化图像的锯齿边缘外观。设置文档的栅格化选项时,若取消选择此项,则保留细小线条和细小文本的尖锐边缘。栅格化矢量对象时,若选择【无】，则不会应用消除锯齿效果，而线稿图在栅格化时也将保留其尖锐边缘；选择【优化图稿】，可应用最适合无文字图稿的消除锯齿效果；选择【优化文字】，可应用最适合文字的消除锯齿效果。
- 创建剪切蒙版：创建一个使栅格化图像的背景显示为透明的蒙版。如果在【背景】选项组中选中了【透明】单选按钮，则不需要再创建剪切蒙版。
- 添加环绕对象：可以通过指定像素值为栅格化图像添加边缘填充或边框。
- 保留专色：选中该复选框能够保留专色。

7.9 实例演练

本章的实例演练通过制作画册内页，帮助用户更好地掌握本章所介绍的管理图形对象的基础知识。

【例7-3】制作画册内页。 视频

01 选择【文件】|【新建】命令，打开【新建文档】对话框。在该对话框中，设置【宽度】和【高度】数值均为317mm，【颜色模式】为【CMYK颜色】，【光栅效果】为【高(300ppi)】，单击【创建】按钮新建文档，如图7-66所示。

02 选择【网格】工具在画板中单击，在打开的【矩形网格工具选项】对话框中设置【宽度】数值为317cm，【高度】数值为246cm，设置【水平分隔线】的【数量】为2，【垂直分隔线】的【数量】为2，选中【填色网格】复选框，单击【确定】按钮创建网格，如图7-67所示。

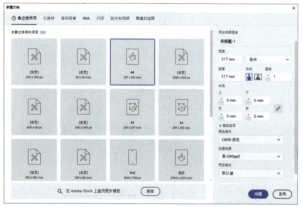

图7-66 新建文档

图7-67 创建网格

03 保持选中矩形网格，在【路径查找器】面板中单击【分割】按钮，然后右击对象，在弹出的快捷菜单中选择【取消编组】命令，如图7-68所示。

04 选择【多边形】工具，按住Alt键的同时在第一行左侧网格边缘处单击，打开【多边形】对话框。在该对话框中，设置【半径】数值为10mm，【边数】为3，然后单击【确定】按钮，如图7-69所示。

05 使用【选择】工具选中刚绘制的三角形，按住Ctrl+Alt快捷键移动并复制三角形，调整其角度，如图7-70所示。

第 7 章 管理图形对象

06 使用【选择】工具选中第一行的第一格和上方的三角形,在【路径查找器】面板中单击【联集】按钮,如图 7-71 所示。

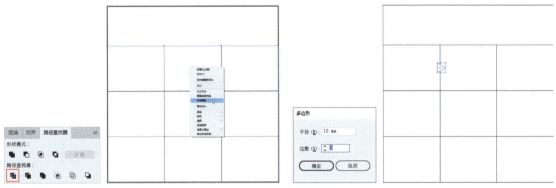

图 7-68 编辑网格　　　　　　　　图 7-69 绘制三角形

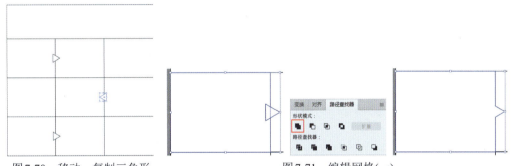

图 7-70 移动、复制三角形　　　　图 7-71 编辑网格(一)

07 使用上一步的操作方法编辑图形,如图 7-72 所示。选中全部网格,选择【效果】|【扭曲和变换】|【变换】命令,打开【变换效果】对话框。在该对话框中,设置【缩放】的【水平】和【垂直】数值为96%,然后单击【确定】按钮,如图 7-73 所示。

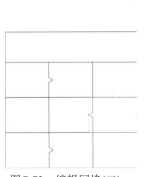
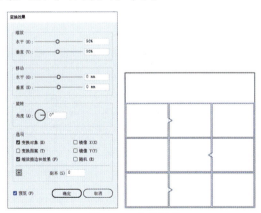

图 7-72 编辑网格(二)　　　　　　图 7-73 变换网格

08 使用【选择】工具选中步骤**06**至步骤**07**编辑的网格,在【颜色】面板中设置描边色为白色,填充色为C:90 M:73 Y:57 K:24;在【描边】面板中设置【粗细】数值为4pt,选中【使描边外侧对齐】按钮,如图 7-74 所示。

211

图7-74 编辑网格(三)

09 使用【选择】工具选中第一行中间的网格,在【变换】面板中设置【高】数值为78mm。然后选择【文件】|【置入】命令置入所需的素材图像,并将其放置在网格下方。然后同时选中置入的图像和上方的矩形网格,右击,在弹出的快捷菜单中选择【建立剪切蒙版】命令,如图7-75所示。

图7-75 置入图像(一)

10 使用步骤 **09** 的操作方法,置入所需的图像,并建立剪切蒙版,如图7-76所示。

11 选择【文字】工具在网格中单击并输入文字内容,然后将字体颜色设置为白色,在【字符】面板中设置字体系列为Microsoft YaHei UI,字体样式为Bold,字体大小数值为34pt,行距数值为54pt,如图7-77所示。

图7-76 置入图像(二) 图7-77 输入并设置文字(一)

12 移动并复制刚创建的文字对象,然后使用【文字】工具修改文字内容,如图7-78所示。

13 选择【文件】|【置入】命令,置入所需的素材图像,如图7-79所示。

14 选择【文字】工具在画板中单击并输入文字内容,在【颜色】面板中设置字体颜色为C:70 M:62 Y:59 K:11;在【字符】面板中设置字体系列为Arial,字体样式为Bold,字体大小数值为18pt,如图7-80所示。

图7-78　修改文字内容　　　　　　　　　图7-79　置入图像(三)

图7-80　输入并设置文字(二)

15 选择【画板】工具，在控制栏中单击【新建画板】按钮，新建【画板2】，如图7-81所示。

16 选择【矩形】工具在【画板2】中拖动绘制矩形，选择【文件】|【置入】命令置入所需的素材图像，并将其放置在矩形下方，然后建立剪切蒙版，如图7-82所示。

图7-81　新建画板　　　　　图7-82　绘制矩形、置入图像并建立剪切蒙版

17 选择【钢笔】工具绘制如图7-83所示的图形，并在【颜色】面板中设置填充色为C:51 M:100 Y:50 K:5。

18 按Ctrl+C快捷键复制刚绘制的图形，按Ctrl+B快捷键将其贴在下方，并在【颜色】面板中更改填充色为C:0 M:94 Y:30 K:0，如图7-84所示。

19 选择【文件】|【置入】命令，置入所需的素材图像，如图7-85所示。

20 选择【文字】工具在画板中单击并输入文字内容，然后设置字体颜色为白色；在【字符】面板中设置字体系列为Arial，字体样式为Bold，字体大小数值为32pt，如图7-86所示。

图7-83　绘制图形并填充颜色

图7-84　复制并编辑图形

图7-85　置入图像(四)

图7-86　输入并设置文字(三)

21 选择【文字】工具在画板中单击并输入文字内容，然后设置字体颜色为白色；在【字符】面板中设置字体系列为Arial，字体样式为Regular，字体大小为18pt，字符间距为100，如图7-87所示。

22 使用【选择】工具选中步骤 **19** 至步骤 **21** 创建的对象，在【对齐】面板中单击【对齐所选对象】按钮，再单击【水平居中对齐】按钮，如图7-88所示。

图7-87　输入并设置文字(四)

图7-88　对齐对象

23 选择【矩形】工具在画板中拖动绘制矩形，然后在【颜色】面板中设置填充色为C:0 M:58 Y:90 K:0，如图7-89所示。

24 选择【文件】|【置入】命令，置入所需的素材图像，然后在【对齐】面板中，单击【垂直居中分布】按钮，如图7-90所示。

第 7 章 管理图形对象

图7-89 绘制矩形并填充颜色

图7-90 置入、对齐图像

25 选择【文字】工具在画板中单击并输入文字内容，然后在【字符】面板中设置字体系列为Microsoft YaHei UI，字体样式为Bold，字体大小数值为30pt，字符间距数值为100，如图7-91所示。

26 选择【文字】工具在画板中拖动创建文本框，输入占位符文字。然后在【字符】面板中设置字体系列为Myriad Pro，字体样式为Regular，字体大小数值为21pt，行距数值为26pt，如图7-92所示。

图7-91 输入并设置文字(五)　　　　　　　图7-92 输入并设置文字(六)

27 使用【选择】工具选中步骤**25**至步骤**26**创建的文字，按Ctrl+G快捷键进行编组，然后按Ctrl+Alt快捷键移动并复制编组文字，如图7-93所示。

28 选择【文字】工具在画板中单击，并输入文字内容。然后在【字符】面板中设置字体系列为Gill Sans MT Condensed，字体大小数值为48pt，行距数值为85pt，字符间距数值为200，如图7-94所示。

图7-93 移动、复制文字

图7-94 输入并设置文字(七)

215

29 选择【矩形】工具在画板中拖动绘制矩形，在【颜色】面板中设置填充色为C:0 M:58 Y:90 K:0，然后将其放置在文字下方，如图7-95所示。

30 使用【选择】工具移动并复制刚创建的矩形，并将字体颜色更改为白色，完成后的效果如图7-96所示。

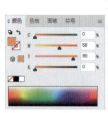

图7-95　绘制并设置矩形

图7-96　完成后的效果

第 8 章
对象的高级操作

本章主要介绍对矢量对象进行的一系列高级编辑操作，如对图形外形进行随意的调整、膨胀、收缩等，在多个矢量图形之间进行相加、相减或提取交集的操作，对路径进行轮廓化、偏移、简化、清理等操作，使用混合工具制作多个矢量图形混合过渡的效果，以及可以控制画面内容显示、隐藏的剪切蒙版等。

8.1 对象变形工具

要更改由多个图形构成的对象的外形，可以使用对象变形工具来完成。这些工具位于一个工具组中，其使用方法较为简单，在路径上按住鼠标左键拖动，即可使图形发生变化。

8.1.1 使用【宽度】工具

【宽度】工具可以轻松、随意地调整路径上各部分的描边宽度，常用于制作描边粗细不同的线条。

01 选中路径后，选择【宽度】工具，或按Shift+W快捷键，将光标移至路径上，当光标变为▶+形状时，按住鼠标左键向外拖动，拖动的距离越远，路径的宽度就越宽，如图8-1所示。

02 若要指定路径的精确宽度，可以使用【宽度】工具在路径上双击，在打开的【宽度点数编辑】对话框中编辑【边线】及【总宽度】等数值，然后单击【确定】按钮即可，如图8-2所示。

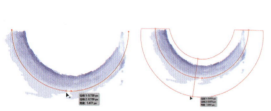

图8-1 使用【宽度】工具　　　　　　　　　图8-2 指定宽度

8.1.2 使用【变形】工具

【变形】工具能够使对象的形状按照鼠标拖曳的方向产生自然的变形，从而可以自由地变换基础图形。

01 选中要调整的对象，选择【变形】工具，或按Shift+R快捷键。接着在图形上按住鼠标左键拖动，可以使对象按移动方向产生自然的变形效果，如图8-3所示。

图8-3 使用【变形】工具

02 该工具不仅可以对矢量图形进行操作，还可以对嵌入的位图进行变形操作，如图8-4所示。

图8-4 在位图上使用【变形】工具

 提示

如果要更改【变形】工具、【旋转扭曲】工具、【缩拢】工具等的画笔大小、强度等选项，需要在工具栏中双击该工具，在打开的【变形工具选项】对话框中进行相应的参数设置，如图8-5所示。在【全局画笔尺寸】选项组中，可以对画笔的【宽度】【高度】【角度】和【强度】进行设置。对于变形工具组中的工具来说，这4个参数是通用的。

图8-5 【变形工具选项】对话框

8.1.3 使用【旋转扭曲】工具

【旋转扭曲】工具可以在矢量图形上产生旋转的扭曲变形效果。该工具不仅可以对矢量图形进行操作，还可以对嵌入的位图进行操作。

选中矢量图形，选择【旋转扭曲】工具，然后在想要变形的图形部分单击，单击的范围则会产生涡旋。也可以持续按住鼠标左键，按住的时间越长，涡旋的程度就越强，如图8-6所示。

图8-6 使用【旋转扭曲】工具

8.1.4 使用【缩拢】工具

【缩拢】工具可以在矢量图形上产生向内收缩的变形效果。该工具不仅可以对矢量图形进行操作，还可以对嵌入的位图进行操作。

【缩拢】工具和【旋转扭曲】工具的使用方法相似，只要选择该工具，然后在想要变形的图形部分单击，单击的范围就会产生缩拢。也可以持续按住鼠标左键，按住的时间越长，缩拢的程度就越强，如图8-7所示。

  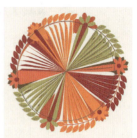

图8-7　使用【缩拢】工具

8.1.5　使用【膨胀】工具

【膨胀】工具的作用与【缩拢】工具的作用刚好相反，【膨胀】工具可以在矢量图形上产生膨胀的效果。该工具不仅可以对矢量图形进行操作，还可以对嵌入的位图进行操作。选择该工具，然后在想要变形的图形部分单击，单击的范围则会产生膨胀。也可以持续按住鼠标左键，按住的时间越长，膨胀的程度就越强，如图8-8所示。

图8-8　使用【膨胀】工具

8.1.6　使用【扇贝】工具

【扇贝】工具可以在矢量对象上产生锯齿变形效果。该工具不仅可以对矢量图形进行操作，还可以对嵌入的位图进行操作。选择该工具，然后在想要变形的图形部分单击，单击的范围则会产生波纹效果。也可以持续按住鼠标左键，按住的时间越长，波动的程度就越强，如图8-9所示。

图8-9　使用【扇贝】工具

8.1.7 使用【晶格化】工具

【晶格化】工具的作用和【扇贝】工具相反，它能够使对象表面产生尖锐外凸的效果。该工具不仅可以对矢量图形进行操作，还可以对嵌入的位图进行操作。选择该工具，然后在图形上按住鼠标左键，所选图形即会发生晶格化变化，如图8-10所示。按住鼠标左键的时间越长，变形效果越明显。

图8-10 使用【晶格化】工具

8.1.8 使用【皱褶】工具

【皱褶】工具可以在矢量对象的边缘处产生褶皱变形效果。该工具不仅可以对矢量图形进行操作，还可以对嵌入的位图进行操作。选择矢量图形，选择【皱褶】工具，然后在图形对象上按住鼠标左键拖曳，相应的图形边缘处即会发生皱褶变形，如图8-11所示。按住鼠标左键的时间越长，变形效果越明显。

图8-11 使用【褶皱】工具

【例8-1】 制作旅游主题广告。 视频

01 选择【文件】|【新建】命令，打开【新建文档】对话框。在该对话框中选中【移动设备】选项，并在【空白文档预设】选项组中选中【iPhone 8/7/6】选项，设置【光栅效果】为【高(300ppi)】，然后单击【创建】按钮，如图8-12所示。

02 选择【文件】|【置入】命令，置入所需的素材图像，并在【对齐】面板中单击【对齐画板】按钮，然后单击【水平居中对齐】和【垂直居中对齐】按钮，如图8-13所示。

03 选择【钢笔】工具在画板顶部绘制如图8-14所示的图形。双击【皱褶】工具，打开【皱褶工具选项】对话框。在该对话框中，设置【宽度】和【高度】数值均为200px，【强度】数值为70%；【水平】数值为0%，【垂直】数值为100%，【细节】数值为2，单击【确定】按钮关闭对话框，然后使用【皱褶】工具在图形边缘处拖曳调整图形，如图8-15所示。

 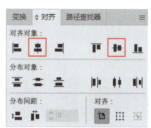 

图 8-12　新建文档　　　　　　　　　图 8-13　置入图像

图 8-14　绘制图形　　　　　　　　　图 8-15　使用【皱褶】工具

04 按Crl+C快捷键复制上一步编辑后的对象，再按Ctrl+F快捷键将其贴在前面。然后使用【选择】工具选中上部复制的对象，在【颜色】面板中更改填充色为R:255 G:214 B:0，并调整其高度，如图8-16所示。继续使用【选择】工具选中下部复制的对象，在【颜色】面板中更改填充色为R:27 G:27 B:27，并调整其高度，如图8-17所示。

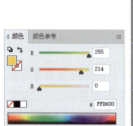  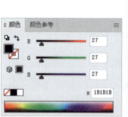 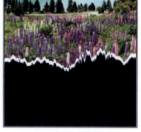

图 8-16　编辑对象(一)　　　　　　　图 8-17　编辑对象(二)

05 选择【文字】工具在画板中单击，输入文字内容。然后在【字符】面板中设置字体系列为Franklin Gothic Demi Cond，字体大小数值为185pt，【垂直缩放】数值为110%，如图8-18所示。

06 继续使用【文字】工具在画板中单击，输入文字内容。然后在【字符】面板中设置字体系列为Segoe Script，字体大小数值为117pt，如图8-19所示。

 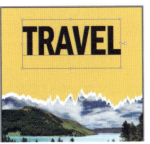  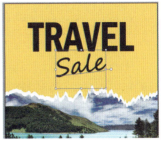

图8-18 输入并设置文字(一)　　　　　　　图8-19 输入并设置文字(二)

07 继续使用【文字】工具在画板中单击，输入文字内容。然后在【字符】面板中设置字体系列为Century Gothic，字体大小数值为35pt；再在【变换】面板中设置【旋转】数值为90°，如图8-20所示。

08 继续使用【文字】工具在画板中拖动创建文本框，并在文本框中添加占位符文字。然后在【字符】面板中设置字体系列为Myriad Pro，字体大小数值为21pt，字符间距数值为-25，如图8-21所示。

 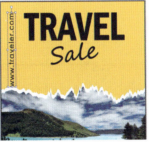  

图8-20 输入并设置文字(三)　　　　　　　图8-21 输入并设置文字(四)

09 选择【圆角矩形】工具，按Alt键的同时在画板中单击，打开【圆角矩形】对话框。在该对话框中，设置【宽度】数值为343px，【高度】数值为73px，【圆角半径】数值为36px，单击【确定】按钮创建圆角矩形，并在【颜色】面板中设置填充色为R:255 G:214 B:0，如图8-22所示。

10 选择【文字】工具在圆角矩形上方单击，输入文字内容。然后在【字符】面板中设置字体系列为Century Gothic，字体大小数值为39pt，完成后的效果如图8-23所示。

   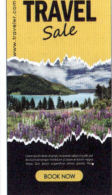

图8-22 绘制圆角矩形　　　　　　　　　　图8-23 完成后的效果

8.2 使用【路径查找器】面板

通过指定的运算，利用【路径查找器】面板可以对重叠的对象生成复杂的路径，从而得到新的图形对象。【路径查找器】面板的使用频率非常高，在进行较为复杂的图形绘制、标志设计和创意字体设计中经常使用。

选择【窗口】|【路径查找器】命令或按组合键Shift+Ctrl+F9可以打开如图8-24所示的【路径查找器】面板。单击该面板中的按钮可以创建新的形状组合，创建后不能够再编辑原始对象。如果创建后产生了多个对象，这些对象会被自动编组到一起。选中要进行操作的对象，在【路径查找器】面板中单击相应的按钮，即可观察到不同的效果。

- 【联集】按钮 可以将选定的多个对象合并成一个对象，如图8-25所示。在合并的过程中，会将相互重叠的部分删除，只留下合并的外轮廓。新生成的对象保留合并之前最上层对象的填充色和轮廓色。

图8-24 【路径查找器】面板　　　　　　　　图8-25 联集

- 【减去顶层】按钮 可以在最上层对象的基础上，将与后面所有对象重叠的部分删除，最后显示最上面对象的剩余部分，并组成一个闭合路径，如图8-26所示。
- 【交集】按钮 可以对多个相互交叉重叠的图形进行操作，仅保留交叉的部分，而其他部分被删除，如图8-27所示。
- 【差集】按钮 的应用效果与【交集】按钮的应用效果相反。使用这个按钮可以删除选定的两个或多个对象的重合部分，仅留下不相交的部分，如图8-28所示。

 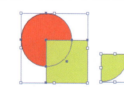

图8-26 减去顶层　　　　图8-27 交集　　　　图8-28 差集

- 【分割】按钮 可将相互重叠交叉的部分分离，从而生成多个独立的部分。应用分割功能后，各个部分将保留原始的填充或颜色，但是前面对象重叠部分的轮廓线的属性将被取消。生成的独立对象可以使用【直接选择】工具将其选中，如图8-29所示。
- 【修边】按钮 主要用于删除被其他路径覆盖的路径，可以将路径中被其他路径覆盖的部分删除，仅留下使用该按钮前在页面中能够显示出来的路径，并且所有轮廓线的宽度都将被去掉。
- 【合并】按钮 的应用效果根据选中对象的填充和轮廓属性的不同而有所不同。如果属性都相同，则所有的对象将组成一个整体，合并为一个对象，但对象的轮廓线将被取消。如果对象属性不相同，则相当于应用【裁剪】按钮后的效果。

第8章 对象的高级操作

- 【裁剪】按钮可以在选中一些重合对象后，将所有在最前面对象之外的部分裁剪掉。
- 【轮廓】按钮可以把所有对象都转换成轮廓，同时将路径相交的地方断开，如图8-30所示。
- 【减去后方对象】按钮可以在最上面对象的基础上，将与后面所有对象重叠的部分删除，最后显示最上面对象的剩余部分，并组成一个闭合路径，如图8-31所示。

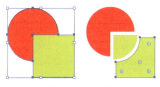
图8-29 分割

图8-30 轮廓

图8-31 减去后方对象

> **提示**
>
> 较为简单的图像在进行路径查找操作时，运行速度比较快，查找的精度也比较高。当图形比较复杂时，用户可以在【路径查找器】面板中选择【路径查找器选项】命令，在打开的如图8-32所示的【路径查找器选项】对话框中进行相应的操作。
>
> 【精度】数值框：在该数值框中输入相应的数值，可以影响路径查找器计算对象路径时的精确程度。计算越精确，绘图就越准确，生成结果路径所需的时间也越长。
>
>
> 图8-32 【路径查找器选项】对话框
>
> 选中【删除冗余点】复选框，再单击【路径查找器】面板中的按钮可以删除不必要的点。
>
> 选中【分割和轮廓将删除未上色图稿】复选框时，再单击【分割】或【轮廓】按钮可以删除选定图稿中的所有未填充对象。

【例8-2】 制作化妆品广告。

01 新建一个A4横向的空白文档，使用【矩形】工具绘制矩形，并在【颜色】面板中设置填充色为C:7 M:7 Y:80 K:0，如图8-33所示。

02 选择【橡皮擦】工具，按]键调整【橡皮擦】工具的大小，然后在绘制的矩形上单击，如图8-34所示。

图8-33 绘制矩形

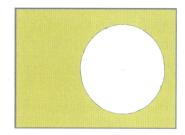
图8-34 使用【橡皮擦】工具

03 选择【文件】|【打开】命令，打开所需的素材图形文档。按Ctrl+A快捷键全选对象，按Ctrl+C快捷键复制对象，如图8-35所示。

04 选中步骤**01**创建的文档，按Ctrl+V快捷键粘贴上一步复制的对象，并调整其位置及大小，如图8-36所示。

图8-35 打开并复制对象　　　　　　　　图8-36 粘贴对象

05 保持对象的选中状态,按Ctrl+C快捷键复制对象,按Ctrl+B快捷键再次复制并粘贴对象,选择【效果】|【风格化】|【投影】命令,打开【投影】对话框。在该对话框中,设置【不透明度】数值为30%,【X位移】数值为5mm,【Y位移】数值为3mm,【模糊】数值为1mm,然后单击【确定】按钮,如图8-37所示。

06 使用【选择】工具选中步骤 **01** 和步骤 **04** 创建的对象,在【路径查找器】面板中单击【联集】按钮,如图8-38所示。

图8-37 应用【投影】命令　　　　　　　图8-38 单击【联集】按钮调整对象

07 按Ctrl+2快捷键锁定上一步中的对象,选择【椭圆】工具,按住Alt+Shift快捷键并拖动绘制圆形,按Shift+Ctrl+[组合键将该圆形置于底层,然后在【渐变】面板中单击【径向渐变】按钮,设置填充色为C:7 M:9 Y:84 K:0至C:0 M:60 Y:80 K:0,如图8-39所示。

08 按Ctrl+C快捷键复制上一步创建的对象,按Ctrl+F快捷键应用【贴在前面】命令,然后缩小复制的对象,并在【渐变】面板中将填充色更改为C:0 M:44 Y:90 K:0至C:0 M:70 Y:85 K:0,如图8-40所示。

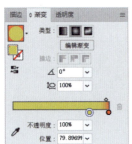

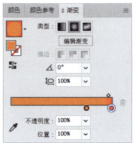

图8-39 绘制圆形　　　　　　　　　　　图8-40 复制并调整圆形(一)

第 8 章 对象的高级操作

09 继续按Ctrl+C快捷键复制上一步创建的对象，按Ctrl+F快捷键应用【贴在前面】命令，然后缩小复制的对象，并在【渐变】面板中将填充色更改为C:0 M:80 Y:95 :0至C:15 M:100 Y:90 K:10，如图8-41所示。

10 继续按Ctrl+C快捷键复制上一步创建的对象，按Ctrl+F快捷键应用【贴在前面】命令，然后缩小复制的对象，并在【渐变】面板中将填充色更改为C:0 M:90 Y:85 K:0至C:45 M:100 Y:100 K:15，如图8-42所示。

图8-41　复制并调整圆形(二)　　　　　　　　图8-42　复制并调整圆形(三)

11 选择【文件】|【打开】命令，在弹出的【打开】对话框中选择所需的图形文档，单击【打开】按钮。在打开的图形文档中，按Ctrl+A快捷键全选对象，按Ctrl+C快捷键复制对象。选中步骤**01**创建的文档，按Ctrl+V快捷键粘贴对象，并按Ctrl+[快捷键将其下移一层，如图8-43所示。

图8-43　复制、粘贴对象(一)

12 选择【文件】|【打开】命令，在弹出的【打开】对话框中选择所需的图形文档，单击【打开】按钮。在打开的文档中，按Ctrl+A快捷键全选对象，按Ctrl+C快捷键复制对象。选中步骤**01**创建的文档，按Ctrl+V快捷键粘贴对象，并移动复制对象，如图8-44所示。

图8-44　复制、粘贴对象(二)

13 选择【文件】|【置入】命令，置入所需的图形对象，然后连续按Ctrl+[快捷键将其放置在步骤**06**创建的对象下方，如图8-45所示。

14 选择【斑点画笔】工具,在【颜色】面板中,设置填充色为C:0 M:50 Y:80 K:0,然后使用【斑点画笔】工具在画板中绘制斑点,如图8-46所示。

图8-45 置入对象

图8-46 使用【斑点画笔】工具绘制斑点

15 选择【文件】|【置入】命令,置入所需的图形对象,完成后的效果如图8-47所示。

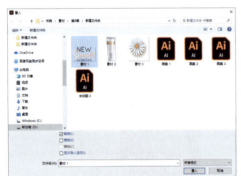

图8-47 完成后的效果

8.3 编辑路径对象

Illustrator不仅提供了多种用于编辑路径的工具,还提供了多种编辑路径的命令。选择【对象】|【路径】命令,在弹出的子菜单中即可看到编辑路径的命令。

8.3.1 轮廓化描边

【轮廓化描边】命令可以将路径转换为独立的填充对象。转换后的描边具有自己的属性,可以进行颜色、描边粗细、位置的更改。

选中需要进行轮廓化的路径对象,选择【对象】|【路径】|【轮廓化描边】命令,在该路径对象转换为轮廓后,即可对路径进行形态调整及渐变填充,如图8-48所示。

图8-48 轮廓化描边

8.3.2 偏移路径

【偏移路径】命令可以使路径偏移以创建新的路径副本，可以用于创建同心图形。选中需要进行偏移的路径，选择【对象】|【路径】|【偏移路径】命令，打开【偏移路径】对话框。然后可以在该对话框中设置偏移路径选项，设置完成后，单击【确定】按钮偏移路径，如图8-49所示。

图8-49 偏移路径

8.3.3 简化

【简化】命令可以删除路径上多余的锚点，并减少路径的细节。选择一个图形或一段路径，选择【对象】|【路径】|【简化】命令，在出现的浮动工具栏中，拖动滑块可以调整路径的简化程度，如图8-50所示。向左拖动滑块，可以增强简化程度，路径更简单，原始图形变形效果更明显。

图8-50 手动简化路径

单击【自动简化】按钮，软件会自动减去多余的点，而最大限度上保持路径的形态，如图8-51所示。单击浮动工具栏右侧的 按钮，可以打开如图8-52所示的【简化】对话框进行设置。

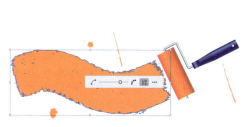

图8-51 自动简化路径

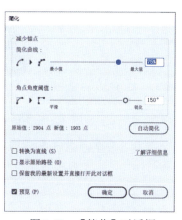

图8-52 【简化】对话框

8.3.4 清理

在画板中，不必选中要清除的游离点、未上色对象及空文本路径，选择【对象】|【路径】|【清理】命令，在打开的【清理】对话框中设置要清理的对象，然后单击【确定】按钮，即可清理所选对象，如图8-53所示。

图8-53　清理对象

8.4　混合工具

使用【混合】工具可以在多个图形之间生成一系列对象的中间对象，从而实现从一种颜色过渡到另一种颜色，从一种形状过渡到另一种形状的效果。

8.4.1 创建混合效果

使用【混合】工具 和【混合】命令可以为两个或两个以上的图形对象创建混合效果。

01 选中两个有一段间距的图形，选择【对象】|【混合】|【建立】命令，或按Alt+Ctrl+B组合键，或选择【混合】工具分别单击需要混合的图形对象，即可创建混合效果，如图8-54所示。

图8-54　创建混合效果

02 选择混合的路径后，双击工具栏中的【混合】工具，或选择【对象】|【混合】|【混合选项】命令，可打开【混合选项】对话框。在该对话框中可以对混合效果进行设置，设置完成后，单击【确定】按钮即可调整混合效果，如图8-55所示。

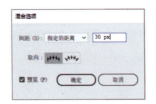 

图8-55　调整混合效果

▶【间距】选项用于设置混合对象之间的距离大小。数值越大，混合对象之间的距离也越大。其中包含3个选项，分别是【平滑颜色】【指定的步数】和【指定的距离】选项。【平滑颜色】选项表示系统将按照要混合的两个图形的颜色和形状来确定混合步数；【指定的步数】选项可以控制混合的步数；【指定的距离】选项可以控制每一步混合间的距离。
▶ 【取向】选项可以设定混合的方向。【对齐页面】按钮 以对齐页面的方式进行混合；【对齐路径】按钮 以对齐路径的方式进行混合。
▶ 【预览】复选框被选中后，可以直接预览更改设置后的所有效果。

8.4.2 编辑混合对象

创建对象混合后，两个混合的图形之间默认会建立一条直线状的混合轴。如果想要使混合对象不沿着直线排列，则可以对混合轴进行调整。在Illustrator中，可以对混合轴进行编辑、替换、反选等一系列操作。

01 选中混合对象后，可以看到混合轴。选择【直接选择】工具单击选中混合轴，然后使用【直接选择】工具拖动锚点，可以调整混合轴路径的形态，同时混合效果也会发生改变，如图8-56所示。

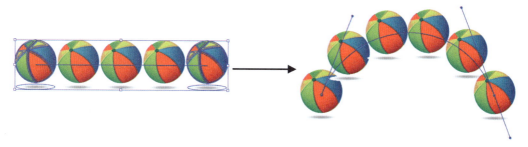

图8-56　调整混合轴

02 还可以用其他复杂的路径替换混合轴。首先绘制一条路径，然后使用【选择】工具将路径和混合对象选中，接着选择【对象】|【混合】|【替换混合轴】命令，这样混合轴就会被所选路径替换，如图8-57所示。

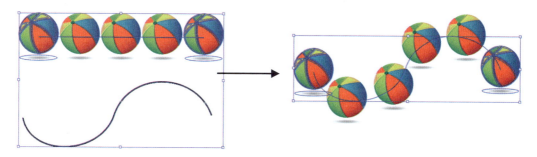

图8-57　替换混合轴

03 如果想要调换混合对象的顺序，则在选择混合对象后，选择【对象】|【混合】|【反向混合轴】命令，这样就可以调换混合的两个图形位置，其效果类似于镜像功能，如图8-58所示。
04 如果想要更改混合对象的堆叠顺序，则在选择混合对象后，选择【对象】|【混合】|【反向堆叠】命令即可，如图8-59所示。

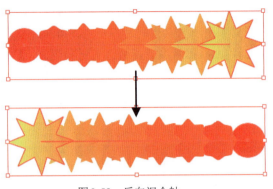
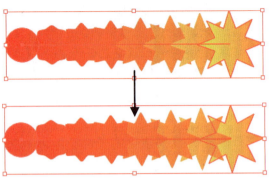

图8-58 反向混合轴　　　　　　　　　　　　图8-59 反向堆叠

8.4.3 扩展、释放混合对象

创建混合效果后，形成的混合对象是一个由图形和路径组成的整体。如果【扩展】混合对象，可以将混合对象分割为一系列独立的个体。选择混合对象，选择【对象】|【混合】|【扩展】命令即可扩展对象，如图8-60所示。扩展后的混合对象为一个编组对象，右击该对象，在弹出的快捷菜单中选择【取消编组】命令，此时即可选中其中的单个对象。

如果不想再使用混合，可以将混合的对象释放，释放后的对象将恢复原始的状态。选择混合对象，选择【对象】|【混合】|【释放】命令，或按Alt+Shift+Ctrl+B组合键即可，如图8-61所示。

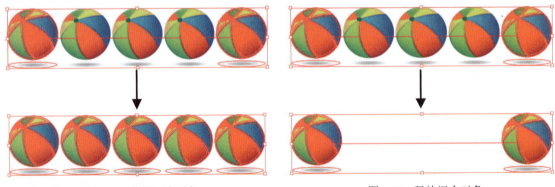

图8-60 扩展混合对象　　　　　　　　　　　图8-61 释放混合对象

【例8-3】 制作美食主题广告。

01 选择【文件】|【新建】命令，打开【新建文档】对话框。在该对话框中，设置【宽度】和【高度】数值均为540px，【光栅效果】为【高(300ppi)】，然后单击【创建】按钮新建文档，如图8-62所示。

02 选择【矩形】工具绘制一个与画板同等大小的矩形，并在【渐变】面板中设置填充色为R:0 G:104 B:56至R:141 G:198 B:63，【角度】数值为70°，如图8-63所示。

03 选择【圆角矩形】工具并在画板中单击，打开【圆角矩形】对话框。在该对话框中，设置【宽度】数值为480px，【高度】数值为340px，【圆角半径】数值为36px，单击【确定】按钮创建圆角矩形。然后在【渐变】面板中，更改【角度】数值为100°，并在【变换】面板中设置【旋转】数值为30°，如图8-64所示。

图8-62 新建文档

图8-63 绘制矩形

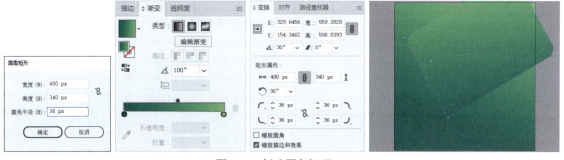

图8-64 创建圆角矩形(一)

04 按Ctrl+C快捷键复制刚创建的圆角矩形，按Ctrl+F快捷键将其粘贴在前面。然后在【变换】面板中设置【旋转】数值为52°，在【渐变】面板中更改【角度】数值为125°，如图8-65所示。

05 按Ctrl+C快捷键复制上一步创建的圆角矩形，按Ctrl+F快捷键将其粘贴在前面。选择【文件】|【置入】命令，置入所需的素材图像，并将其放置在刚复制的圆角矩形下方。右击，在弹出的快捷菜单中选择【建立剪切蒙版】命令，建立剪切蒙版，如图8-66所示。

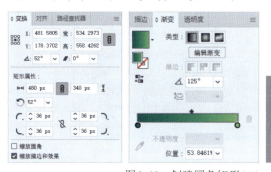

图8-65 创建圆角矩形(二)

图8-66 建立剪切蒙版

06 选中步骤**03**和步骤**04**创建的圆角矩形，选中【对象】|【混合】|【建立】命令，如图8-67所示建立混合。

07 选择【对象】|【混合】|【扩展】命令扩展混合，再取消混合对象的编组，并调整对象位置。

然后选择【效果】|【风格化】|【投影】命令，打开【投影】对话框。在该对话框中，设置【不透明度】数值为60%，【X位移】数值为0px，【Y位移】数值为-1px，【模糊】数值为8px，单击【确定】按钮，如图8-68所示。

图8-67　建立混合　　　　　　　　　　　　　图8-68　添加投影效果

08 选择【圆角矩形】工具并在画板中单击，打开【圆角矩形】对话框。在该对话框中，设置【宽度】数值为250px，【高度】数值为162px，【圆角半径】数值为36px，单击【确定】按钮创建圆角矩形。在【变换】面板中，设置【旋转】数值为322°，然后调整其位置，如图8-69所示。

 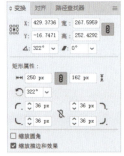 

图8-69　创建圆角矩形(三)

09 选择【矩形】工具，绘制一个与画板同等大小的矩形。然后按Ctrl+A快捷键，全选画板中的对象，右击，在弹出的快捷菜单中选择【建立剪切蒙版】命令，建立剪切蒙版，如图8-70所示。

10 选择【文件】|【置入】命令，置入所需的素材图像，如图8-71所示。

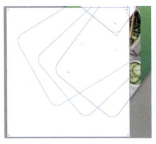  

图8-70　建立剪切蒙版　　　　　　　　　　图8-71　置入图像

11 选择【文字】工具在画板中拖动创建文本框，并输入文字内容。然后在【字符】面板中设置字体系列为Geometr415 Blk BT Black，字体样式为Black，字符大小数值为48pt，行距数值为42pt，如图8-72所示。

12 使用【文字】工具选中第二行文字内容，在【字符】面板中更改字符大小数值为64pt，行距数值为56pt，如图8-73所示。

第 8 章 对象的高级操作

图8-72　输入并设置文字(一)　　　　　　　图8-73　编辑文字(一)

13 继续选择【文字】工具在画板中拖动创建文本框，并输入占位符文字内容。然后在【字符】面板中设置字体系列为Arial，字符大小数值为10pt，如图8-74所示。

14 使用【文字】工具选中第一、二行文字内容，在【字符】面板中更改字符大小为29pt，如图8-75所示。

图8-74　输入并设置文字(二)　　　　　　　图8-75　编辑文字(二)

15 选择【椭圆】工具并在画板中单击，打开【椭圆】对话框。在该对话框中，设置【宽度】和【高度】数值均为117px，单击【确定】按钮创建圆形。在【渐变】面板中，更改【角度】数值为0°，如图8-76所示。

16 按Ctrl+C快捷键复制刚创建的圆形，按Ctrl+B快捷键将其贴在下方。将其填充色更改为黑色，然后在【透明度】面板中设置混合模式为【正片叠底】，【不透明度】数值为60%，如图8-77所示。

    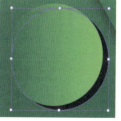

图8-76　创建圆形　　　　　　　　　　　图8-77　复制并编辑图形

17 选择【效果】|【模糊】|【高斯模糊】命令，打开【高斯模糊】对话框。在该对话框中，设置【半径】数值为40px，然后单击【确定】按钮，如图8-78所示。

18 选择【文件】|【置入】命令，置入其他所需的素材，完成后的效果如图8-79所示。

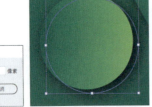

图8-78 应用【高斯模糊】命令　　　　　　　　图8-79 完成后的效果

8.5 剪切蒙版

剪切蒙版就是以一个图形作为【容器】，限定另一个图形显示的范围。剪切蒙版的应用范围非常广泛。

8.5.1 创建剪切蒙版

创建剪切蒙版需要两个对象：一个是剪切图形对象，用于控制最终显示的范围，这个图形通常是一个简单的矢量图形或文字；另一个是被剪切的对象，其可以是位图、复杂图形、编组的对象等。

01 在画板中选中堆叠的对象，位于最上方的图形将作为剪切对象，如图8-80所示。

02 选择【对象】|【剪切蒙版】|【建立】命令，或按Ctrl+7快捷键，或右击，在弹出的快捷菜单中选择【建立剪切蒙版】命令，即可创建剪切蒙版，如图8-81所示。

图8-80 选择剪切对象　　　　　　　　　图8-81 创建剪切蒙版

03 在创建剪切蒙版后，用户还可以通过控制栏中的【编辑剪切蒙版】按钮 和【编辑内容】按钮 来编辑对象。使用【直接选择】工具在图形边缘处单击，随即可显示锚点。使用该工具拖动锚点即可更改剪切蒙版的形状，如图8-82所示。

04 若要编辑被剪切的对象，可以单击控制栏中的【编辑内容】按钮，或选择【对象】|【剪切蒙版】|【编辑蒙版】命令选中被剪切的对象，然后即可进行旋转、移动等操作，如图8-83所示。

图8-82　编辑剪切蒙版　　　　　　　　　图8-83　编辑内容

【例8-4】　制作在线听歌App的交互界面。

01 选择【文件】|【新建】命令，打开【新建文档】对话框。在该对话框中，选中【移动设备】选项卡中的【iPhone 8/7/6】选项，设置【光栅效果】为【高(300ppi)】，然后单击【创建】按钮，如图8-84所示。

02 使用【矩形】工具在画板左上角单击，打开【矩形】对话框。在该对话框中，设置【宽度】数值为750px，【高度】数值为280px，单击【确定】按钮创建矩形，并在【颜色】面板中设置填充色为R:0 G:0 B:0，如图8-85所示。

图8-84　新建文档　　　　　　　　　　　图8-85　创建矩形(一)

03 按Ctrl+C快捷键复制刚绘制的矩形，再按Ctrl+F快捷键将其贴在前面。然后在【变换】面板中，将参考点设置为上中，取消选中【约束宽度和高度比例】按钮，设置【高度】数值为40px；在【颜色】面板中设置填充色为R:102 G:102 B:102，如图8-86所示。

04 选择【文件】|【置入】命令，置入所需的素材图像，如图8-87所示。

图8-86　创建矩形(二)　　　　　　　　　图8-87　置入图像(一)

05 选择【文件】|【置入】命令，置入所需的素材图像，并在【变换】面板中设置X数值为50px，Y数值为67px，如图8-88所示。

06 选择【文件】|【置入】命令，置入所需的素材图像，并在【变换】面板中设置X数值为700px，如图8-89所示。

图8-88　置入图像(二)　　　　　　　　　　图8-89　置入图像(三)

07 选择【文件】|【置入】命令，置入所需的素材图像，并在【变换】面板中设置X数值为640px，如图8-90所示。

08 使用【选择】工具选中步骤**05**至步骤**07**置入的对象，在控制栏中选择【对齐关键对象】，然后单击【垂直居中对齐】按钮，如图8-91所示。

图8-90　置入图像(四)　　　　　　　　　　图8-91　对齐对象

09 使用【矩形】工具在画板中单击，打开【矩形】对话框。在该对话框中，设置【宽度】数值为750px，【高度】数值为80px，单击【确定】按钮创建矩形，并将其置于画板底部，如图8-92所示。

10 选择【文件】|【置入】命令，置入所需的素材图像，并在【变换】面板中设置X数值为50px，Y数值为1274px，如图8-93所示。

图8-92　创建矩形(三)　　　　　　　　　　图8-93　置入图像(五)

11 使用步骤**06**至步骤**08**的操作方法，置入其他图标并对齐，如图8-94所示。

12 选择【文字】工具在画板中单击，输入文字内容。将字体颜色设置为白色，在【字符】面板中设置字体系列为Humnst777 BT Roman，字体样式为Roman，字符大小数值为36pt，如图8-95所示。

第 8 章 对象的高级操作

图 8-94　置入图像(六)

图 8-95　输入并设置文字(一)

13　使用【文字】工具继续输入文字内容，然后选中全部文字对象，在控制栏中选择【对齐所选对象】选项，单击【水平居中分布】按钮，如图 8-96 所示。

14　使用【矩形】工具在文字下方创建矩形，并在【颜色】面板中设置填充色为 R:51 G:51 B:51，如图 8-97 所示。

图 8-96　输入并对齐文字　　　　　　　　　图 8-97　创建矩形(四)

15　按 Ctrl+C 快捷键复制刚创建的矩形，按 Ctrl+F 快捷键贴在前面，然后在【变换】面板中设置【宽】数值为 200px，在【颜色】面板中更改填充色为 R:255 G:0 B:255，如图 8-98 所示。

图 8-98　创建矩形(五)

16　使用【文字】工具在画板中创建文本框，在【字符】面板中，设置字体系列为 Humnst777 BT Roman，字体样式为 Roman，字符大小数值为 30pt；在【段落】面板中单击【全部两端对齐】按钮，设置【左缩进】和【右缩进】数值均为 30pt，如图 8-99 所示。

图 8-99　输入并设置文字(二)

17 选择【圆角矩形】工具并在画板中单击，打开【圆角矩形】对话框。在该对话框中，设置【宽度】和【高度】数值均为315px，【圆角半径】数值为48px，单击【确定】按钮创建圆角矩形，并在【变换】面板中设置X数值为200px，Y数值为363px，如图8-100所示。

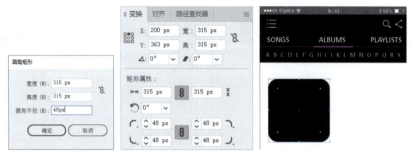

图8-100　创建圆角矩形

18 使用【文字】工具创建文本框，输入占位符文字。然后在【字符】面板中，设置字体系列为Myriad Pro，字符大小数值为24pt；在【颜色】面板中设置字体颜色为R:51 G:51 B:51，如图8-101所示。

19 使用【文字】工具选中第二行文字，在【颜色】面板中更改字体颜色为R:179 G:179 B:179，如图8-102所示。

图8-101　输入并设置文字(三)　　　　图8-102　更改文字颜色

20 选择【文件】|【置入】命令，置入所需的素材图像，如图8-103所示。

21 选择【文件】|【置入】命令，置入所需的素材图像，置于底层。选中置入的图像和上方的圆角矩形，右击，在弹出的快捷菜单中选择【建立剪切蒙版】命令，建立剪切蒙版，如图8-104所示。

图8-103　置入图像(七)　　　　图8-104　建立剪切蒙版

22 使用工具选中步骤**17**至步骤**21**创建的对象，右击，在弹出的快捷菜单中选择【变换】|【移动】命令。在打开的【移动】对话框中，设置【水平】数值为350px，【垂直】数值为0px，单击【复制】按钮，如图8-105所示。

23 使用工具选中步骤**17**至步骤**22**创建的对象，右击，在弹出的快捷菜单中选择【变换】|

【移动】命令。在打开的【移动】对话框中,设置【水平】数值为0px,【垂直】数值为450px,单击【复制】按钮,如图8-106所示。

图8-105　移动、复制对象(一)　　　　　　　图8-106　移动、复制对象(二)

24 使用【直接选择】工具选中要替换的素材图像,在【链接】面板中单击【重新链接】按钮,打开【置入】对话框。在该对话框中,重新选择所需的素材图像,单击【置入】按钮,如图8-107所示。

图8-107　重新链接图像

25 使用步骤 **24** 的操作方法,重新链接其他需要替换的素材图像,完成后的效果如图8-108所示。

图8-108　完成后的效果

> **提示**
>
> 　　除了允许使用各种图形对象作为剪贴蒙版的形状，Illustrator还允许使用文本作为剪切蒙版。用户在使用文本创建剪切蒙版时，可以把文本转换为路径，也可以直接将文本作为剪切蒙版。若文本已被转换为轮廓，则不可再对该文本进行编辑操作。

8.5.2　释放剪切蒙版

　　如果要放弃剪切蒙版，可以对其进行释放。选择蒙版对象后，选择【对象】|【剪切蒙版】|【释放】命令，或在【图层】面板中单击【建立/释放剪切蒙版】按钮 ，即可释放剪切蒙版，如图8-109所示。此外，用户也可以在选中蒙版对象后，右击，在弹出的快捷菜单中选择【释放剪切蒙版】命令，或选择【图层】面板控制菜单中的【释放剪切蒙版】命令，同样可以释放剪切蒙版，如图8-110所示。释放剪切蒙版后，将得到原始的蒙版对象和一个无外观属性的蒙版对象。

图8-109　释放剪切蒙版(一)

图8-110　释放剪切蒙版(二)

8.6　应用图形样式

　　【图形样式】是指一系列已设置好的外观属性，用户可使用这些属性快速地为文档中的对象赋予某种特殊效果，而且可以反复使用。

01 想要应用图形样式，首先需要选择【窗口】|【图形样式】命令，打开【图形样式】面板。选择一个图形对象，接着在【图形样式】面板中单击某个样式图标，即可将所选样式应用到对象上，如图8-111所示。

图8-111　应用图形样式(一)

02 默认情况下，【图形样式】面板中只显示了几种样式，大量精美的样式存放在样式库中。单击【图形样式】面板底部的【图形样式库菜单】按钮，可以打开不同的样式库面板，如图8-112所示。在各个样式库面板中，同样可以通过单击的方式为所选对象赋予样式，如图8-113所示。

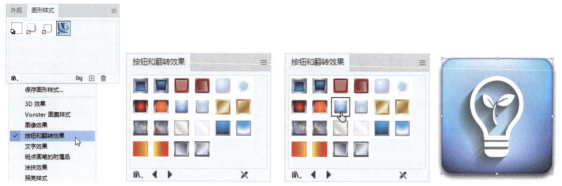

图8-112　打开图形样式库面板　　　　　　图8-113　应用图形样式(二)

03 如果想去除已添加的样式，可以选中已赋予图形样式的对象，选择【窗口】|【外观】命令，打开【外观】面板，在【外观】面板菜单中选择【清除外观】命令，即可去除对象上的样式，如图8-114所示。

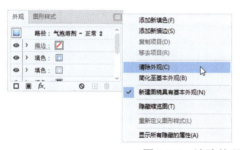 

图8-114　清除外观

8.7　设置不透明度

不透明度的设置是制图中最常用的功能之一，常用于多个对象融合效果的制作。对顶层的对象设置半透明的效果，就会显示出底部的内容。

选中要进行透明度设置的对象，在控制栏或【透明度】面板的【不透明度】数值框中输入数值就可以调整对象的透明度效果。默认值为100%，表示对象完全不透明。数值越大，对象越不透明；数值越小，对象越透明，如图8-115所示。

图8-115　设置不同的不透明度

> **提示**
>
> 如果要更改填充或描边的不透明度，可选择一个对象或组后，在【外观】面板中选择填充或描边，再在【透明度】面板或【属性】面板中设置【不透明度】选项。

8.8 混合模式

混合模式是指当前对象中的内容与下方图像之间颜色的混合。混合模式的设置主要用于多个对象的融合，在应用投影、外发光等效果时也会用到混合模式。

8.8.1 设置混合模式

想要设置对象的混合模式，需要对【透明度】面板中的各选项进行设置。

01 选中需要设置的对象，选中【窗口】|【透明度】命令，或按Ctrl+Shift+F10组合键，打开【透明度】面板；或单击控制栏中的【不透明度】按钮，打开【透明度】下拉面板，如图8-116所示。

02 在【混合模式】下拉列表中选择一种混合模式，画面效果则会发生变化，如图8-117所示。

图8-116　打开【透明度】面板

图8-117　设置混合模式

> **提示**
>
> 【混合模式】下拉列表中包含了多种混合模式。在选中了某一混合模式后，将光标放在【混合模式】下拉列表框处，然后滚动鼠标中轮，即可快速查看各种混合模式的效果。这样方便查找合适的混合模式。

8.8.2 【混合模式】选项

使用【透明度】面板的混合模式选项，可以为选定的对象设置混合模式。当把一种混合模式应用于某一对象时，在此对象的图层或组下方的任何对象上都可看到混合模式的效果。在混合模式选项下拉列表中包括以下16种设置。

- ▶ 正常：使用混合色对选区上色，且不与基色相互作用，如图8-118所示。
- ▶ 变暗：选择基色或混合色中较暗的一种作为结果色，比混合色亮的区域会被结果色取代，比混合色暗的区域将保持不变，如图8-119所示。
- ▶ 正片叠底：将基色与混合色相乘，得到的颜色总是比基色、混合色要暗一些。将任何颜色与黑色相乘都会产生黑色，将任何颜色与白色相乘则颜色保持不变，如图8-120所示。

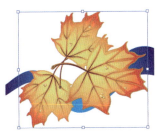 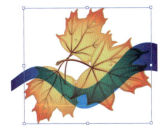 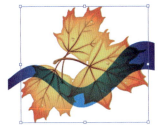

图8-118 【正常】模式　　　图8-119 【变暗】模式　　　图8-120 【正片叠底】模式

- 颜色加深：加深基色以反映混合色，如图8-121所示。与白色混合后不产生变化。
- 变亮：选择基色或混合色中较亮的一种作为结果色，比混合色暗的区域将被结果色取代，比混合色亮的区域将保持不变，如图8-122所示。
- 滤色：将混合色的反相颜色与基色相乘，得到的颜色总是比基色和混合色要亮一些，如图8-123所示。用黑色滤色时颜色保持不变，用白色滤色将产生白色。

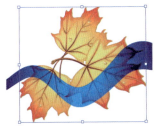 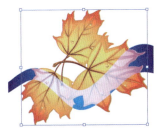 

图8-121 【颜色加深】模式　　　图8-122 【变亮】模式　　　图8-123 【滤色】模式

- 颜色减淡：加亮基色以反映混合色。与黑色混合不发生变化，如图8-124所示。
- 叠加：对颜色进行相乘或滤色，具体取决于基色。图案或颜色叠加在现有的图稿上，在与混合色混合以反映原始颜色的亮度和暗度的同时，保留基色的高光和阴影，如图8-125所示。
- 柔光：使颜色变暗或变亮，具体取决于混合色。此效果类似于漫射聚光灯照在图稿上，如图8-126所示。

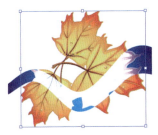 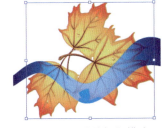 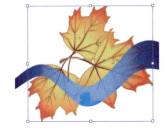

图8-124 【颜色减淡】模式　　　图8-125 【叠加】模式　　　图8-126 【柔光】模式

- 强光：对颜色进行相乘或过滤，具体取决于混合色。此效果类似于耀眼的聚光灯照在图稿上，如图8-127所示。
- 差值：从基色中减去混合色或从混合色中减去基色，具体取决于哪一种的亮度值较大。与白色混合将反转基色值，与黑色混合则不发生变化，如图8-128所示。

- 排除：用于创建一种与【差值】模式相似但对比度更低的效果。与白色混合将反转基色分量，与黑色混合则不发生变化，如图 8-129 所示。

图 8-127　【强光】模式

图 8-128　【差值】模式

图 8-129　【排除】模式

- 色相：用基色的亮度和饱和度，以及混合色的色相创建结果色，如图 8-130 所示。
- 饱和度：用基色的亮度和色相，以及混合色的饱和度创建结果色。在无饱和度（灰度）的区域上用此模式着色不会产生变化，如图 8-131 所示。

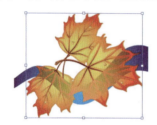
图 8-130　【色相】模式

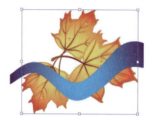
图 8-131　【饱和度】模式

- 混色：用基色的亮度及混合色的色相和饱和度创建结果色。这样可以保留图稿中的灰阶，对于给单色图稿上色及给彩色图稿上色都会非常有用，如图 8-132 所示。
- 明度：用基色的色相和饱和度，以及混合色的亮度创建结果色。此模式可创建与【混色】模式相反的效果，如图 8-133 所示。

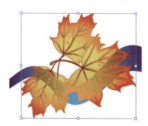
图 8-132　【混色】模式

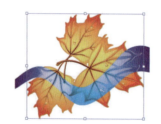
图 8-133　【明度】模式

如果要更改填充或描边的混合模式，可选中对象或组，然后在【外观】面板中选择填充或描边，再在【透明度】面板中选择一种混合模式即可。

8.9　不透明蒙版

不透明蒙版是指以不同等级的灰度来控制对象的显示与隐藏。为某个对象添加【不透明蒙版】后，可以通过在不透明蒙版中添加黑色、白色或灰色的图形来控制对象的显示与隐藏。在不透明蒙版中显示黑色的部分，对象中的内容会变为透明；灰色部分变为半透明；白色部分变为完全不透明。

8.9.1 创建不透明蒙版

不透明蒙版常用于制作渐隐效果。

01 选择一个对象或组，或在【图层】面板中选择需要运用不透明度的图层，打开【透明度】面板。在【透明度】面板中，单击【制作蒙版】按钮创建一个空蒙版，Illustrator会自动进入蒙版编辑模式，如图8-134所示。

图8-134　创建蒙版

02 使用绘图工具绘制好蒙版后，再单击【透明度】面板中被蒙版的图稿的缩览图即可退出蒙版编辑模式，如图8-135所示。

图8-135　退出蒙版编辑模式

03 如果已有要设置为不透明蒙版的图形，可以直接将它设置为不透明蒙版。选中被蒙版的对象和蒙版图形，然后从【透明度】面板菜单中选择【建立不透明蒙版】命令，或单击【制作蒙版】按钮，那么最上方的选定对象或组将成为蒙版，如图8-136所示。

图8-136　建立不透明蒙版

04 如果对得到的透明效果不是很满意，可以继续调整蒙版效果。选中添加了不透明蒙版的对象后，在【透明度】面板中按住Alt键并单击蒙版缩览图，以隐藏文档窗口中的被蒙版对象，如图8-137所示。也可以直接单击【透明度】面板中右侧的【不透明蒙版】缩览图，接着使用【渐变】工具调整渐变效果，如图8-138所示。

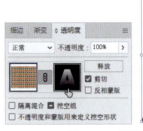
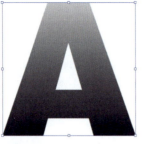

图8-137　隐藏被蒙版的对象　　　　　　图8-138　调整不透明蒙版效果

05 编辑完不透明蒙版后，单击左侧被蒙版对象的缩览图按钮退出编辑状态，如图8-139所示。

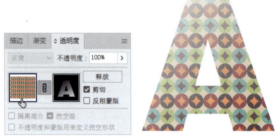

图8-139　退出不透明蒙版编辑状态

8.9.2　取消链接不透明蒙版

默认情况下，对象与蒙版之间带有一个链接图标 。移动被蒙版对象时，蒙版对象也会随之移动；而移动蒙版对象时，被蒙版对象不会随之移动。用户可以在【透明度】面板中取消蒙版链接，以将蒙版锁定在合适的位置并单独移动被蒙版对象。

要取消蒙版链接，可在【图层】面板中选中被蒙版对象，然后单击【透明度】面板中缩览图之间的链接符号，或者从【透明度】面板菜单中选择【取消链接不透明蒙版】命令，将锁定蒙版对象的位置和大小，这样可以独立于蒙版来移动被蒙版的对象并调整其大小，如图8-140所示。

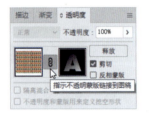

图8-140　取消链接不透明蒙版

要重新链接蒙版，可在【图层】面板中选中被蒙版对象，然后单击【透明度】面板中缩览图之间的区域，或者从【透明度】面板菜单中选择【链接不透明蒙版】命令。

8.9.3 停用不透明蒙版

停用不透明蒙版是将蒙版暂时取消显示,等需要时再次启用。

要停用不透明蒙版,可在【图层】面板中选中被蒙版对象,然后按住Shift键并单击【透明度】面板中的蒙版对象的缩览图,或者从【透明度】面板菜单中选择【停用不透明蒙版】命令。停用不透明蒙版后,【透明度】面板中的蒙版缩览图上会显示一个红色的×号,如图8-141所示。

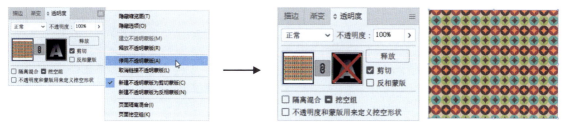

图8-141 停用不透明蒙版

要重新激活蒙版,可在【图层】面板中选中被蒙版对象,然后按住Shift键并单击【透明度】面板中的蒙版对象的缩览图,或从【透明度】面板菜单中选择【启用不透明蒙版】命令。

8.9.4 释放不透明蒙版

在【图层】面板中选中被蒙版对象,然后从【透明度】面板菜单中选择【释放不透明蒙版】命令,或单击【释放】按钮,蒙版对象会重新出现在被蒙版对象的上方,如图8-142所示。

图8-142 释放不透明蒙版

【例8-5】 制作汽车服务广告。 视频

01 选择【文件】|【新建】命令,打开【新建文档】对话框。在该对话框中,选中【移动设备】选项卡中的【iPhone 8/7/6 Plus】选项,设置【光栅效果】为【高(300ppi)】,然后单击【创建】按钮,如图8-143所示。

02 使用【矩形】工具拖动绘制矩形,并在【颜色】面板中设置填充色为R:11 G:49 B:143,如图8-144所示。

03 选择【矩形】工具,按住Shift键的同时拖动绘制矩形,并在【颜色】面板中设置填充色为无,描边色为R:244 G:191 B:27,在【描边】面板中设置【粗细】为25pt,如图8-145所示。

04 选择【文件】|【置入】命令,在打开的【置入】对话框中选择所需的图像进行置入,并调整图像大小,如图8-146所示。

图8-143 新建文档

图8-144 绘制矩形(一)

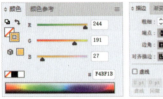   

图8-145 绘制矩形(二)　　　　　　　　　　　图8-146 置入图像

05 使用【矩形】工具在画板右侧绘制一个矩形,并在【渐变】面板中设置填充色为K:0至K:100,如图8-147所示。

06 使用【选择】工具选中置入的图像和绘制的渐变矩形,在【透明度】面板中单击【制作蒙版】按钮,再选中【反相蒙版】复选框,如图8-148所示。

图8-147 绘制矩形(三)　　　　　　　　　　　图8-148 制作蒙版

07 使用【文字】工具在画板中单击,在控制栏中设置字体颜色为白色,字体系列为Myriad Pro,字体大小为140 pt,然后输入文字内容,如图8-149所示。

08 选择【效果】|【风格化】|【投影】命令,打开【投影】对话框。在该对话框中,设置【不透明度】数值为60%,【X位移】和【Y位移】数值均为-6px,【模糊】数值为6px,然后单击【确定】按钮,如图8-150所示。

09 使用【文字】工具在画板中单击,在控制栏中设置字体颜色为白色,字体系列为Myriad Pro,字符大小为36pt,然后输入文字内容,如图8-151所示。

10 使用【文字】工具在画板中拖动创建文本框,在控制栏中设置字体颜色为白色,字体系列为News706 BT Bold,字体样式为Bold,字符大小为142pt,然后输入文字内容,如图8-152所示。

图8-149 输入并设置文字(一)　　　　　图8-150 应用【投影】命令(一)

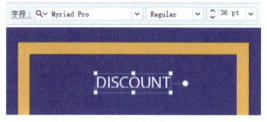

图8-151 输入并设置文字(二)　　　　　图8-152 输入并设置文字(三)

11 在【段落】面板中,单击【全部两端对齐】按钮,使用【文字】工具选中第一行文字,在【颜色】面板中设置文字填充色为R:244 G:191 B:27,如图8-153所示。

12 使用【选择】工具选中步骤 03 绘制的矩形和步骤 09 至步骤 10 输入的文本,在控制栏中选中【对齐所选对象】选项,再单击【水平居中对齐】按钮,如图8-154所示。

图8-153 调整文字效果　　　　　图8-154 对齐文本

13 使用【矩形】工具拖动绘制矩形,并在【颜色】面板中设置填充色为R:11 G:49 B:143,如图8-155所示。

14 选择【效果】|【风格化】|【投影】命令,打开【投影】对话框。在该对话框中,设置【不透明度】数值为60%,【X位移】和【Y位移】数值均为－12px,【模糊】数值为17px,然后单击【确定】按钮,如图8-156所示。

15 使用【文字】工具在画板中拖动创建文本框,在控制栏中设置字体颜色为白色,字体系列为Berlin Sans FB Demi Bold,字体样式为Bold,字符大小为67pt,然后输入文字内容。在【段落】面板中,单击【全部两端对齐】按钮,如图8-157所示。

16 选择【文件】|【置入】命令，选择所需的图像置入，并调整图像大小及位置，完成后的效果如图8-158所示。

图8-155　绘制矩形　　　　　　　　图8-156　应用【投影】命令

图8-157　输入并设置文字(三)　　　　图8-158　完成后的效果

8.10　实例演练

本章的实例演练通过制作折扣券，帮助用户更好地掌握本章所介绍的图形编辑与剪切蒙版的应用方法和技巧。

【例8-6】　制作折扣券。

01 选择【文件】|【新建】命令，打开【新建文档】对话框。在该对话框中，设置【宽度】数值为145mm，【高度】数值为66mm，【画板】数值为2；单击【更多设置】按钮，打开【更多设置】对话框；在【更多设置】对话框中单击【按列排列】按钮，然后单击【创建文档】按钮，如图8-159所示。

图8-159　新建文档

02 使用【矩形】工具在画板中单击,在打开的【矩形】对话框中,设置【宽度】为16mm,【高度】为66mm,然后单击【确定】按钮。在控制栏中选择【对齐画板】选项,再单击【水平右对齐】和【垂直顶对齐】按钮。然后将矩形描边色设置为无。在【渐变】面板中,设置渐变填充色为C:17 M:100 Y:100 K:39 至C:0 M:79 Y:55 K:0,如图8-160所示。

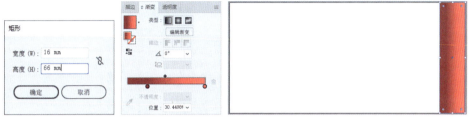

图8-160　创建矩形(一)

03 继续使用【矩形】工具在画板中单击,在打开的【矩形】对话框中,设置【宽度】和【高度】数值均为4mm,单击【确定】按钮。在【变换】面板中,设置【旋转】数值为45°,然后将该矩形移至步骤 02 创建的矩形左侧顶部的角点处,如图8-161所示。

04 使用【选择】工具,在按住Ctrl+Alt快捷键的同时,按住鼠标左键拖动并复制所绘制的矩形至步骤 02 创建的矩形底部的角点处。然后使用【混合】工具分别单击步骤 02 和步骤 03 创建的矩形,创建混合,如图8-162所示。

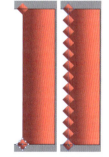

图8-161　创建矩形(二)　　　　　　　　图8-162　创建混合

05 选择【对象】|【混合】|【扩展】命令,按Ctrl+A快捷键全选对象,并在【路径查找器】面板中单击【减去顶层】按钮,如图8-163所示。

06 使用【矩形】工具在画板左上角单击,在打开的【矩形】对话框中,设置【宽度】数值为72mm,【高度】数值为66mm,然后单击【确定】按钮,如图8-164所示。

图8-163　编辑对象　　　　　　　　　　图8-164　通过【矩形】对话框设置矩形

07 使用【直接选择】工具选中刚创建的矩形的右下角锚点,在控制栏中设置X为34mm,如图8-165所示。

08 选择【文件】|【置入】命令,置入所需的图像文件。按Shift+Ctrl+[组合键,将其置于底层,如图8-166所示。

图8-165 编辑图形(一)   图8-166 置入图像(一)

09 使用【选择】工具选中刚置入的图像和步骤 07 创建的对象,右击,在弹出的快捷菜单中选择【建立剪切蒙版】命令,效果如图8-167所示。

10 选择【文件】|【置入】命令,置入所需的图像文件,如图8-168所示。

图8-167 建立剪切蒙版   图8-168 置入图像(二)

11 使用【矩形】工具在画板左侧单击,在打开的【矩形】对话框中,设置【宽度】数值为57mm,【高度】数值为10mm,然后单击【确定】按钮。在【颜色】面板中,设置填充色为C:53 M:92 Y:0 K:0,如图8-169所示。

图8-169 创建矩形(三)

12 选择【对象】|【路径】|【添加锚点】命令,使用【直接选择】工具选中矩形右侧中间的锚点,在控制栏中设置X为52mm,如图8-170所示。

13 使用【文字】工具在画板中单击,在【字符】面板中,设置字体系列为Segoe UI,字体样式为Bold Italic,字符大小为12pt,字符间距数值为-75,字体颜色为白色,然后输入文字内容,如图8-171所示。

图8-170　编辑图形(二)　　　　图8-171　输入并设置文字(一)

14 选择【效果】|【风格化】|【投影】命令，打开【投影】对话框。在该对话框中，设置【不透明度】数值为40%，【X位移】和【Y位移】数值均为0.8mm，【模糊】数值为0mm，然后单击【确定】按钮，如图8-172所示。

图8-172　应用【投影】命令

15 使用【文字】工具在画板中单击，在【字符】面板中，设置字体系列为Century Gothic，【字体样式】为Regular，字符大小为28pt，字符间距数值为0，在【颜色】面板中，设置字体颜色为C:36 M:43 Y:64 K:0，然后输入文字内容，如图8-173所示。

 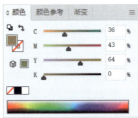 

图8-173　输入并设置文字(二)

16 继续使用【文字】工具在画板中输入文字内容，然后在【字符】面板中，设置字体系列为Adefebia，【字体样式】为Regular，字体大小数值为47pt，字体颜色为C:36 M:43 Y:64 K:0，如图8-174所示。

17 使用【选择】工具选中刚创建的文字对象，按Ctrl+C快捷键复制文字，按Ctrl+F快捷键应用【贴在前面】命令，在【颜色】面板中，更改文字颜色为C:64 M:82 Y:100 K:54，然后按键盘上的←键调整文字位置，如图8-175所示。

  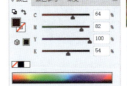 

图8-174　输入并设置文字(三)　　　　图8-175　复制并调整文字

18 使用【文字】工具在画板中拖动创建文本框,在【字符】面板中,设置字体系列为Arial,【字体样式】为Regular,字符大小为5pt,行间距数值为6pt;在【颜色】面板中,设置字体颜色为C:0 M:0 Y:0 K:50,然后输入示例文字内容,如图8-176所示。

图8-176　输入并设置示例文字内容

19 使用【椭圆】工具在画板中拖动绘制圆形,在【颜色】面板中,设置填充色为C:53 M:92 Y:0 K:0,如图8-177所示。

20 使用【文字】工具在画板中单击,在【字符】面板中,设置字体系列为Humnst777 Cn BT,【字体样式】为Regular,字符大小为36pt,字符间距数值为-75,字体颜色为白色,然后输入文字内容,如图8-178所示。

图8-177　绘制圆形　　　　　　　　　　图8-178　输入并设置文字(四)

21 选择【效果】|【风格化】|【投影】命令,打开【投影】对话框。在该对话框中,设置【不透明度】数值为40%,【X位移】和【Y位移】数值为0.8mm,【模糊】数值为0mm,然后单击【确定】按钮,如图8-179所示。

22 使用【文字】工具在画板中单击,在【字符】面板中,设置字体系列为Segoe UI Emoji,【字体样式】为Regular,字符大小为14pt,字符间距数值为0,字体颜色为白色,然后输入文字内容。输入完成后,在【变换】面板中,设置【旋转】数值为90°,再单击控制栏中的【垂直居中对齐】按钮,效果如图8-180所示。

23 使用【选择】工具选中图8-181左图中的对象,按Ctrl+C快捷键复制该对象,然后选中画板2,按Ctrl+F快捷键应用【贴在前面】命令,效果如图8-181右图所示。

图8-179　应用【投影】命令(二)　　　　　图8-180　输入并设置文字(五)

图8-181　复制、粘贴对象(一)

24 选中刚复制的文本对象,在【变换】面板中,设置【旋转】数值为270°,如图8-182所示。

25 选中文本对象下方的图形对象,在【属性】面板中单击【水平轴翻转】按钮,调整图形对象的位置,然后选中该图形及上方的文本对象,按Ctrl+G快捷键对对象进行编组,再在控制栏中单击【水平左对齐】按钮,效果如图8-183所示。

图8-182　设置旋转角度　　　　　　　　　　图8-183　调整对象

26 选中步骤 **09** 创建的剪切蒙版对象,按Ctrl+C快捷键复制对象,然后选中画板2,按Ctrl+F快捷键应用【贴在前面】命令,再在控制栏中单击【水平右对齐】按钮,如图8-184所示。

27 使用【选择】工具双击所复制的剪切蒙版对象,进入隔离编辑状态。选中剪切蒙版对象中的图形,在【属性】面板中单击【水平轴翻转】按钮和【垂直轴翻转】按钮,结果如图8-185所示。

图8-184　复制、粘贴对象(二)　　　　　　　图8-185　编辑剪切蒙版对象

28 按Esc键，退出隔离编辑模式。选中步骤 10 至步骤 21 创建的对象，按Ctrl+C快捷键复制对象，再选中画板2，按Ctrl+F快捷键应用【贴在前面】命令，然后使用【选择】工具调整复制的对象，如图8-186所示。

图8-186　复制、粘贴、编辑对象

29 选中飘带图形，在【属性】面板中单击【水平轴翻转】按钮，然后选中上方文字并调整其位置，如图8-187所示。

30 使用【矩形】工具绘制与画板同等大小的矩形，然后使用【选择】工具选中画板2中的所有图形对象，右击，在弹出的快捷菜单中选择【建立剪切蒙版】命令，完成后的效果如图8-188所示。

图8-187　调整对象　　　　　　　　　图8-188　完成后的效果

第 9 章
Illustrator 效果

　　Illustrator 中提供了多种外观效果设置命令，其中包含各种 Illustrator 效果设置命令和 Photoshop 中的大部分滤镜命令。合理使用这些效果命令和滤镜命令可以模拟摄影、印刷与数字图像中的多种特殊效果，从而制作出更为丰富多彩的画面。

9.1 应用效果

Illustrator中包含大量的效果，效果是一种依附于对象外观的功能，利用该功能可以在不更改对象原始属性的前提下使对象产生外形的变化，或产生某种绘画效果。在【效果】菜单中可以看到很多效果组，每个效果组中包含多种效果。其中大致分为两类：Illustrator效果和Photoshop效果。

Illustrator效果大多可以使所选对象产生外形上的变化，而Photoshop效果则可以使所选对象产生不同的视觉效果，如绘画效果或纹理效果等。Photoshop效果与Photoshop中的滤镜效果相似，参数也几乎相同。

9.1.1 为对象应用效果

【效果】菜单中有很多效果命令，使用这些命令可产生不同的效果，但操作方法大同小异。本节以【外发光】效果为例进行讲解。

选中要添加效果的对象，选择【效果】|【风格化】|【外发光】命令，打开【外发光】对话框。在该对话框中，可以进行相关参数的设置，如选中【预览】复选框可以直观地预览应用效果命令后的效果。设置完成后，单击【确定】按钮即可应用所选的效果，如图9-1所示。

图9-1 为对象应用效果

> 如果对链接的位图应用效果，则效果将应用于嵌入的位图副本，而非原始位图。如果要对原始位图应用效果，则必须将原始位图嵌入文档中。

9.1.2 使用【外观】面板管理效果

选择【窗口】|【外观】命令，或按Shift+F6快捷键，打开【外观】面板。在该面板中显示了所选对象的描边、填充、应用的效果等属性。

1. 为对象添加效果

在【外观】面板中可以直接为对象添加、修改或删除效果。如果想对一个对象应用效果，可以在选择该对象后，单击【外观】面板中的【添加新效果】按钮，在弹出的菜单中选择一种效果命令，打开相应的命令对话框。然后在该对话框中设置相应的参数，单击【确定】按钮即可添加效果，如图9-2所示。

第 9 章 Illustrator 效果

图9-2 添加效果

2. 编辑已有的效果

为图形对象添加一种效果后，该效果会显示在【外观】面板中。用户可以使用【外观】面板随时修改该效果。选中带有效果的对象，在【外观】面板中单击效果名称，可以重新打开效果的参数设置对话框更改设置参数，如图9-3所示。

图9-3 编辑已有的效果

3. 调整效果的排列顺序

效果的上下排列顺序会影响对象的显示效果，上层的效果会遮挡下层的效果。想要调整效果的顺序，可以在效果上按住鼠标左键将其拖动到合适的位置，之后松开鼠标即可，如图9-4所示。

图9-4 调整效果的排列顺序

> **提示**
>
> 如果要删除对象的某种效果，可以选择该效果，然后单击【外观】面板底部的【删除】按钮，随即可删除效果，如图9-5所示。使用【外观】面板菜单中的【清除外观】命令，可以清除所选对象的所有效果。

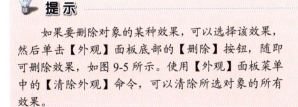

图9-5 删除效果

261

9.2　3D效果

3D效果可用于从二维图稿创建三维对象,可以通过高光、阴影、旋转及其他属性来控制3D对象的外观,还可以将二维图稿贴到3D对象中的每个表面上。

9.2.1　使用凸出操作创建3D对象

通过使用【凸出和斜角】命令可以沿对象的Z轴凸出拉伸一个2D对象,以增加对象的深度。选中要应用该效果的对象后,选择【效果】|【3D和材质】|【3D(经典)】|【凸出和斜角(经典)】命令,在打开的【3D凸出和斜角选项(经典)】对话框可以进行相应的设置,如图9-6所示。

图9-6　在【3D凸出和斜角选项(经典)】对话框中进行相应的设置

- 【位置】:在该下拉列表中选中不同的选项可设置对象的旋转方式,以及观看对象的透视角度,如图9-7所示。该下拉列表中提供了一些预设的位置选项,用户可以通过右侧的3个数值框进行不同方向的旋转调整,也可以直接使用鼠标在示意图中进行拖动来调整相应的旋转角度,如图9-7所示。

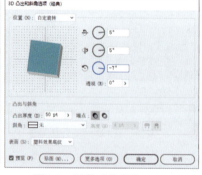

图9-7　调整【位置】

- 【透视】:通过调整该选项中的参数,可调整3D对象的透视效果。数值为0°表示没有任何效果。角度越大,透视效果越明显。
- 【凸出厚度】:调整该选项中的参数,可定义从2D图形凸出为3D图形时凸出的尺寸。数值越大,凸出的尺寸越大。
- 【端点】:在该选项中单击不同的按钮,可定义3D图形是空心的还是实心的。

- 【斜角】：在该下拉列表中选中不同的选项，可定义沿对象的深度轴(Z轴)应用所选类型的斜角边缘。
- 【高度】：在该选项的数值框中可设置范围为1~100的高度值。如果对象的斜角高度太大，则可能导致对象自身相交，产生不同的效果。
- 【斜角外扩】按钮：单击该按钮，可将斜角添加至对象的原始形状。
- 【斜角内缩】按钮：单击该按钮，将从对象的原始形状中砍去斜角。
- 【表面】：在该下拉列表中选中不同的选项，可定义不同的表面底纹。

当要对对象材质进行更多的设置时，可以单击【3D凸出和斜角选项(经典)】对话框中的【更多选项】按钮，展开更多的选项。

- 【光源强度】：在该数值框中输入0~100%范围内的数值，可控制光源强度。
- 【环境光】：在该数值框中输入0~100%的数值，可控制全局光照，统一改变所有对象的表面亮度，如图9-8所示。

图9-8 设置【环境光】

- 【高光强度】：在该数值框中输入相应的数值，可控制对象反射光的多少，取值范围为0~100%。较低值产生暗淡的表面，较高值则产生较为光亮的表面。
- 【高光大小】：在该数值框中输入相应的数值，可控制高光的大小。
- 【混合步骤】：在该数值框中输入相应的数值，可控制对象表面所表现出来的底纹的平滑程度。该数值越高，所产生的底纹越平滑，路径也越多。
- 【底纹颜色】：在该下拉列表中选中不同的选项，可控制对象的底纹颜色。

单击【3D凸出和斜角选项(经典)】对话框中的【贴图】按钮，可以打开如图9-9所示的【贴图】对话框，用户可以在其中为对象设置贴图效果。

 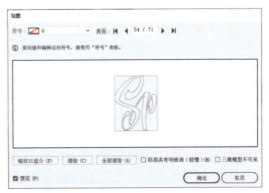

图9-9 【贴图】对话框

- 【符号】：在该下拉列表中选中不同的选项，可定义在选中表面上粘贴的图形。
- 【表面】：在该选项中单击不同的按钮，可查看3D对象的不同表面。
- 【变形】：在中间的缩略图区域中，可以对图形的尺寸、角度和位置进行调整。
- 【缩放以适合】：单击该按钮，可直接调整该符号对象的尺寸直至和表面尺寸相同。
- 【清除】：单击该按钮，可将指定的符号对象清除。
- 【贴图具有明暗调(较慢)】：当选中该复选框后，在符号图形上将显示相应的光照效果。
- 【三维模型不可见】：选中该复选框后，将隐藏3D对象。

【例 9-1】 制作立体感控件。 视频

01 选择【文件】|【新建】命令，打开【新建文档】对话框。在该对话框中，设置【宽度】和【高度】数值均为100mm，然后单击【创建】按钮，如图9-10所示。

02 使用【矩形】工具绘制与画板同等大小的矩形，设置描边色为无，在【渐变】面板中单击渐变填色框，在【类型】下拉列表中选择【径向】选项，设置【长宽比】数值为113%，填充色为白色至R:185 G:188 B:186的渐变。然后使用【渐变】工具调整渐变中心的位置，如图9-11所示。

图9-10　新建文档　　　　　　　　　图9-11　绘制矩形并进行填充

03 按Ctrl+2快捷键锁定刚绘制的矩形，使用【椭圆】工具在画板中心单击，并按Alt+Shift快捷键拖动绘制圆形，再在【颜色】面板中将其填充色设置为白色，如图9-12所示。

04 选择【效果】|【3D和材质】|【3D经典】|【凸出和斜角(经典)】命令，打开【3D凸出和斜角选项(经典)】对话框。在该对话框的【位置】下拉列表中选择【前方】选项，在【斜角】下拉列表中选择【经典】选项，设置【高度】为2pt，单击【确定】按钮应用设置，如图9-13所示。

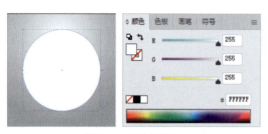
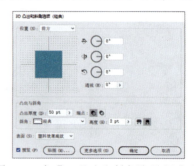

图9-12　绘制圆形　　　　　　　图9-13　在【3D凸出和斜角选项(经典)】对话框中进行相应的设置

第9章 Illustrator 效果

05 选择【文件】|【置入】命令，在打开的【置入】对话框中选择所需置入的图像，单击【置入】按钮，如图9-14所示。

06 在画板外区域单击，置入图像，并在属性栏中单击【嵌入】按钮，弹出【TIFF导入选项】对话框，单击【确定】按钮嵌入图像，如图9-15所示。

图9-14 【置入】对话框　　　　　　　　　　图9-15 嵌入图像

07 使用【选择】工具选中刚嵌入的图像。在【符号】面板中单击【新建符号】按钮，打开【符号选项】对话框。在该对话框的【导出类型】下拉列表中选择【图形】选项，并在【名称】文本框中输入"金属质感"，选中【静态符号】单选按钮，然后单击【确定】按钮创建符号，如图9-16所示。

08 选中先前创建的圆形，在【外观】面板中单击【3D凸出和斜角(经典)】链接，打开【3D凸出和斜角选项(经典)】对话框。在该对话框中单击【贴图】按钮，打开【贴图】对话框。在【符号】下拉列表中选择先前制作的【金属质感】符号，并单击【缩放以适合】按钮，选中【贴图具有明暗调(较慢)】复选框，然后单击【确定】按钮应用贴图，如图9-17所示。

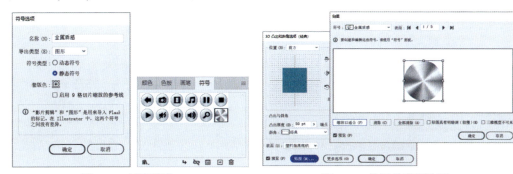

图9-16 创建符号　　　　　　　　　　图9-17 设置并应用贴图

09 贴图完成后，单击【确定】按钮关闭【3D凸出和斜角选项(经典)】对话框，完成后的贴图效果如图9-18所示。

10 使用【椭圆】工具在画板中绘制一个圆形，并在【颜色】面板中设置填充色为R:113 G:113 B:113。然后使用【选择】工具选中绘制的圆形，并按Ctrl+Alt+Shift组合键移动并复制圆形，如图9-19所示。

265

图9-18　贴图效果　　　　　　　　　　　图9-19　绘制并复制圆形

11 使用【混合】工具分别单击步骤 **10** 中创建的圆形，创建图形混合，如图9-20所示。

12 选择【对象】|【混合】|【混合选项】命令，打开【混合选项】对话框。在该对话框中设置【间距】选项为【指定的步数】，数值为13，然后单击【确定】按钮，如图9-21所示。

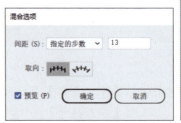
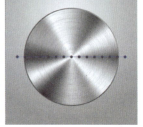

图9-20　创建图形混合　　　　　　　　　图9-21　在【混合选项】对话框中进行相应的设置

13 使用【椭圆】工具在画板中绘制圆形，然后选择【剪刀】工具断开路径，并删除下方弧线段，如图9-22所示。

14 使用【选择】工具选中弧线和混合对象，然后选择【对象】|【混合】|【替换混合轴】命令，结果如图9-23所示。

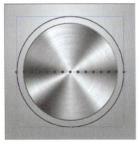

图9-22　绘制弧线段　　　　　　　　　　图9-23　替换混合轴

15 使用【多边形】工具在画板中单击并拖动，同时按键盘上的↓键减少多边形的边数，绘制如图9-24所示的三角形，并在【颜色】面板中设置填充色为R:231 G:56 B:40。

16 选择【效果】|【风格化】|【内发光】命令，打开【内发光】对话框。在该对话框中选中【边缘】单选按钮，设置【模式】为【变暗】，【不透明度】数值为60%，【模糊】数值为0.4 mm，然后单击【确定】按钮，如图9-25所示。

第 9 章 Illustrator 效果

图 9-24　绘制三角形　　　　　　　　　图 9-25　添加内发光效果

17 选中步骤 **09** 完成的图形对象,选择【效果】|【风格化】|【投影】命令,打开【投影】对话框。在该对话框中,设置【不透明度】数值为 75%,【X 位移】数值为 1mm,【Y 位移】数值为 2 mm,【模糊】数值为 1.5 mm,然后单击【确定】按钮,如图 9-26 所示。

图 9-26　添加投影效果

9.2.2　通过绕转创建 3D 对象

通过【绕转】命令可以将用于绕转的路径围绕 Y 轴做圆周运动以形成 3D 对象。由于绕转轴是垂直固定的,因此用于绕转的开放或闭合路径应为所需 3D 对象面向正前方时垂直剖面的一半。选中要执行绕转操作的对象,选择【效果】|【3D 和材质】|【3D(经典)】|【绕转(经典)】命令,打开【3D 绕转选项(经典)】对话框进行设置,如图 9-27 所示。

 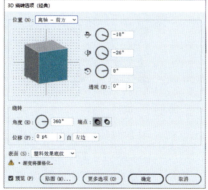 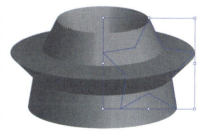

图 9-27　使用【3D 绕转选项(经典)】对话框进行相应的设置

▶ 【位置】：在该下拉列表中选中不同的选项,可设置对象的旋转方式及观看对象时的透视角度。在该下拉列表中提供了一些预设的位置选项,用户可以通过右侧的 3 个数值框进行不同方向的旋转调整,也可以直接使用鼠标在示意图中进行拖动以调整相应的角度。

- 【透视】：通过调整该选项中的参数，可调整该3D对象的透视效果。数值为0°表示没有任何效果。角度越大，透视效果越明显。
- 【角度】：在该文本框中输入相应的数值，可设置0°~360°的路径绕转度数，效果如图9-28所示。

图9-28　不同角度的效果

- 【端点】：用于指定显示的对象是实心还是空心。
- 【位移】：用于在绕转轴与路径之间添加距离。例如，可以创建一个环状对象，可以输入一个范围在0~1000的值。
- 【自】：用于设置对象绕之转动的轴，可以是左边缘，也可以是右边缘。

9.2.3　在三维空间中旋转对象

使用【旋转】命令可以使2D图形在3D空间中旋转，从而模拟出透视的效果。该命令只对2D图形有效，不能像【绕转】命令那样对图形进行绕转，也不能产生3D效果。

该命令的使用和【绕转】命令基本相同。绘制好一个图形后，选择【效果】|【3D和材质】|【3D(经典)】|【旋转(经典)】命令，在打开的【3D旋转选项(经典)】对话框中可以设置图形围绕X轴、Y轴和Z轴进行旋转的度数，使图形在3D空间中进行旋转，如图9-29所示。

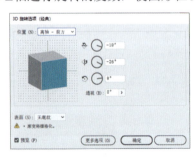 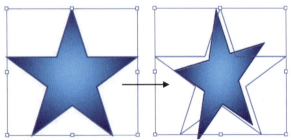

图9-29　旋转图形

- 【位置】：用于设置对象的旋转方式及观看对象时的透视角度。
- 【透视】：用于调整图形透视的角度。在【透视】数值框中可输入一个范围在0~160的值。
- 【表面】：用于创建各种形式的表面，包括暗淡、不加底纹的不光滑表面到平滑、光亮、看起来类似塑料的表面。
- 【更多选项】：单击该按钮，可以查看完整的选项列表；或单击【较少选项】按钮，可以隐藏额外的选项。

9.3 【应用SVG滤镜】效果

选择【效果】|【SVG滤镜】命令子菜单，可以打开一组滤镜效果命令。选择其中的【应用SVG滤镜】命令，即可打开【应用SVG滤镜】对话框。在该对话框的列表框中可以选择所需的效果，选中【预览】复选框可以查看相应的效果，单击【确定】按钮执行相应的SVG滤镜效果，如图9-30所示。

图9-30　使用【应用SVG滤镜】效果

9.4 【变形】效果

使用【变形】效果可以使对象的外观发生变化。变形效果是实时的，不会永久改变对象的基本形状，可以随时修改或删除效果。

01 选中一个或多个对象，选择【效果】|【变形】命令，在弹出的子菜单中选择相应的选项，如选择【上升】命令，如图9-31所示。

图9-31　选择变形命令

02 在打开的【变形选项】对话框中，对其进行相应的参数设置，然后单击【确定】按钮，即可改变变形效果，如图9-32所示。

 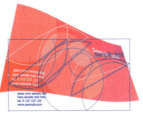

图9-32　设置变形效果

9.5 【扭曲和变换】效果

【扭曲和变换】效果组可以对路径、文本、网格、混合及位图图像使用一种预定义的变形进行扭曲或变换。【扭曲和变换】效果组中共提供了【变换】【扭拧】【扭转】【收缩和膨胀】【波纹】【粗糙化】和【自由扭曲】7种效果。

9.5.1 变换

使用【变换】效果，可以通过重设大小、旋转、移动、镜像和复制等操作来改变对象的形状。

选中要添加效果的对象，选择【效果】|【扭曲和变换】|【变换】命令，在打开的【变换效果】对话框中可以进行参数设置，如图9-33所示。设置完成后，单击【确定】按钮应用效果。

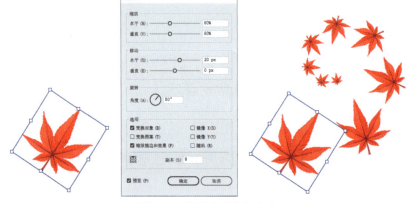

图9-33 使用【变换】命令

- 【缩放】：在该选项组中分别调整【水平】和【垂直】数值框中的参数，可以定义缩放的比例。
- 【移动】：在该选项组中分别调整【水平】和【垂直】数值框中的参数，可以定义移动的距离。
- 【角度】：在该数值框中输入相应的数值，可定义旋转的角度，正值为顺时针旋转，负值为逆时针旋转。
- 镜像X、Y：当选中【镜像X(X)】或【镜像Y(Y)】复选框时，可以对对象进行镜像处理。
- 【随机】：当选中该复选框时，将对调整的参数进行随机变换，而且每个对象的随机数值并不相同。
- 定位器：在该选项中，通过单击相应的按钮，可以定义变换的中心点。
- 【副本】：在该数值框中输入相应的数值，可将变换对象复制相应的份数。

【例9-2】 制作商品充值卡。 视频

01 新建一个宽度和高度都为100mm的空白文档。选择【圆角矩形】工具，按住Alt键的同时在画板中心单击，在弹出的【圆角矩形】对话框中设置【宽度】数值为90mm，【高度】数值为55mm，【圆角半径】数值为5mm，然后单击【确定】按钮创建圆角矩形，如图9-34所示。

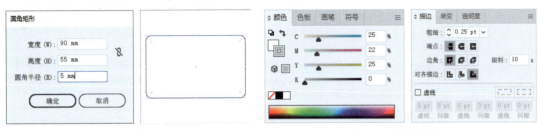

02 在【颜色】面板中,设置刚绘制的圆角矩形的描边色为C:25 M:22 Y:25 K:0。在【描边】面板中,设置【粗细】数值为0.25pt,并单击【使描边外侧对齐】按钮,如图9-35所示。

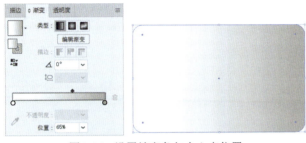

图9-34　绘制圆角矩形　　　　　　　　　　图9-35　设置描边

03 在【渐变】面板中,选中【线性渐变】,设置渐变填充色为C:0 M:0 Y:0 K:0至C:25 M:22 Y:25 K:0,中心点位置为65%,如图9-36所示。

04 使用【直线段】工具在绘图页面中拖曳绘制一条直线,如图9-37所示。

图9-36　设置填充色与中心点位置　　　　　　图9-37　绘制直线段

05 选择【效果】|【扭曲和变换】|【波纹效果】命令,打开【波纹效果】对话框。在该对话框中,设置【大小】数值为3mm,【每段的隆起数】数值为15,然后单击【确定】按钮应用设置,如图9-38所示。

06 选择【效果】|【扭曲和变换】|【变换】命令,打开【变换效果】对话框。在该对话框中,设置【移动】选项组中【垂直】数值为5mm,【副本】数值为10,然后单击【确定】按钮,如图9-39所示。

图9-38　在【波纹效果】对话框中进行　　　　图9-39　在【变换效果】对话框中进行
　　　　　相应的参数设置　　　　　　　　　　　　　　相应的参数设置

07 将刚创建的效果对象的描边色设置为无，填充色设置为与圆角矩形相同的渐变色，然后在【透明度】面板中设置混合模式为【柔光】，如图9-40所示。

08 复制圆角矩形，并将其放置在最上方图层。选中刚复制的圆角矩形和效果对象，右击，在弹出的快捷菜单中选择【建立剪切蒙版】命令创建剪切蒙版，如图9-41所示。

图9-40　设置效果对象　　　　　　　　图9-41　创建剪切蒙版

09 选择【矩形】工具在圆角矩形左侧单击，打开【矩形】对话框。在该对话框中设置【宽度】数值为90mm，【高度】数值为15mm，然后单击【确定】按钮创建矩形，并在【变换】面板中，设置X数值为50mm，Y数值为54mm，如图9-42所示。

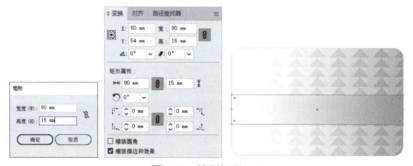

图9-42　绘制矩形(一)

10 继续使用【矩形】工具在刚绘制的矩形左上角单击，打开【矩形】对话框。在该对话框中设置【宽度】数值为90mm，【高度】数值为0.5mm，然后单击【确定】按钮创建矩形，并在【渐变】面板中设置【角度】数值为90°，如图9-43所示。

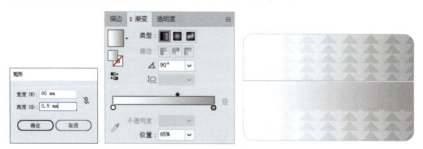

图9-43　绘制矩形(二)

11 选择【移动】工具，移动并复制刚创建的矩形，然后按Ctrl+A快捷键选中所有对象，并按Ctrl+G快捷键进行编组，如图9-44所示。

12 选择【椭圆】工具，按住Alt键的同时在画板中单击，打开【椭圆】对话框。在该对话框中，设置【宽度】数值为90mm，【高度】数值为7.5mm，然后单击【确定】按钮，如图9-45所示。

第 9 章 Illustrator 效果

图9-44　编组对象　　　　　　　　　　　图9-45　绘制图形

13 在【渐变】面板中,选中【线性渐变】,设置渐变填充色为C:65 M:57 Y:54 K:4至不透明度为0%的C:0 M:0 Y:0 K:0,然后使用【渐变】工具填充图形,并按Shift+Ctrl+[组合键将其放置在最下层,如图9-46所示。

14 选择【文件】|【置入】命令,置入所需的素材图像,如图9-47所示。

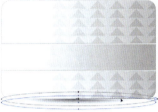

图9-46　填充图形　　　　　　　　　　　图9-47　置入图像

15 选择【文字】工具并在画板中单击,在【字符】面板中设置字体系列为Book Antiqua,字体样式为Regular,字体大小数值为18pt,字符间距为75,然后输入文字内容,如图9-48所示。

16 按Shift+Ctrl+O组合键将文字创建为轮廓,在【渐变】面板中选择【线性渐变】,设置填充色为C:4 M:13 Y:54 K:0至C:37 M:54 Y:87 K:0,然后使用【渐变】工具填充文字图形,如图9-49所示。

图9-48　输入并设置文字(一)　　　　　　图9-49　填充渐变

17 选择【文字】工具并在画板中单击,在【字符】面板中设置字体系列为Kunstler Script,字体样式为Regular,字体大小数值为51pt,字符间距为0;在【颜色】面板中设置字体颜色为C:68 M:68 Y:70 K:25,然后输入文字内容,如图9-50所示。

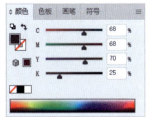

图9-50　输入并设置文字(二)

18 继续使用【文字】工具在画板中拖动创建文本框,在控制栏中设置字体系列为Adobe 宋体 Std L,字体大小为6pt,然后在文本框中添加占位符文字,如图9-51所示。

19 继续使用【文字】工具在画板中单击,在控制栏中设置字体系列为Microsoft YaHei UI,字体样式为Bold,字体大小数值为15pt;在【颜色】面板中设置字体颜色为C:38 M:53 Y:83 K:0,然后输入文字内容,如图9-52所示。

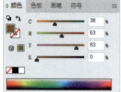

图9-51 输入并设置文字(三)　　　　　　　图9-52 输入并设置文字(四)

20 选择【效果】|【风格化】|【投影】命令,打开【投影】对话框。在该对话框中,设置投影颜色为C:67 M:69 Y:71 K:27,【模式】为【正片叠底】,【X位移】数值为0.2mm,【Y位移】数值为0.2mm,【模糊】数值为0mm,然后单击【确定】按钮应用设置,如图9-53所示。

21 选择【矩形】工具绘制一个与画板同等大小的矩形,并将其放置在最底层。然后在【渐变】面板中,选中【径向渐变】,设置渐变填充色为C:12 M:42 Y:0 K:0至C:38 M:74 Y:0 K:0,中心点位置为100%,完成后的效果如图9-54所示。

图9-53 添加投影　　　　　　　　　　图9-54 完成后的效果

9.5.2 扭拧

【扭拧】效果可以将所选的矢量对象随机地向内或向外弯曲和扭曲。选中要添加效果的对象,选择【效果】|【扭曲和变换】|【扭拧】命令,可打开【扭拧】对话框进行相应的参数设置,如图9-55所示。设置完成后,单击【确定】按钮应用效果。

图9-55　应用【扭拧】效果

- 【水平】：通过调整该选项中的参数，可定义该对象在水平方向的扭拧幅度。
- 【垂直】：通过调整该选项中的参数，可定义该对象在垂直方向的扭拧幅度。
- 【相对】：选中该单选按钮时，将定义调整的幅度为原水平的百分比。
- 【绝对】：选中该单选按钮时，将定义调整的幅度为具体的尺寸。
- 【锚点】：选中该复选框时，将修改对象中的锚点。
- 【"导入"控制点】：选中该复选框时，将修改对象中的导入控制点。
- 【"导出"控制点】：选中该复选框时，将修改对象中的导出控制点。

9.5.3　扭转

【扭转】效果可以顺时针或逆时针扭转对象的形状。选中要添加效果的对象，选择【效果】|【扭曲和变换】|【扭转】命令，可打开【扭转】对话框进行相应的参数设置，如图9-56所示。在该对话框的【角度】数值框中输入相应的数值，可定义对象扭转的角度。输入正值将顺时针扭转，输入负值将逆时针扭转。

图9-56　应用【扭转】效果

9.5.4　收缩和膨胀

【收缩和膨胀】效果以对象中心点为基点，对所选对象进行收缩或膨胀的变形调整。

选中要添加效果的对象，选择【效果】|【扭曲和变换】|【收缩和膨胀】命令，可打开【收缩和膨胀】对话框。在该对话框的【收缩/膨胀】数值框中，可输入相应的数值进行设置，如图9-57所示。该数值控制对象的膨胀或收缩。正值使对象膨胀，负值使对象收缩。用户也可以直接拖曳滑块，向左拖曳滑块可以进行收缩变形，向右拖曳滑块可以进行膨胀变形。

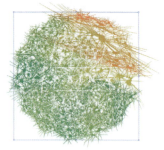

图9-57　应用【收缩和膨胀】效果

9.5.5　波纹效果

【波纹】效果可以使路径边缘产生波纹化的扭曲。选中要添加效果的对象，选择【效果】|【扭曲和变换】|【波纹效果】命令，可打开【波纹效果】对话框进行相应的参数设置，如图9-58所示。设置完成后，单击【确定】按钮。应用该效果后，将在路径内侧和外侧分别生成波纹或锯齿状线段。

图9-58　应用【波纹】效果

- 【大小】：通过调整该选项中的参数，可定义波纹效果的尺寸。
- 【相对】：当选中该单选按钮时，将定义调整的幅度为原水平的百分比。
- 【绝对】：当选中该单选按钮时，将定义调整的幅度为具体的尺寸。
- 【每段的隆起数】：通过调整该选项中的参数，可定义每段路径出现波纹隆起的数量。
- 【平滑】：当选中该单选按钮时，将使波纹的效果比较平滑。
- 【尖锐】：当选中该单选按钮时，将使波纹的效果比较尖锐。

9.5.6　粗糙化

【粗糙化】效果可以使矢量对象的边缘处产生各种大小的尖峰和凹谷的锯齿。

选中要添加效果的对象，选择【效果】|【扭曲和变换】|【粗糙化】命令，打开【粗糙化】对话框。该对话框中的参数设置与波纹效果设置类似，【细节】数值框用于定义粗糙化细节每英寸出现的数量，如图9-59所示。设置完成后，单击【确定】按钮应用效果。

 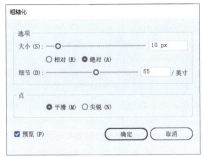 

图9-59　应用【粗糙化】效果

9.5.7　自由扭曲

【自由扭曲】效果为对象添加一个虚拟的方形控制框，通过调整这个方形控制框四角处控制点的位置来改变矢量对象的形状。

选中要添加效果的对象，选择【效果】|【扭曲和变换】|【自由扭曲】命令，打开【自由扭曲】对话框。在该对话框中的缩略图中拖动四个角上的控制点，可以调整对象的变形，如图9-60所示。如果对效果不满意，可以单击【重置】按钮恢复到原始效果。

图9-60　应用【自由扭曲】效果

9.6　【栅格化】效果

在Illustrator中，选择【对象】|【栅格化】命令可将矢量图转换为位图，其属性会发生改变；而选择【效果】|【栅格化】命令可创建栅格化外观，其本质上还是矢量对象，并没有转换为位图图像，还可以通过【外观】面板进行更改。

选择【效果】|【栅格化】命令可以栅格化单独的矢量对象，也可以通过将文档导入为位图格式来栅格化文档。选择需要进行栅格化的图形，选择【效果】|【栅格化】命令，打开【栅格化】对话框进行相应的参数设置，如图9-61所示。设置完成后，单击【确定】按钮，矢量对象边缘会呈现出位图的锯齿感。

图9-61　应用【栅格化】效果

- 【颜色模型】：用于确定在栅格化过程中所用的颜色模式。
- 【分辨率】：用于确定栅格化图像中的每英寸像素数。
- 【背景】：用于确定矢量图形的透明区域如何转换为像素。
- 【消除锯齿】：使用消除锯齿效果，以改善栅格化图像的锯齿边缘外观。
- 【创建剪切蒙版】：创建一个使栅格化图像的背景显示为透明背景的蒙版。
- 【添加】：围绕栅格化图像添加指定数量的像素。

9.7　【转换为形状】效果

【转换为形状】命令子菜单中共包含3个命令，分别是【矩形】【圆角矩形】【椭圆】命令，使用这些命令可以把一些简单的图形转换为这3种形状。

使用【转换为形状】命令的操作比较简单。创建或选择图形后，在【转换为形状】子菜单中选择一个命令，打开【形状选项】对话框。在该对话框中可以对要转换的形状进行设置，然后单击【确定】按钮即可生成需要的形状，如图9-62所示。需要注意的是，不能把一些复杂的图形转换为矩形或者其他形状。

图9-62　应用【转换为形状】效果

9.8　【风格化】效果

在Illustrator中，【风格化】子菜单中有几个比较常用的效果命令，如【内发光】【圆角】【外发光】【投影】【涂抹】【羽化】命令等。

9.8.1 内发光

使用【内发光】命令可以模拟在对象内部或者边缘发光的效果。选中需要设置内发光的对象后，选择【效果】|【风格化】|【内发光】命令，打开【内发光】对话框。在该对话框中设置好相应的选项后，单击【确定】按钮即可，如图9-63所示。

图9-63　应用【内发光】效果

- 【模式】：指定发光的混合模式。
- 【不透明度】：指定所需发光的不透明度百分比。
- 【模糊】：指定要进行模糊处理的区域到选区中心或选区边缘的距离。
- 【中心】：使用从选区中心向外发散的发光效果。
- 【边缘】：使用从选区内部边缘向外发散的发光效果。

9.8.2 圆角

使用【圆角】命令可以使带有锐角边的图形产生圆角效果，从而获得一种更加自然的效果。其操作非常简单，绘制好图形或选择需要修改为圆角的图形后，选择【效果】|【风格化】|【圆角】命令，打开【圆角】对话框。在【圆角】对话框中设置好相应的参数后，单击【确定】按钮即可获得圆角效果，如图9-64所示。

图9-64　应用【圆角】效果

9.8.3 外发光

【外发光】命令的使用方法与【内发光】命令相同，只是产生的效果不同。选择【效果】|【风格化】|【外发光】命令，打开【外发光】对话框。在该对话框中设置好相应的选项后，单击【确定】按钮即可，如图9-65所示。

图9-65　应用【外发光】效果

9.8.4　投影

使用【投影】命令可以在一个图形的下方产生投影效果。其操作非常简单，绘制好图形或选择需要设置投影的图形对象后，选择【效果】|【风格化】|【投影】命令，在打开的【投影】对话框中进行相应的参数设置即可，如图9-66所示。在【投影】对话框中设置好参数后，单击【确定】按钮即可获得投影效果。

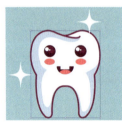

图9-66　应用【投影】效果

- 【模式】：用于指定投影的混合模式。
- 【不透明度】：用于指定所需投影的不透明度百分比。
- 【X位移】和【Y位移】：用于指定希望投影偏离对象的距离。
- 【模糊】：用于指定要进行模糊处理的区域到阴影边缘的距离。
- 【颜色】：用于指定阴影的颜色。
- 【暗度】：用于指定希望为投影添加的黑色深度百分比。

9.8.5　涂抹

在Illustrator中，涂抹效果也是经常使用的一种效果。使用该效果可以把图形转换成各种形式的草图或涂抹效果。添加该效果后，图形将以不同的颜色和线条形式来呈现原来的图形。选择好需要进行涂抹的对象或组，或在【图层】面板中选择一个图层后，选择【效果】|【风格化】|【涂抹】命令，在打开的【涂抹选项】对话框中进行相应的参数设置，如图9-67所示。设置完成后，单击【确定】按钮即可。

- 【角度】：用于控制涂抹线条的方向。用户可以单击角度图标中的任意点，然后围绕角度图标拖移角度线，或在【角度】文本框中输入一个范围在－179°~180°的值(如果输入一个超出此范围的值，则该值将被转换为与其相当且处于此范围内的值)。
- 【路径重叠】：用于控制涂抹线条在路径边界内部距路径边界的量或路径边界外部距路径边界的量。负值表示将涂抹线条控制在路径边界内部，正值则表示将涂抹线条延伸至路径边界外部。

第 9 章 Illustrator 效果

图 9-67　应用【涂抹】效果

- 【变化】(适用于路径重叠)：用于控制涂抹线条之间的相对长度的差异量。
- 【描边宽度】：用于控制涂抹线条的宽度。
- 【曲度】：用于控制涂抹曲线在改变方向之前的曲度。
- 【变化】(适用于曲度)：用于控制涂抹曲线之间的相对曲度的差异量。
- 【间距】：用于控制涂抹线条之间的折叠间距量。
- 【变化】(适用于间距)：用于控制涂抹线条之间的折叠间距差异量。

9.8.6　羽化

使用【羽化】命令可以制作出图形边缘虚化或过渡的效果。选择需要进行羽化的对象或组，或在【图层】面板中选择一个图层后，选择【效果】|【风格化】|【羽化】命令，在打开的【羽化】对话框中进行相应的参数设置，如图9-68所示。设置好对象从不透明到透明的中间距离后，单击【确定】按钮。

图 9-68　应用【羽化】效果

9.9　实例演练

本章的实例演练通过制作立体文字广告，帮助用户更好地掌握本章所介绍的效果命令的基本操作方法。

【例 9-3】　制作立体文字广告。 视频

01 新建一个A4横向空白文档，选择【文件】|【置入】命令，在打开的【置入】对话框中选择所需的图像文件，单击【置入】按钮。然后在画板中单击，置入背景图像，如图9-69所示。

 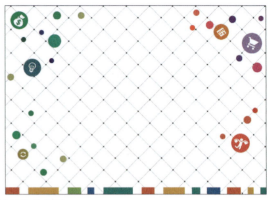

图9-69 新建文档并置入图像

02 使用【文字】工具在画板中单击并输入文字内容,然后在【字符】面板中,设置字体系列为【方正正大黑简体】,字体大小为173pt,字符间距数值为-60,如图9-70所示。

03 继续使用【文字】工具在画板中单击并输入文字内容,然后在【字符】面板中,设置字体大小为77pt,字符间距数值为100,如图9-71所示。

图9-70 输入并设置文字(一)　　　　　图9-71 输入并设置文字(二)

04 选中步骤 **02** 输入的文字,按Ctrl+C快捷键复制文字,按Ctrl+F快捷键应用【贴在前面】命令,再右击,从弹出的快捷菜单中选择【创建轮廓】命令。在【图层】面板中,关闭步骤 **02** 创建的"51特惠"图层视图,然后调整刚创建的文字轮廓的形状,如图9-72所示。

05 选中步骤 **04** 创建的文字形状,按Ctrl+C快捷键复制文字形状,按Ctrl+F快捷键应用【贴在前面】命令,并在【颜色】面板中设置填充色为C:5 M:0 Y:90 K:0,如图9-73所示。

图9-72 编辑文字形状　　　　　图9-73 复制并编辑文字形状(一)

06 再次按Ctrl+C快捷键复制文字形状,按Ctrl+F快捷键应用【贴在前面】命令,并在【颜色】面板中设置填充色为C:5 M:60 Y:90 K:0,如图9-74所示。

07 选择【效果】|【3D和材质】|【3D(经典)】|【凸出和斜角(经典)】命令,打开【3D凸出和斜角选项(经典)】对话框。在该对话框的【位置】下拉列表中选择【前方】选项,设置【凸出厚度】为80pt,在【斜角】下拉列表中选择【圆形】选项,设置【高度】为10pt,单击【斜角内缩:自原始对象减去斜角】按钮,单击【更多选项】按钮,在显示的【底纹颜色】下拉列表中选择

第 9 章 Illustrator 效果

【自定】选项，并设置颜色为C:10 M:0 Y:83 K:0，然后单击【确定】按钮，如图9-75所示。

  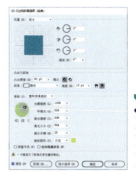 

图9-74　复制并编辑文字形状(二)　　　　　　　　　图9-75　添加3D效果

08 选中步骤 **05** 创建的文字形状，按Ctrl+C快捷键复制文字形状，按Ctrl+F快捷键应用【贴在前面】命令，再按Shift+Ctrl+]组合键将复制的文字形状置于顶层。然后在【渐变】面板中，设置填充色为K:0至【不透明度】数值为0%的K:0，设置【角度】为-90°。在【透明度】面板中，设置混合模式为【叠加】，如图9-76所示。

 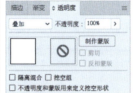 

图9-76　复制并编辑文字形状(三)

09 使用【选择】工具选中步骤 **05** 至步骤 **08** 创建的文字形状，按Ctrl+G快捷键进行编组，按Ctrl+2快捷键锁定对象。选中步骤 **04** 创建的文字形状，按Ctrl+C快捷键复制文字形状，按Ctrl+B快捷键应用【贴在后面】命令，并按Shift+Alt快捷键缩小对象。然后在【颜色】面板中，设置填充色为C:100 M:100 Y:50 K:0，如图9-77所示。

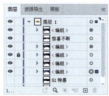 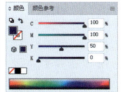 

图9-77　复制并编辑义字形状(四)

10 使用【选择】工具选中步骤 **04** 创建的文字形状，在【颜色】面板中设置填充色为C:100 M:0 Y:0 K:0。然后选中步骤 **04** 和步骤 **09** 创建的文字形状，选择【对象】|【混合】|【建立】命令创建混合。然后选择【对象】|【混合】|【混合选项】命令，打开【混合选项】对话框。在该对话框的【间距】下拉列表中选择【指定的步数】选项，设置数值为20，然后单击【确定】按钮，如图9-78所示。

11 使用与步骤 **04** 至步骤 **10** 相同的方法，为文字添加效果，如图9-79所示。

12 选择【文件】|【置入】命令，在打开的【置入】对话框中选择所需的图像文件，单击【置入】按钮。然后在画板中单击，置入图像，并调整其位置及大小，如图9-80所示。

283

图9-78 创建混合

图9-79 为文字添加效果

图9-80 置入图像

13 选择【文件】|【置入】命令，置入所需的图像文件。在【透明度】面板中，设置置入图像的混合模式为【滤色】。然后按Ctrl+Alt快捷键移动并复制置入的图像，如图9-81所示。

图9-81 置入、移动并复制图像

14 使用【文字】工具在画板中单击，在【字符】面板中设置字体系列为【方正正中黑简体】，字体大小为72pt，字符间距数值为-60，然后输入文字内容，如图9-82所示。

15 继续使用【文字】工具在画板中单击，在【字符】面板中设置字体系列为【微软雅黑】，字体大小为42pt，字符间距数值为-60，然后输入文字内容，完成后的效果如图9-83所示。

图9-82 输入并设置文字(三)

图9-83 完成后的效果

第 10 章
绘制图表

　　为了获得更加精确、直观的效果,用户经常运用图表的方式对各种数据进行统计和比较。在Illustrator中,可以根据提供的数据生成如柱形图、条形图、折线图、面积图、饼图等类型的数据图表。这些图表在各种说明性的设计中具有非常重要的作用。除此之外,Illustrator还允许用户改变图表的外观,从而使图表具有更丰富的视觉效果。本章将详细介绍图表的创建与图表外观编辑的相关操作。

10.1 创建图表

图表是一种非常直观而明确的数据展示方式，常用于企业画册、数据分析展示设计中。Illustrator的工具栏中包含9种类型的图表工具，基本包括了常用的图表类型，通过这些图表工具可以绘制出柱形图、堆积柱形图、条形图、堆积条形图、折线图、面积图、散点图、饼图、雷达图等。虽然各种图表的展示方式不同，但其创建方法基本相同。下面以【柱形图】工具为例，简单介绍图表的创建流程。

01 在工具栏中选择【柱形图】工具，在绘图窗口中需要绘制图表处按住鼠标左键并拖动，拖动的矩形框大小即为所创建的图表的大小。松开鼠标后，会弹出图表数据框，如图10-1所示。在拖动创建图表的过程中，按住Shift键拖动出的矩形框为正方形，即创建的图表长度与宽度相等。按住Alt键，将从单击点向外扩张，单击点即为图表的中心。

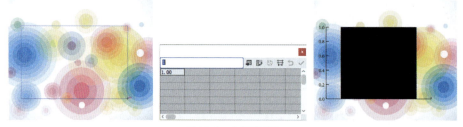

图10-1 创建图表

> **提示**
> 在工具栏中选择任意一种图表工具后，在要创建图表的位置单击，即可打开如图10-2所示的【图表】对话框。在此对话框中，可以设置图表的宽度和高度，然后单击【确定】按钮，即可得到一个尺寸精确的图表。

图10-2 精确创建图表

02 图表数据框用来输入图表的数据，数据的输入会直接影响图表的效果。如在左侧第一列单元格中输入类别标签【产品1】【产品2】【产品3】，在第一行单元格中输入数据组标签【第一季度】【第二季度】【第三季度】【第四季度】，如图10-3所示。

03 输入数值后，单击【应用】按钮，或按Enter键，即可看到如图10-4所示的柱形图。如果不再需要该窗口，可以单击【关闭】按钮将其关闭，否则会一直处于打开的状态。

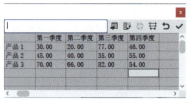

图10-3 输入数据

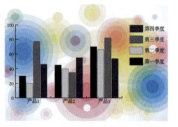

图10-4 创建的柱形图

- 【导入数据】按钮：用于导入其他软件生成的数据。
- 【换位行/列】按钮：用于转换横向和纵向数据。
- 【切换X/Y】按钮：用于切换X轴和Y轴的位置。
- 【单元格样式】按钮：用于调整单元格的大小和小数点的位数。单击该按钮，可打开如图10-5所示的【单元格样式】对话框，该对话框中的【小数位数】用于设置小数点的位数，【列宽度】用于设置数据输入框中的栏宽。
- 【恢复】按钮：用于使数据输入框中的数据恢复到初始状态。
- 【应用】按钮：单击该按钮，或按Enter键，可以重新生成图表。

图10-5　【单元格样式】对话框

 提示

图表创建完成后，若想修改其中的数据，要先使用【选择】工具选中图表，然后选择【对象】|【图表】|【数据】命令，打开图表数据输入框。在此输入框中修改要改变的数据，然后再次单击【应用】按钮关闭输入框，完成数据的修改。

10.2 使用不同类型的图表工具

Illustrator中提供了9种图表类型创建工具，分别是【柱形图】工具、【堆积柱形图】工具、【条形图】工具、【堆积条形图】工具、【折线图】工具、【面积图】工具、【散点图】工具、【饼图】工具和【雷达图】工具。使用这些图表工具可以创建不同类型的图表，这些图表基本能够满足日常设计制图的需要。不同的图表适用的场合不同，但这些工具的使用方法基本相同。

10.2.1 使用【柱形图】工具

利用【柱形图】工具创建的图表可以通过垂直柱形的高度来比较一组或多组数据之间的相互关系。柱形图可以将事物随时间的变化趋势直观地表现出来。

01 选择【柱形图】工具，在画板中按住鼠标左键拖动。松开鼠标后会弹出图表数据框。在该数据框中输入图表数据后，单击【应用】按钮，如图10-6所示，随即就会显示刚刚输入的数据所生成的柱形图。

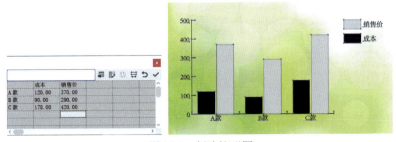

图10-6　创建柱形图

02 双击工具栏中的【柱形图】工具，在弹出的【图表类型】对话框中可以设置【列宽】和【簇宽度】，如图10-7所示。【列宽】指的是每个柱形的宽度，而【簇宽度】指的是由多个柱形构成的一组图形的整体宽度。此处的选项与【堆积柱形图】工具的相同，【条形图】工具与【堆积条形图】工具也包含类似的选项。

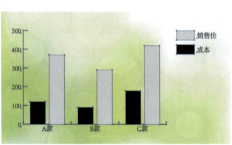

图10-7　设置柱形图

03 在【图表类型】对话框中，【样式】选项组用于改变图表的表现形式。设置完成后，单击【确定】按钮应用样式，如图10-8所示。

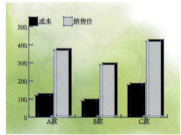

图10-8　设置样式

- 【添加投影】复选框：用于给图表添加投影。选中此复选框后，绘制的图表中会有阴影出现。
- 【在顶部添加图例】复选框：选中该复选框后，图例将添加在图表顶部。若不选中该复选框，图例将位于图表的右边。
- 【第一行在前】和【第一列在前】复选框：可以更改柱形、条形和线段重叠的方式，这两个选项一般和【选项】选项组中的选项结合使用。

10.2.2　使用【堆积柱形图】工具

使用【堆积柱形图】工具可以创建堆积柱形图图表。堆积柱形图图表与柱形图图表相似，只是在表达数据信息的形式上有所不同。柱形图图表用于每一类项目中单个分项目数据的数值比较，而堆积柱形图图表则用于比较每一类项目中的所有分项目数据。从图形的表现形式上看，堆积柱形图图表是将同类中的多组数据，以堆积的方式形成数据列以进行类别之间的比较。

01 选择【堆积柱形图】工具,在画板中按住鼠标左键拖动。松开鼠标后,在弹出的图表数据框中输入数据,如图10-9所示。

02 依次输入数值后,单击【应用】按钮,画板中就会显示由刚刚输入的数据生成的堆积柱形图,如图10-10所示。

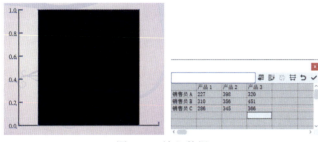

图10-9 输入数据

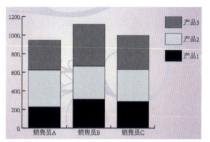

图10-10 创建堆积柱形图

10.2.3 使用【条形图】工具

使用【条形图】工具可以创建如图10-11所示的条形图图表。条形图图表与柱形图图表类似,都是通过条形长度与数据值成比例的矩形,来表示一组或多组数据之间的相互关系。它们的区别在于,柱形图图表中的数据值形成的矩形是垂直方向的,而条形图图表中的数据值形成的矩形是水平方向的。

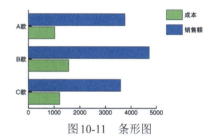

图10-11 条形图

10.2.4 使用【堆积条形图】工具

使用【堆积条形图】工具可以创建如图10-12所示的堆积条形图图表。堆积条形图图表与堆积柱形图图表类似,都是将同类中的多组数据,以堆积的方式进行类别之间的比较。它们的区别在于,堆积柱形图图表中的矩形是垂直方向的,而堆积条形图图表中的矩形是水平方向的。

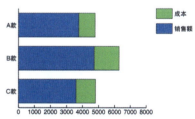

图10-12 堆积条形图

10.2.5 使用【折线图】工具

使用【折线图】工具创建的图表是一种用直线段将各数据点连接起来而形成的图表,以折线方式显示数据的变化趋势。折线图图表常用于表现数据随时间变化的趋势,以帮助用户更好地把握事物发展的进程、分析变化趋势和辨别数据变化的特性与规律。

1. 创建折线图

01 选择【折线图】工具,在画板中按住鼠标左键拖动。松开鼠标后,在弹出的图表数据框中输入数据，然后单击【应用】按钮，如图10-13所示。在图表数据框中，每一列数据代表一组折线。

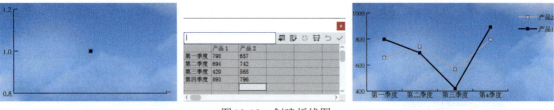

图10-13　创建折线图

2. 设置折线图选项

双击工具栏中的【折线图】工具，在弹出的【图表类型】对话框中可以针对折线图的相关选项进行设置，如图10-14所示。未选中任何对象时，所进行的设置可以对下次绘制的图表起作用。如果选择了图表，则会更改当前图表的样式。【散点图】工具与【雷达图】工具也有相似的选项。

图10-14　设置折线图选项

- 【标记数据点】复选框：选中此复选框后，将在每个数据点处绘制一个标记点。
- 【连接数据点】复选框：选中此复选框后，将在数据点之间绘制一条折线，以便更直观地显示数据。
- 【线段边到边跨X轴】复选框：选中此复选框后，连接数据点的折线将贯穿水平坐标轴。
- 【绘制填充线】复选框：选中此复选框后，将会用不同颜色的闭合路径代替图表中的折线。

【例10-1】　制作数据分析表　视频

01 选择【文件】|【新建】命令，创建一个大小为A4，【方向】为【横向】的文档，如图10-15所示。选择【文件】|【置入】命令，置入素材1.jpg。调整其至合适大小，然后单击控制栏中的【嵌入】按钮，将其嵌入画板中，如图10-16所示。

02 选择【横排文字】工具并在画板中单击，在控制栏中设置字体系列为【方正大黑简体】，字体大小为24pt，在【颜色】面板中设置填充色为R:139 G:74 B:36，然后输入标题文字，如图10-17所示。选择【矩形】工具在标题文字前绘制矩形，如图10-18所示。

第 10 章 绘制图表

图10-15　新建文档　　　　　　　　　　图10-16　置入图像(一)

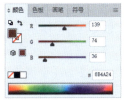

图10-17　输入并设置文字　　　　　　　图10-18　绘制矩形(一)

03 继续使用【矩形】工具在画板中绘制正方形，在【颜色】面板中设置填充色为R:211 G:130 B:0，在【透明度】面板中设置混合模式为【正片叠底】，如图10-19所示。

04 复制刚绘制的矩形，按Ctrl+F快捷键将其粘贴在前面，然后调整其大小，如图10-20所示。

图10-19　绘制矩形(二)　　　　　　　　图10-20　复制、粘贴并调整矩形

05 选择【文件】|【置入】命令，置入素材3.jpg。将其放置在刚创建的矩形下方，然后同时选中素材3和矩形，创建剪贴蒙版，如图10-21所示。

06 选择【文件】|【置入】命令，置入素材2.jpg。调整其至合适大小，然后单击控制栏中的【嵌入】按钮，将其嵌入画板中，如图10-22所示。

图10-21　创建剪切蒙版　　　　　　　　图10-22　置入图像(二)

07 选择【横排文字】工具在画板中创建文本框，并填充占位符文字，如图10-23所示。

08 选择【柱形图】工具在画板中单击，在打开的【图表】对话框中设置【宽度】数值为145mm，【高度】数值为115mm，然后单击【确定】按钮，如图10-24所示。

图10-23　添加占位符文字

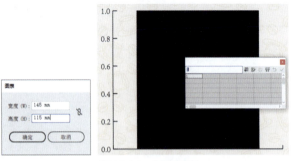

图10-24　创建图表

09 在图表数据输入框中，输入图表数据，单击【应用】按钮，在文档中创建图表，如图10-25所示。

10 双击工具栏中的图表工具，打开【图表类型】对话框。在该对话框左上角设置选项的下拉列表中选择【数值轴】选项，显示相应的选项，在【刻度线】选项组中设置【长度】为【全宽】，在【后缀】文本框中输入"万元"，然后单击【确定】按钮，如图10-26所示。

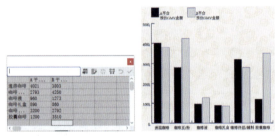

图10-25　输入数据

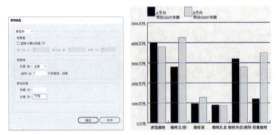

图10-26　设置数值轴

11 使用【编组选择】工具分别选中图例文字、数值轴文字和类别轴文字，在控制栏中，设置字体大小为10pt，如图10-27所示。

12 使用【编组选择】工具双击A平台图例，将该组数据选中。在【颜色】面板中，设置填充色为R:118 G:69 B:39。在【透明度】面板中，设置混合模式为【变暗】，如图10-28所示。

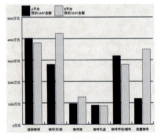

图10-27　设置图表文字

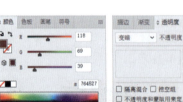

图10-28　设置图表数据列(一)

13 使用【编组选择】工具双击B平台图例，将该组数据选中。在【颜色】面板中，设置填充色为R:185 G:112 B:43。在【透明度】面板中，设置混合模式为【正片叠底】，如图10-29所示。

图 10-29　设置图表数据列（二）

10.2.6　使用【面积图】工具

使用【面积图】工具可以创建面积图图表。面积图图表是以堆积面积的形式来显示多个数据序列，图表数据框中的每一列数据代表一组面积图。面积图图表呈现的数据关系与折线图相似，但相比之下，折线图比面积图更强调整体在数值上的变化。

01 选择【面积图】工具，在画板中按住鼠标左键拖动。松开鼠标后，在弹出的图表数据框中输入数据，然后单击【应用】按钮，如图10-30所示。

图 10-30　创建面积图

02 如果要绘制带有多组数据的面积图，可以继续在图表数据框中输入多列数据，然后单击【应用】按钮，每列数据都会形成单独的面积图，如图10-31所示。

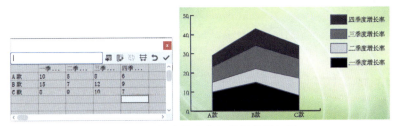

图 10-31　创建带有多组数据的面积图

10.2.7　使用【散点图】工具

使用【散点图】工具可以创建散点图图表。散点图图表是比较特殊的数据图表，它主要用于数学上的数理统计、科技数据的数值比较等方面。该类型图表的X轴和Y轴都是数值坐标轴，在两组数据的交汇处形成数据点。用户通过散点图可以分析出数据的变化趋势，也可以直接查看X和Y坐标轴之间的相对性。

选择【散点图】工具，在画板中按住鼠标左键并拖动。松开鼠标后，在弹出的图表数据框中输入数据，其中奇数列为纵轴坐标位置，偶数列为横轴坐标位置。输入完成后，单击【应用】按钮，随即画板中会出现由刚刚输入的数据所构成的散点图，如图10-32所示。

图10-32　创建散点图

10.2.8　使用【饼图】工具

使用【饼图】工具创建的饼图是以饼形扇区的形式展示数据在全部数据中所占的比例。在数据可视化操作中，饼图的应用非常广泛。该类型图表非常适合显示同类项目中不同分项目的数据所占的比例，能够很直观地显示一个整体中各个分项目所占的数值比例。

1. 创建饼图

选择【饼图】工具，在画板中按住鼠标左键拖动。松开鼠标后，在弹出的图表数据框中输入数据，然后单击【应用】按钮，随即画板中会出现由刚输入的数据所构成的饼图。在图表数据框中，每一行数据代表一个饼图。如果要创建有多个饼图，可以分多行输入数据，然后单击【应用】按钮，如图10-33所示。

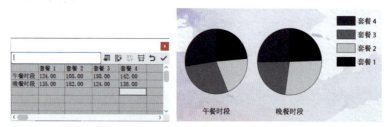

图10-33　创建多个饼图

2. 设置饼图选项

双击工具栏中的【饼图】工具，在弹出的【图表类型】对话框中可以设置饼图选项，如图10-34所示。

图10-34　设置饼图选项

- 【图例】选项：此选项决定图例在图表中的位置，其右侧的下拉列表中包含【无图例】【标准图例】和【楔形图例】3个选项。选择【无图例】选项时，图例在图表中将被省略；选择【标准图例】选项时，图例将被放置在图表的外围；选择【楔形图例】选项时，图例将被插入图表中的相应位置，如图10-35所示。
- 【位置】选项：此选项用于决定图表的大小，其右侧的下拉列表中包括【比例】【相等】【堆积】3个选项。选择【比例】选项时，将按照比例显示图表的大小；选择【相等】选项时，将按照相同的大小显示图表；选择【堆积】选项时，将按照比例把每个饼形图表堆积在一起显示，如图10-36所示。

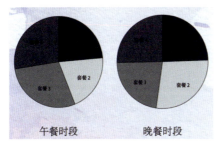
图10-35　选择【楔形图例】选项时的效果图

图10-36　选择【堆积】选项时的效果图

- 【排序】选项：此选项决定了图表元素的排列顺序，其右侧的下拉列表中包括【全部】【第一个】和【无】3个选项。选择【全部】选项时，图表元素将按照从大到小的顺序顺时针排列；选择【第一个】选项时，会将最大的图表元素放置在顺时针方向的第一位，其他图表元素按输入的顺序顺时针排列；选择【无】选项时，所有的图表元素将按照输入顺序顺时针排列。

10.2.9　使用【雷达图】工具

使用【雷达图】工具可以创建雷达图图表。雷达图图表是一种以环形方式进行各组数据比较的图表。这种比较特殊的图表，能够将一组数值数据在刻度尺上标注成数值点，然后通过线段将各个数值点连接，这样用户可以通过所形成的各组不同的线段图形，判断数据的变化。

选择【雷达图】工具，在画板中按住鼠标左键拖动。松开鼠标后，在弹出的图表数据框中以列为单位输入数据。输入完成后，单击【应用】按钮，随即画板中会出现由刚刚输入的数据所构成的雷达图，如图10-37所示。

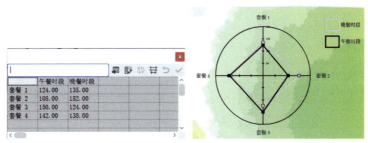
图10-37　创建雷达图

10.3 编辑图表

用户选中图表后，可以在工具栏中双击图表工具，或选择【对象】|【图表】|【类型】命令，打开【图表类型】对话框。在该对话框中可以转换图表类型、定义坐标轴的外观和位置，添加投影、移动图例、组合显示不同的图表类型等。

10.3.1 转换图表类型

可以在已有的图表类型之间对创建完成的图表对象进行轻松切换。选择已经创建完成的图表，选择【对象】|【图表】|【类型】命令，或者双击工具栏中的图表工具按钮，在弹出的【图表类型】对话框的【类型】选项组中单击所需的图表按钮，单击【确定】按钮，即可转换为所选图表的类型，如图10-38所示。

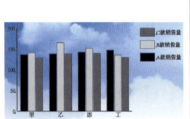  

图10-38 转换图表类型

10.3.2 定义坐标轴

在【图表类型】对话框中，不仅可以指定数值坐标轴的位置，还可以重新设置数值坐标轴的刻度标记及标签选项等。单击打开【图表类型】对话框左上角的 图表选项 下拉列表，即可选择【数值轴】选项，通过所显示的相应选项对图表进行设置，如图10-39所示。

▶ 【刻度值】：用于定义数值坐标轴的刻度值，软件在默认状态下不选中【忽略计算出的值】复选框。此时软件根据输入的数值自动计算数值坐标轴的刻度。如果选中此复选框，则下面3个选项变为可选项，此时可输入数值来设定数值坐标轴的刻度。其中【最小值】表示原点数值；【最大值】表示数值坐标轴上最大的刻度值；【刻度】表示在最大和最小的数值之间分成几部分。

▶ 【刻度线】：用于设置刻度线的长度。在【长度】下拉列表中有3个选项，其中【无】表示没有刻度线；【短】表示有短刻度线；【全部】表示刻度线的长度贯穿图表。【绘制】文本框用于设置在相邻两个刻度之间刻度标记的条数。

▶ 【添加标签】：可以为数值轴上的数据加上前缀或者后缀。

【类别轴】选项在有些图表类型中并不存在，该选项包含的选项内容也很简单，如图10-40所示。一般情况下，柱形、堆积柱形及条形图表等由数值轴和名称轴组成坐标轴，而散点图表则由两个数值轴组成坐标轴。在【刻度线】选项组中可以控制类别刻度标记的长度。【绘制】选项右侧文本框中的数值用于决定在两个相邻类别刻度之间刻度标记的条数。

图10-39 【数值轴】选项　　　　　　　图10-40 【类别轴】选项

10.3.3 组合图表类型

用户还可以在一个图表中组合显示不同的图表类型。例如，可以让一组数据显示为柱形图，而其他数据组显示为折线图。除了散点图，还可以将任何类型的图表与其他图表组合。散点图不能与其他类型图表组合。

01 使用【编组选择】工具，双击选择要更改图表类型的数据图例，如图10-41所示。

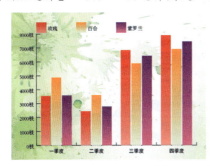 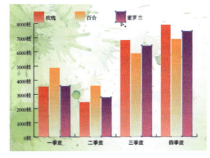

图10-41 选择数据图例

02 选择【对象】|【图表】|【类型】命令，或者双击工具栏中的图表工具，打开【图表类型】对话框。在该对话框中，单击【面积图】按钮，然后单击【确定】按钮，如图10-42所示。

 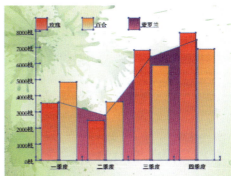

图10-42 组合图表类型

10.3.4 自定义图表效果

默认情况下，创建的图表会以深浅不同的灰色显示，由最基本的字体组成。在图表制作完成后，可以对图表的颜色进行更改，还可以对图表上的文字字体、大小、内容等进行更改。

> **提示**
> 需要注意的是，图表对象是具有特殊属性的编组对象。如果取消编组，那么图表属性将不复存在，也就无法更改图表的数据。所以，想要对图表进行美化，则需要在图表属性全部设置完成后使用【直接选择】工具或【编组选择】工具，在不取消图表编组的情况下选择并修改要编辑的部分。

01 对于已经创建好的图表，使用【编组选择】工具能够选择图表中的各组图形对象，接着就可以更改其颜色，如图10-43所示。

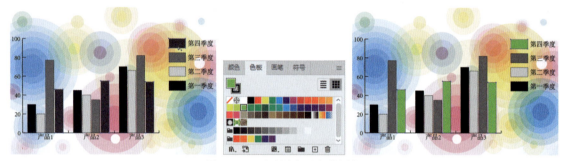

图10-43　更改图表对象的颜色

02 若要更改文字属性，可以使用【编组选择】工具在图表中选中文字，然后在控制栏中更改字体、字号及颜色，如图10-44所示。

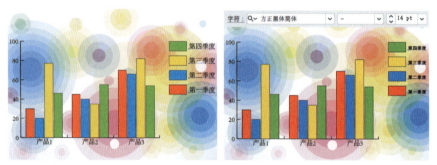

图10-44　更改图表文字

10.3.5 使用图形对象表现图例

在Illustrator中，不仅可以对图表应用单色填充和渐变填充，还可以使用图案来创建图表效果。

01 使用图形对象表现图例，需要先将图形对象创建为图表设计。使用【选择】工具选中图形，然后选择【对象】|【图表】|【设计】命令，打开【图表设计】对话框。在该对话框中，单击【新

建设计】按钮,在上面的空白框中会出现文字【新建设计】,在预览框中会出现相应的图形预览,如图10-45所示。

图10-45 新建设计

02 单击【重命名】按钮,打开【图表设计】对话框,可以定义图形对象的名称。在【名称】文本框中输入相应名称,单击【确定】按钮关闭【图表设计】对话框,然后单击【确定】按钮关闭【图表设计】对话框,即可将选中的对象创建为图表设计,如图10-46所示。

03 选择【编组选择】工具,选中图表中的对应的图例对象,选择【对象】|【图表】|【柱形图】命令,将打开柱形图的【图表列】对话框,如图10-47所示。

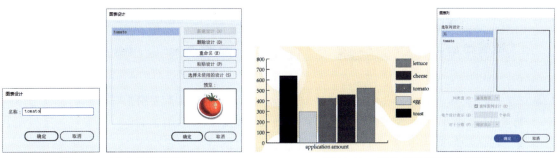

图10-46 重命名图表设计　　　　　　　图10-47 打开【图表列】对话框

04 在【图表列】对话框的【选取列设计】列表框中选择对应的图例名称,在【列类型】下拉列表中选择图表设计的排列方式,在【每个设计表示…个单位】数值框中输入数值,在【对于分数】下拉列表中选择数据表现方式,然后单击【确定】按钮,即可将图形对象应用到图表中,如图10-48所示。对于图表中的其他的图例,可以重复之前的操作进行更改,如图10-49所示。

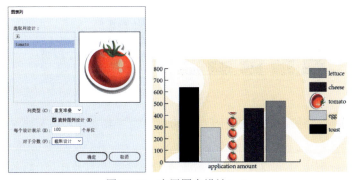

图10-48 应用图表设计(一)

图10-49 应用图表设计(二)

提示

在【列类型】下拉列表中,【垂直缩放】这种方式的图表是根据数据的大小对图表的自定义图案进行垂直方向的放大和缩小,而水平方向保持不变得到的。【一致缩放】这种方式的图表是根据数据的大小对图表的自定义图案进行按比例放大和缩小所得到的。选中【重复堆叠】选项,下面的两个选项将被激活。【每个设计表示…个单位】中的数值表示每个图案代表数值轴上的多少个单位。【对于分数】有两个选项,其中【截断设计】表示截取图案的一部分来表示数值的小数部分,【缩放设计】表示对图案进行比例缩放来表示数值的小数部分。

【例10-2】制作带图表的画册内页。 视频

01 选择【文件】|【打开】命令,打开所需的素材文件,如图10-50所示。

02 使用【编组选择】工具分别选中图例文字、数值轴文字和类别轴文字,在控制栏中,设置【字体系列】为【方正兰亭细黑简体】,【字体大小】为10pt,如图10-51所示。

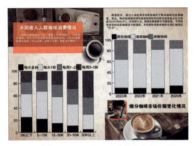
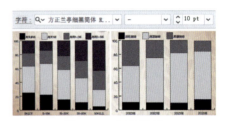

图10-50 打开素材文件　　　　　　　　　　　图10-51 调整图例

03 选中图表,双击工具栏中的【堆积柱形图】工具,打开【图表类型】对话框。在该对话框中选中【数值轴】选项,设置刻度线【长度】为【全宽】,【后缀】为%,然后单击【确定】按钮应用设置,如图10-52所示。

04 使用【直接选择】工具选中数值轴,在【描边】面板中设置【粗细】数值为0.5pt,选中【虚线】复选框,并设置虚线间隔数值为4pt,如图10-53所示。

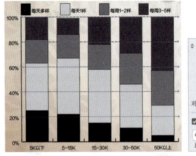

图10-52 编辑数值轴(一)　　　　　图10-53 编辑数值轴(二)

05 继续使用【编组选择】工具双击一个图例对象,在【颜色】面板中设置描边色为无,填充色为R:174 G:206 B:193,如图10-54所示。

06 使用与步骤05相同的操作方法,分别设置堆积条形图中的图表数据的填充色为R:109 G:60 B:30、R:240 G:188 B:105、R:70 G:75 B:69,效果如图10-55所示。

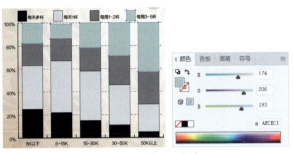
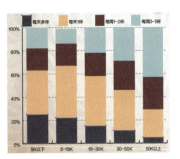

图10-54　更改数据列颜色(一)　　　　　　图10-55　更改数据列颜色(二)

07 使用【矩形】工具在画板外绘制一个宽、高均为5mm的正方形，在【颜色】面板中设置填充色为R:240 G:188 B:105，如图10-56所示。

08 按Ctrl+C快捷键复制刚绘制的正方形，按Ctrl+F快捷键应用【贴在前面】命令并调整其宽为2.5mm。然后在【透明度】面板中，设置混合模式为【正片叠底】，如图10-57所示。

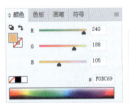

图10-56　绘制正方形　　　　　　　　　图10-57　复制并调整图形(一)

09 选中步骤 **07** 至步骤 **08** 创建的对象，按Ctrl+G快捷键编组。然后按Ctrl+Alt快捷键移动并复制编组后的对象。再使用【直接选择】工具选中复制得到的对象，在【颜色】面板中，分别设置填充色为R:174 G:206 B:193和R:109 G:60 B:30，如图10-58所示。

10 使用【选择】工具选中步骤 **09** 创建的编组图形，然后选择【对象】|【图表】|【设计】命令，打开【图表设计】对话框。在该对话框中，单击【新建设计】按钮，则上面的空白框中会出现文字【新建设计】，预览框中会出现相应的图形预览，如图10-59所示。

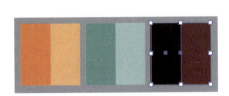

图10-58　复制并调整图形(二)　　　　　　图10-59　新建设计

11 在【图表设计】对话框中单击【重命名】按钮，打开【图表设计】对话框，可以重新定义图案的名称。在【名称】文本框中输入"即饮咖啡"，单击【确定】按钮关闭【图表设计】对话框，然后单击【确定】按钮关闭【图表设计】对话框，如图10-60所示。

12 使用与步骤 **10** 至步骤 **11** 相同的操作方法添加其他设计，如图10-61所示。

13 选择【编组选择】工具，选中画板中右侧图表中的【即饮咖啡】图例对象，选择【对象】|【图表】|【柱形图】命令，打开柱形图的【图表列】对话框。在该对话框的【选取列设计】

列表框中选择对应的"即饮咖啡"图例名称,在【列类型】下拉列表中选择【垂直缩放】,就会得到如图10-62所示的图表。

图10-60　重命名设计　　　　　　　图10-61　添加其他设计

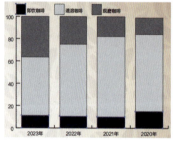

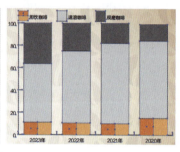

图10-62　添加图形(一)

14 使用与步骤 **13** 相同的操作方法,为图表添加另外两组图形设计,如图10-63所示。

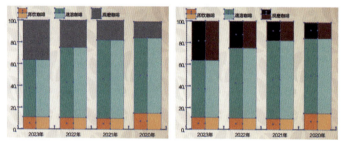

图10-63　添加图形(二)

15 使用【文字】工具在图表上拖动创建文本框,在控制栏中设置字体系列为【方正兰亭细黑简体】,字体大小为14pt,单击【居中对齐】按钮,设置字体颜色为白色,然后输入文字内容。移动并复制刚创建的文本,并更改其内容,如图10-64所示。

16 继续移动并复制上一步中创建的文本,并更改其内容与字体颜色,完成后的图表效果如图10-65所示。

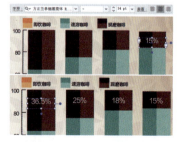
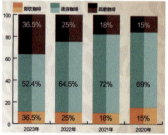

图10-64　输入并设置文字　　　　　　图10-65　完成后的效果

10.4 实例演练

本章的实例演练通过制作运动健身App界面,帮助用户更好地掌握本章所介绍的有关图表创建和编辑的基本操作方法与技巧,以及自定义图表外观的操作方法。

【例10-3】 制作运动健身App界面。 ◎视频

01 选择【文件】|【新建】命令,打开【新建文档】对话框。在该对话框中,选中【移动设备】选项卡中的【iPhone X】选项,在【画板数量】数值框中输入3,在【光栅效果】下拉列表中选择【高(300ppi)】。单击【更多设置】按钮,在弹出的【更多设置】对话框中单击【按行排列】按钮,然后单击【创建文档】按钮,如图10-66所示。

图10-66 新建文档

02 使用【矩形】工具在画板1中绘制与画板同等大小的矩形,并在【颜色】面板中设置描边色为无,填充色为R:246 G:250 B:247。然后按Ctrl+C快捷键复制刚绘制的矩形,再分别选中画板2和画板3,按Ctrl+F快捷键应用【贴在前面】命令,如图10-67所示。

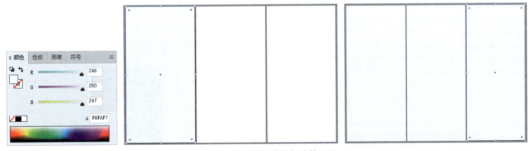

图10-67 绘制并复制矩形

03 选中上一步创建的矩形,按Ctrl+2快捷键锁定所选对象。在【颜色】面板中,设置填充色为R:88 G:84 B:223,然后使用【矩形】工具在画板1左侧边缘单击,打开【矩形】对话框。在该对话框中设置【宽度】数值为1125px,【高度】数值为306px,单击【确定】按钮创建矩形,如图10-68所示。为了准确控制其在画板中的位置,可以在【属性】面板中设置Y数值为800px。

04 使用【椭圆】工具,按住Alt键的同时在画板中单击,在打开的【椭圆】对话框中设置【宽度】和【高度】数值均为350px,然后单击【确定】按钮即可创建圆形,如图10-69所示。

05 选择【文件】|【置入】命令置入图像,按Ctrl+[快捷键应用【后移一层】命令将其放置在圆形下方,然后使用【选择】工具选中置入的图像和圆形,右击,在弹出的快捷菜单中选择【建立剪切蒙版】命令,建立剪切蒙版,效果如图10-70所示。

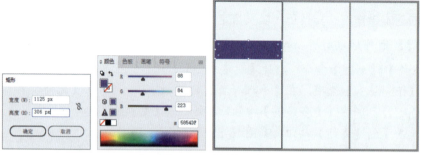

图10-68 创建矩形

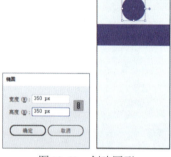

图10-69 创建圆形　　　　图10-70 建立剪切蒙版

06 使用【文字】工具在画板中单击,在控制栏中设置字符颜色为白色,设置字体系列为Arial,字体样式为Bold,字体大小为100pt,单击【居中对齐】按钮,然后输入文字内容,如图10-71所示。

07 使用【堆积柱形图】工具在画板中单击,打开【图表】对话框。在该对话框中,设置【宽度】为940px,【高度】为1145px,单击【确定】按钮,如图10-72所示。

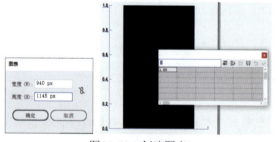

图10-71 输入并设置文字(一)　　　　图10-72 创建图表

08 在图表数据输入框中,输入图表数据,单击【应用】按钮,效果如图10-73所示。

09 双击【堆积柱形图】工具,打开【图表类型】对话框。在该对话框顶部的下拉列表中选择【数值轴】选项,在【刻度线】选项组的【长度】下拉列表中选择【全宽】选项,如图10-74所示。

第 10 章 绘制图表

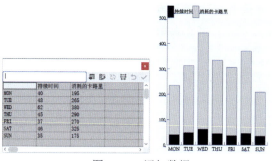
图10-73　添加数据

图10-74　设置数值轴

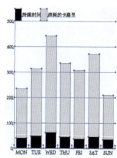

10 在【图表类型】对话框顶部的下拉列表中选择【类别轴】选项，在【刻度线】选项组的【长度】下拉列表中选择【全宽】选项，然后单击【确定】按钮，如图10-75所示。

11 使用【编组选择】工具分别选中图例文字、数值轴文字和类别轴文字，在控制栏中，设置字体系列为【方正兰亭超细黑简体】，字体大小为35pt，如图10-76所示。

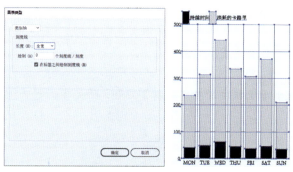
图10-75　设置类别轴

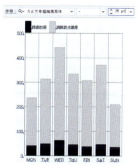
图10-76　编辑图表

12 使用【直接选择】工具调整图例外观，接着使用【编组选择】工具双击"持续时间"图例，将该组数据选中，然后在【颜色】面板中，设置描边色为无，填充色为R:88 G:84 B:223，如图10-77所示。

13 继续使用【编组选择】工具双击"消耗的卡路里"图例，将该组数据选中，然后在【颜色】面板中，设置描边色为无，填充色为R:255 G:131 B:0，如图10-78所示。

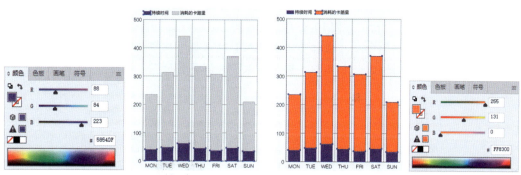

图10-77　更改数据列颜色(一)　　　　　图10-78　更改数据列颜色(二)

14 使用【选择】工具选中步骤**02**绘制的矩形，按Ctrl+C快捷键复制矩形，再选中画板2，按Ctrl+F快捷键应用【贴在前面】命令，效果如图10-79所示。

305

15 使用【文字】工具在画板中单击,在控制栏中设置字体颜色为白色,字体系列为Arial,字体样式为Narrow Bold,字体大小为100pt,单击【居中对齐】按钮,然后输入文字内容,如图10-80所示。

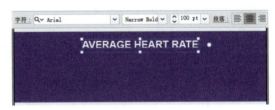

图10-79　复制、粘贴矩形　　　　　　　　图10-80　输入并设置文字(二)

16 继续使用【文字】工具在画板中单击,在控制栏中设置字体颜色为白色,字体系列为【方正兰亭粗黑简体】,字体大小为150pt,单击【居中对齐】按钮,然后输入文字内容,如图10-81所示。

17 使用【文字】工具选中"bpm",在【字符】面板中单击【上标】按钮,将文字设置为上标,如图10-82所示。

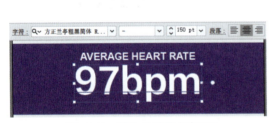

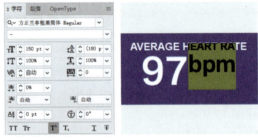

图10-81　输入并设置文字(三)　　　　　　图10-82　将文字设置为上标

18 使用【椭圆】工具在画板中单击,按Alt+Shift快捷键拖动绘制圆形,并在控制栏中设置填充色为无,【描边】为0.75pt,如图10-83所示。

19 选择【文件】|【置入】命令,在打开的【置入】对话框中选择所需的图像文件,单击【置入】按钮。在上一步绘制的圆形中单击,置入图像,并调整其位置,如图10-84所示。

图10-83　绘制圆形　　　　　　　　　　图10-84　置入图像(一)

20 使用【文字】工具在画板中单击，在控制栏中设置字体系列为Humnst777 Cn BT，字体样式为Regular，字体大小为78pt，单击【居中对齐】按钮，在【颜色】面板中设置字体颜色为R:114 G:114 B:114，然后输入文字内容，如图10-85所示。

21 使用【面积图】工具在画板中单击，打开【图表】对话框。在该对话框中，设置【宽度】数值为940px，【高度】数值为1145px，然后单击【确定】按钮。在弹出的图表数据输入框中，输入相关数值，如图10-86所示。

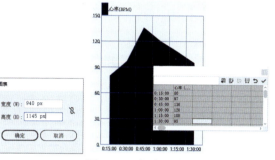

图10-85　输入并设置文字(四)　　　　　　图10-86　创建图表

22 使用【编组选择】工具双击"心率(BPM)"图例，将该组数据选中。在【透明度】面板中，设置混合模式为【正片叠底】。在【渐变】面板中，设置描边色为无，填充色为白色至R:136 G:103 B:255的渐变，设置【角度】为90°，如图10-87所示。

23 使用与步骤**11**相同的操作方法，将刚创建的图表中文字的字体系列更改为【方正兰亭超细黑简体】，效果如图10-88所示。

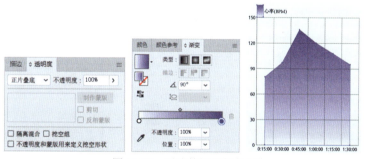
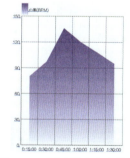

图10-87　更改数据列颜色(三)　　　　　　图10-88　更改图表文字效果

24 使用【文字】工具在画板3中单击，在控制栏中设置字体系列为Humnst777 Cn BT，字体样式为Bold，字体大小为78pt，单击【居中对齐】按钮，在【颜色】面板中设置字体颜色为R:14 G:114 B:114，然后输入文字内容，如图10-89所示。

25 使用【圆角矩形】工具在画板3中单击，在弹出的【圆角矩形】对话框中，设置【宽度】数值为967px，【高度】数值为694px，【圆角半径】为12px，然后单击【确定】按钮创建圆角矩形，并将其在画板中水平居中对齐，如图10-90所示。

26 使用【矩形】工具在圆角矩形右侧绘制矩形，并在【变换】面板中，取消选中【链接圆角半径值】按钮，设置左侧圆角半径为12px。在【颜色】面板中，设置填充色为R:88 G:84 B:223，如图10-91所示。

图10-89　输入并设置文字(五)　　　　　　图10-90　创建圆角矩形

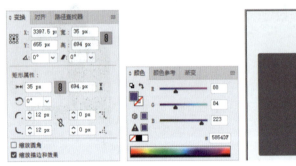

图10-91　绘制矩形

27 右击刚绘制的矩形,在弹出的快捷菜单中选择【变换】|【镜像】命令,在打开的【镜像】对话框中,选中【垂直】单选按钮,单击【复制】按钮。再在控制栏中,单击【水平左对齐】按钮,如图10-92所示。

28 选择【文件】|【置入】命令,在打开的【置入】对话框中选择所需的图像文件,单击【置入】按钮。在画板中单击,置入图像,并调整其大小。然后连续按Ctrl+[快捷键,将其移动至步骤 **25** 绘制的圆角矩形下方。选中置入的图像和圆角矩形,右击,在弹出的快捷菜单中选择【建立剪切蒙版】命令,建立剪切蒙版,效果如图10-93所示。

　　图10-92　镜像、复制矩形　　　　　　　　图10-93　置入图像(二)

29 选择【文件】|【置入】命令,置入所需的图像。使用【选择】工具选中刚置入的图像和上一步中创建的剪切蒙版对象,在控制栏中选择【对齐关键对象】选项,将剪切蒙版对象设置为关键对象,然后单击【水平居中对齐】按钮和【垂直居中对齐】按钮,效果如图10-94所示。

30 使用【文字】工具在画板中单击,在控制栏中设置字体系列为Humnst777 Cn BT,字体样式为Bold,字体大小为20pt,单击【左对齐】按钮,在【颜色】面板中设置字体颜色为R:114 G:114 B:114,然后输入文字内容,如图10-95所示。

图10-94 置入图像(三)

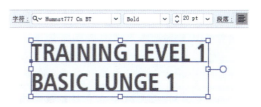
图10-95 输入并设置文字(六)

31 使用【文字】工具选中第二行文字，在控制栏中更改字体大小为35pt，在【颜色】面板中设置字体颜色为R:118 G:160 B:225，如图10-96所示。

32 使用【直线段】工具拖动绘制直线，在【颜色】面板中设置描边色为R:118 G:160 B:228，在【描边】面板中，设置【粗细】为2pt，所绘制的直线效果如图10-97所示。

图10-96 调整文字

图10-97 绘制直线

33 使用【条形图】工具在画板中单击，打开【图表】对话框。在该对话框中设置【宽度】数值为750px，【高度】数值为325px，然后单击【确定】按钮。在弹出的图表数据输入框中，使用与步骤 **08** 相同的操作方法贴入相关数值，如图10-98所示。

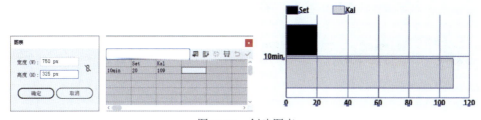
图10-98 创建图表

34 双击【条形图】工具，打开【图表类型】对话框，取消选中【在顶部添加图例】复选框；在【图表类型】对话框顶部的下拉列表中选择【数值轴】选项，在【刻度线】选项组的【长度】下拉列表中选择【短】选项；在【图表类型】对话框顶部的下拉列表中选择【类别轴】选项，在【刻度线】选项组的【长度】下拉列表中选择【短】选项，然后单击【确定】按钮，如图10-99所示。

图10-99　编辑图表

35 选择【编组选择】工具，使用与步骤 **12** 相同的操作方法将两组图例的填色分别更改为R:255 G:131 B:0和R:103 G:99 B:255，如图10-100所示。

36 使用【文字】工具在画板中单击，在控制栏中设置字体系列为Arial，字体样式为Bold，字体大小为98pt，然后输入文字内容，如图10-101所示。

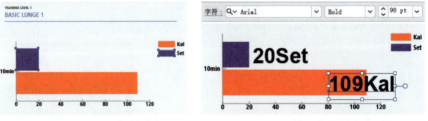

图10-100　更改图例的填色　　　　　图10-101　输入并设置文字(七)

37 使用【选择】工具选中步骤 **30** 至步骤 **36** 创建的图表，按Shift+Ctrl+Alt组合键移动并复制图表。使用【文字】工具修改复制的图表的文字内容，如图10-102所示。

38 选中复制的图表，选择【对象】|【图表】|【数据】命令，打开数据输入框并修改数据，然后单击【应用】按钮，关闭数据输入框，完成后的效果如图10-103所示。

图10-102　复制并修改图表　　　　　图10-103　完成后的效果